外辐射源雷达目标定位技术

宫 健 冯存前 陈 赓 著

国防工業出版社
·北京·

内容简介

外辐射源雷达自身不向外辐射电磁波，而是利用第三方辐射源发射的电磁信号来检测和跟踪目标。外辐射源雷达在信号处理技术上明显区别于有源雷达，有独特的信号处理流程。本书围绕外辐射源雷达目标定位技术，对典型外辐射源信号分析、回波信号提纯对消技术、长时间相干积累技术、超分辨测角技术、目标回波检测与跟踪技术等内容进行了详细介绍。此外，结合数字地面广播电视信号的实测数据，给出了关键技术的测试结果。

本书可作为高等院校电子工程有关专业的高年级本科生和研究生的教材，也可作为从事雷达系统、雷达信号处理等相关领域的工程技术人员的参考书。

图书在版编目(CIP)数据

外辐射源雷达目标定位技术/宫健,冯存前,陈赓著. —北京:国防工业出版社,2023.4

ISBN 978-7-118-12741-6

Ⅰ. ①外… Ⅱ. ①宫… ②冯… ③陈… Ⅲ. ①辐射源-雷达目标识别 Ⅳ. ①TN959.1

中国国家版本馆 CIP 数据核字(2023)第 050532 号

※

国防工业出版社出版发行

(北京市海淀区紫竹院南路 23 号 邮政编码 100048)

北京虎彩文化传播有限公司印刷

新华书店经售

*

开本 710×1000 1/16 **印张** 12 **字数** 210 千字

2023 年 4 月第 1 版第 1 次印刷 **印数** 1—1000 册 **定价** 69.00 元

国防书店:(010)88540777　　书店传真:(010)88540776

发行业务:(010)88540717　　发行传真:(010)88540762

前　　言

随着信息技术的不断发展，传统有源雷达面临着低空突防、电磁干扰、隐身飞机和高速反辐射导弹等各方面的挑战。为应对这些威胁，各国研究人员不断探索新体制雷达技术。近年来，外辐射源雷达以其良好的“四抗”特性而备受关注。外辐射源雷达是一种无源雷达，其自身不发射电磁信号，而是借助空间中已经存在的各类辐射源来对目标进行探测，如广播、电视、通信、卫星等信号，隐蔽性好，具有优良的战场生存能力。

无论是有源雷达还是外辐射源雷达，对目标位置的准确探测都是其最终目的。由于工作体制的限制，外辐射源雷达目标回波信噪比低，传统适用于有源雷达的目标定位方法无法直接用于外辐射源雷达。因此，开展相关技术理论的研究对推动外辐射源雷达发展具有重要的理论与实际意义。

本书围绕外辐射源雷达目标定位中的关键技术，以回波处理流程为主线，系统地总结和梳理了当前外辐射源雷达目标定位的相关技术。全书共分 9 章。第 1 章是概述，主要介绍外辐射源雷达的基本概念、研究历史和发展现状；第 2 章介绍外辐射源雷达目标定位原理，包含目标单站定位原理、目标多站定位原理及外辐射源雷达方程；第 3 章对当前常用的外辐射源雷达信号进行了介绍，并着重分析数字地面广播电视信号及短波数字声音广播信号；第 4 章和第 5 章分别介绍参考通道和监测通道信号提纯及杂波抑制技术；第 6 章介绍目标回波相干积累技术，包括长时间相干积累校正技术；第 7 章和第 8 章分别介绍目标角度经典测量技术以及超分辨估计技术；第 9 章介绍目标回波检测与跟踪技术。

本书写作过程中得到了电子科技大学万群教授、国营七一三厂丁学科高级工程师的指导和帮助，对他们提出的宝贵建议和意见，特别表示感谢！多位研究生参与了书稿的撰写工作，包括刘奕彬、郎彬、张通、胡琼、彭一洵、彭翔宇、任振瀚等，没有他们的贡献，就没有本书的出版，在此深表谢意！

由于作者阅历及研究水平有限，疏漏和不妥之处在所难免，恳请专家、同行和读者批评指正。

目　　录

第 1 章　外辐射源雷达概述

雷达是人类利用电磁波对感兴趣的目标进行探测、定位和跟踪的电子设备，它基于目标对电磁波的反射来发现目标并对其定位[1-2]，在现代战争中具有重要地位，是现代军事斗争中不可缺少的武器装备。随着现代战场电磁环境日趋复杂以及新型雷达对抗措施的出现，雷达在战争中承担任务时所面临的挑战与困难日益艰巨。当前，雷达所面临的主要问题有：频谱资源的日益紧张与电磁环境的恶化[3]、反辐射摧毁的威胁[4]、隐身目标的威胁以及综合电子干扰[5-6]。为适应现代化战争，研制具有强对抗能力的新型雷达变得极为迫切。在此背景下，外辐射源雷达以其良好的抗干扰、抗反辐射摧毁等诸多优点，成为极具研究价值的一种特殊体制雷达。

外辐射源雷达不同于有源雷达，其自身不发射探测信号，而是利用第三方发射的电磁信号来检测和跟踪目标，如数字电视信号、调频广播（Frequency Modulation，FM）信号、卫星通信与导航信号等。因其具有良好的“四抗”性能和低成本、易部署的突出优点[7-9]，外辐射源雷达在无人机反制、电子侦察、国土防空等军用和民用领域都具有非常广阔的应用前景[10-12]。

1.1　基本概念

雷达种类很多，分类方法较为复杂，根据发射源特点主要分为有源雷达和无源雷达。常规情况下人们提到的雷达是指有源雷达，有源雷达自身向外辐射电磁波并接收目标回波信号，进行探测、定位和跟踪。无源雷达是指一种自身不需要向外发射电磁波信号，主要通过截获空中已经存在的电磁波来提取感兴趣目标的距离、方位等有关信息，进而实现目标探测的雷达系统。

无源雷达根据获取电磁波信号的方式不同，一般由两大类组成[1]。其中，一类是通过捕获目标主动向外辐射的通信、导航等电磁波信号，实现对其部分参数的精确估计。这类探测属于真正意义上的无源探测，具有极强的隐蔽性。然而，当目标静默（不发射电磁波）时，该类目标探测方法便无法实现。另一类是借助合作或非合作的第三方照射源信号，通过双通道信号相干处理来实现目标探测，即使目标静默也能探测到目标。能用于照射源的信号主要包括

FM 广播信号、模拟电视信号、手机通信信号、数字广播/电视信号、卫星导航信号以及敌方/己方有源雷达信号等，这类利用第三方照射源进行目标探测的无源雷达通常也称为外辐射源雷达。无源雷达与外辐射源雷达的种属关系如图 1.1 所示。

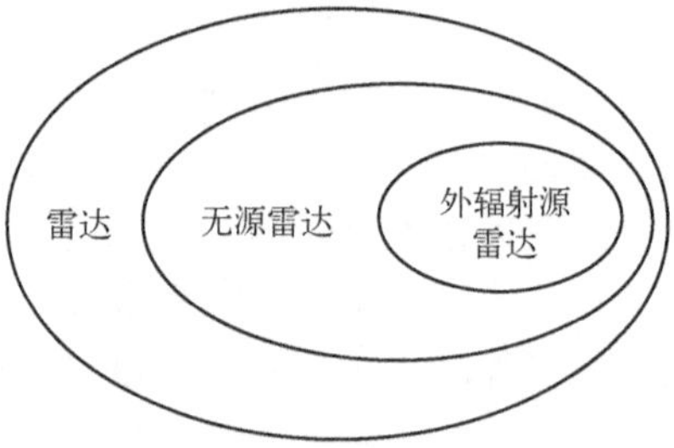

图 1.1 无源雷达与外辐射源雷达的种属关系

因此，外辐射源雷达通常定义为利用第三方发射的电磁信号探测目标的双/多基地雷达系统[2]，该体制雷达本身并不发射能量，而是通过被动接收目标反射的非协同式辐射源电磁信号，对目标进行跟踪和定位。外辐射源雷达在低空补盲、隐身目标反隐身、战略预警等方面具有其独特的优势，是目前主流有源雷达探测的一种有效互补力量，具有显著的战略、战术价值和工程应用前景。

外辐射源雷达系统具有监测通道与参考通道两个接收通道。监测通道包含目标回波信号、信号源发射的直达波信号以及来自地物反射的杂波信号，参考通道包含信号源发射的直达波信号和地物反射的杂波信号，如图 1.2 所示。

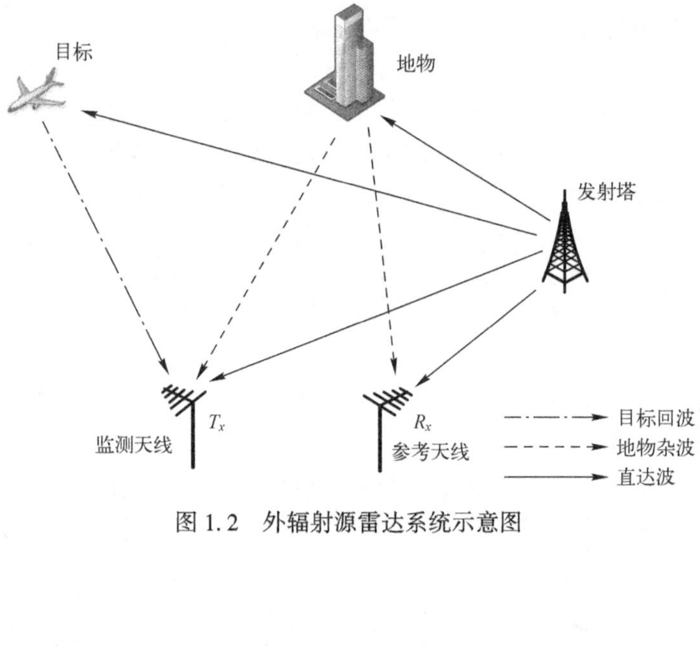

图 1.2 外辐射源雷达系统示意图

设辐射源发射信号为 $\boldsymbol{S}(t)$，考虑监测天线包含目标回波信号、多径杂波信号、直达波信号以及噪声信号，则第 m 个监测通道接收信号 $\boldsymbol{S}_{\mathrm{Ech}}^{m}$ 可以表示为

$$\begin{aligned}\boldsymbol{S}_{\mathrm{Ech}}^{m}(t) = & A_q a_m(\theta_q)\boldsymbol{S}_d(t-\tau_q)\mathrm{e}^{\mathrm{j}2\pi f_d^q t} + \\ & \sum_i B_i a_m(\theta_i)\boldsymbol{S}_d(t-\tau_i) + a_m(\theta_d)\boldsymbol{S}_d(t) + \boldsymbol{N}_m(t)\end{aligned} \tag{1.1}$$

式中：$\boldsymbol{S}_d$ 为直达波复幅度；$m=1,2,\cdots,M$ 为天线个数；$t=1,2,\cdots,T$ 为数据长度；$\boldsymbol{N}_m(t)$ 为噪声；A_q，τ_q，f_d^q 分别为目标回波的复幅度、延时和多普勒频率；B_i，τ_i 分别为监测天线接收到的多径杂波的复幅度和延时；i 为多径杂波数目；θ_q，θ_i，θ_d 分别为目标回波、多径杂波和直达波的入射角度；$a_m(\theta)$ 为目标角度信息。

目标接收信号的阵列流行矢量 $\boldsymbol{a}(\theta)$ 可表示为

$$\begin{aligned}\boldsymbol{a}(\theta) &= [\,a_1(\theta) \quad a_2(\theta) \quad \cdots \quad a_m(\theta)\,] \\ &= [\,1 \quad \mathrm{e}^{-\mathrm{j}2\pi\sin\theta d_2/\lambda} \quad \cdots \quad \mathrm{e}^{-\mathrm{j}2\pi\sin\theta d_m/\lambda}\,]\end{aligned} \tag{1.2}$$

式中：d_m 为第 m 个阵元到第一个阵元的距离。

由于目标回波微弱，且通常不在参考天线主波束内，故参考天线接收信号可表示为

$$\boldsymbol{S}_{\mathrm{Ref}}(t) = \sum_r B_r \boldsymbol{S}_r(t-\tau_r) + \boldsymbol{S}_r(t) + \boldsymbol{N}(t), \quad t=1,2,\cdots,T \tag{1.3}$$

式中：$\boldsymbol{S}_r$ 为直达波复幅度；t 为数据长度；$\boldsymbol{N}(t)$ 为噪声；B_r，τ_r 分别为参考天线收到多径杂波的复幅度和延时。

外辐射源雷达监测通道中包含了来自直达波和多径杂波的强干扰信号，因此其信号处理流程与传统的有源雷达信号处理流程有所区别，如图 1.3 所示。

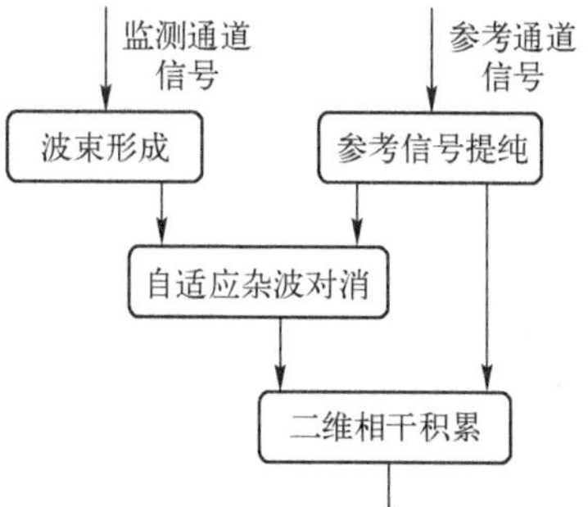

图 1.3　外辐射源雷达信号处理流程

从图 1.3 可以看出，外辐射源雷达对目标回波及参考信号主要采用相干接收处理技术。参考信号获取的方式是利用参考天线直接对准外辐射源接收其发射信号，然而多径效应及电磁干扰会使参考通道存在大量的杂波和干扰，通常需对接收到的参考信号进行预先提纯处理。目标回波主要进入监测通道，该通道中同样包含直达波及多径杂波，通常需对监测通道进行自适应杂波对消处理。

1.2 发展历程

外辐射源雷达并不是新概念[13-15]，其与双基地雷达提出的时间基本一致。早在 19 世纪 30 年代，罗伯特·沃森·瓦特利用英国的电视广播信号作为信号源，探测到了 10km 之外的轰炸机。在第二次世界大战期间，外辐射源雷达系统第一次被应用于实战，德国采用“克莱因·海德堡”设备，将英国“本土链”雷达网的发射信号作为信号源，通过接收直达波信号以及目标的散射回波，测量两路信号的时间差实现目标定位，成功完成了对敌方目标的警戒任务。但随着 1936 年雷达天线收发开关的发明，单基地雷达逐渐成为发展研究的热点，双基地雷达与外辐射源雷达的研究逐渐被冷落。

随着信息化战争的快速发展，综合电子干扰、反辐射导弹、隐身飞机以及低空突防装备的兴起，对军用雷达“四抗”能力方面要求日益提高。在雷达实际探测过程中，单基地雷达通过自身发射能量，接收目标的反射回波实现对目标的探测，但由于其自身辐射能量，容易被敌方侦察装备探测到，进而遭受敌方打击。21 世纪以来的几场现代化战争充分表明，传统单基地雷达在复杂电磁战场环境下明显处于劣势地位，其正常工作与战场生存遭受到严重的威胁。在这种情况下，双基地雷达系统作为一种有效的反电子对抗措施而被重新重视起来，其中外辐射源雷达作为一种不需要自身发射电磁波的特殊体制双基地雷达，在现代战争中具有抗反辐射摧毁等诸多优点，逐渐被人们以更新的角度重新研究。

传统意义上的无源雷达主要基于目标自身特性，如热红外辐射。现代意义上的外辐射源雷达是采用第三方非合作辐射源信号，如数字电视信号、模拟广播信号等，通过接收辐射源发射的直达波信号以及经目标散射的回波信号，利用两者之间的相干性进行相干定位的雷达，也称无源相干定位（Passive Coherent Location，PCL）雷达，本书所讨论的即属于这一类。

21 世纪以来数字通信技术快速发展，电视信号、通信信号、WiFi 信号以及卫星定位信号等广泛存在，外辐射源雷达重新受到重视并被重点研究[16-19]。当前，国外已有多种型号的外辐射源雷达系统研发成功，并取得了大量的实验数据，相关的基础理论以及信号处理算法的研究成果丰硕。典型商业系统包括洛克希德·马丁公司研制的"沉默哨兵"无源雷达以及法国的 HA100 无源雷达等，其采用的非合作信号源主要为 FM 广播以及电视伴音等模拟信号。

近年来，随着数字式辐射源的日益普及，因其信号稳定、抗干扰能力强、适合远距离传输的优点，逐渐取代模拟信号成为外辐射源雷达良好的信号源。国外目前关于地面数字广播信号外辐射源雷达已经获得了大量的研究成果，如数字电视广播[20]（Digital Video Broadcasting-Terrestrial, DVB-T）、数字音频信号广播[21]（Digital Audio Broadcasting，DAB）、数字调幅广播[22]（Digital Radio Mondiale, DRM）等信号。

在数字广播电视信号推广及应用上，欧洲走在世界的前列，大部分地区实现了 HF、VHF、UHF 波段信号的覆盖，其中包括 HF 波段的 DRM，VHF 波段的 DAB[23]以及 UHF 波段的 DVB-T[24]。为提高系统的传输效率和可靠性，新一代 DVB-T 信号采用了一系列关键的先进技术，其中包括正交频分复用（Orthogonal Frequency Division Multiplexing，OFDM）技术和单频网（Single Frequency Network, SNF）技术。作为一种高效的无线信道传输方式，OFDM 技术在频域范围内将传输信道划分为多个相互正交的子信道，每个子信道具有一个调制子载波，多个传输信道之间互相独立传输。这种方法具有更高的频谱利用率和更强的抗多径衰弱能力，可提高系统传输信号的稳定性。

目前我国已经研发并部署的有中国移动多媒体广播信号[25]（China Multimedia Mobile Broadcasting，CMMB）、数字地面广播电视（Digital Television Multimedia Broadcasting, DTMB）信号[26]等。此外，我国于 2006 年 8 月推出了具有自主知识产权的数字电视国家标准 DVB-T[27]，这是继欧洲、美国、日本之后的第四个数字电视国际标准，截至 2020 年该信号已经在全国范围内基本部署完成，为研究基于 DTMB 信号的外辐射源雷达提供了良好的条件[28-30]。

1.3　技术特点

现代电子战场景中具有隐身特性的目标和无人机的出现致使目标的雷达散射截面积（Radar Cross Section，RCS）大大减小，具有低空、超低空飞行能力的目标也给雷达探测带来了麻烦，复杂多变的电子侦察和强烈的电子干扰使得雷达的外部电磁环境更加恶劣。在提高战场生存能力、发挥探测性能方面，外辐射源雷达相比传统有源雷达的优势集中体现在以下几点[31-33]：

(1) 绿色环保。外辐射源雷达自身不主动向外辐射电磁波，采用已存在的非合作式外部辐射源对目标进行探测，如 DTMB 信号、模拟广播信号、卫星信号等，无须进行频谱规划，不会对雷达探测范围内的民用电子设备产生任何干扰，是一种绿色环保、无电磁污染的电子装备。

(2) 抗隐身特性。外辐射源雷达本质上是一种双基地雷达，在空域上可以探测到目标的前向、侧向的散射信号，具有空域上反隐身的特点。外辐射源信号多数工作在 VHF、UHF 等波段，波长较长，该波段电磁场易与目标产生谐振而有利于对隐身目标进行探测[34-35]，隐身飞机表面的吸波材料对该波段电磁波的作用极差。因此外辐射源雷达具有探测隐身目标的能力。

(3) 抗反辐射摧毁。外辐射源雷达无须配备专用的发射机，而是借助其他通信广播基站作为发射站，因此敌方侦察系统难以对其进行定位。同时，第三方发射源分布广、数量多，敌方反辐射导弹难以同时对其进行打击，使得外辐射源雷达具有更强的战场生存能力[36-37]。

(4) 组网潜力大。随着数字地面广播系统在城市的逐步覆盖，为外辐射源雷达组网提供了便利条件。通过不同发射站与多个接收站的组网，可以构建单发单收、单发多收、多发多收等不同工作模式，从而对探测空域形成更好的覆盖。还可利用空间分集、信息融合、通信雷达一体化等技术，实现资源高效利用[38-39]。

(5) 低成本与机动性强。外辐射源雷达不需发射装备，直接利用现有环境中的通信或广播信号源，使其体积及成本大大降低，具有更高的灵活性与机动性能，便于快速部署以及撤离，可以实现车载、舰载、机载等方式装载[40-41]。

1.4 研究现状

世界上最早投入使用的外辐射源雷达是美国洛克希德 · 马丁公司历时 15 年研发的“沉默哨兵”系统[32]。该系统早期利用民用 FM 信号进行无源预警探测，采用至少三个发射站实现多站交叉定位与跟踪，后期系统利用的非合作信号中又增加了工作频段接近的模拟电视信号。2004 年该公司推出第三代“沉默哨兵”系统，如图 1.4 所示，在数字化、网络化和软件化等方面进行了多次技术升级，可实现 8 个频点同时工作，探测能力得到了显著提高。近期，该公司对“沉默哨兵”系统进一步升级，推动其朝小型化方向发展。

图 1.4　第三代“沉默哨兵”系统及三站组网探测

20 世纪 90 年代，国外率先普及了 DVB-T 和 DAB 技术，这为基于数字调制信号的外辐射源雷达探测技术发展提供了较好的实验基础。首先，Poullin 等人验证了数字调制信号作为非合作辐射源信号的可行性[42]。随后，欧洲各国相继展开了基于数字调制信号的外辐射源雷达探测技术研究工作，都取得了非常显著的成果[32,42-45]。

意大利 SELEX ES 公司于 2014 年开发的 AULOS 外辐射源雷达系统如图 1.5 所示[32]。该系统在利用传统 FM 信号的基础上又增加了地面数字电视的 DVB-T 信号，这种双波段相结合的工作模式极大地提高了 AULOS 系统的目标探测和定位精度。根据相关报道，该公司提供了两种配置的 AULOS 系统：AULOS-2D 和 AULOS-3D。其中，AULOS-2D 是一种固定式的被动雷达系统，它利用 FM 信号对监视区域内潜在目标进行二维探测，以获取目标的距离和方位信息；而 AULOS-3D 系统不仅可以获取目标距离和方位信息，还可以测量目标高度，从而实现目标的三维空间定位。

德国 2011 年研制了综合利用 FM、DAB 和 DVB-T 作为辐射源的 PARADE 多频段联合探测的外辐射源雷达试验系统[42-45]，该系统的设备组成如图 1.6 所示。PARADE 系统采用两组接收天线，一组阵元尺寸较小的天线接收 DVB-T 信号，另一组阵元尺寸较大的天线接收 FM 和 DAB 信号。DVB-T 信号由天线阵元接收形成 14 路信号通道，FM 和 DAB 信号由 7 个天线阵元接收，然后根据相应的频带抽取，分别形成 7 路 FM 信号通道和 7 路 DAB 信号通道。各路信号被传送到接收机中，进行放大、通道滤波、模数变换、数字下变频和频带抽取等处理。抽取得到的基带信号在信号处理单元中进行自适应波束形成、匹配滤波、恒虚警检测和方位/高度测量等处理。

图 1.5 意大利 AULOS 多频段外辐射源雷达

图 1.6 德国 PARADE 系统设备组成

PARADE 系统基于单个 FM 辐射源时探测距离可以达到 150km 以上，但受照射阴影、多径效应和双基地 RCS 的影响，基于单辐射源的雷达定位跟踪往往出现间歇性的目标丢失问题。PARADE 系统采用多源联合探测的方式有效地解决了这一问题，它利用距离接收站 120km 以内的 8 个 FM 广播辐射源对空中民航目标进行定位跟踪，定位可靠范围可达到 150km 以上，极大改善了目标检测和跟踪性能。为进一步提高目标探测与跟踪精度，该系统将基于 FM 信号的探测结果与基于数字制式信号 DAB 和 DVB-T 的探测结果进行融合，可以将目标测距精度提高至约 30m，显著提高了对近距离目标的跟踪精度。

通常民用信号（如 FM 信号、DVB-T 信号等）都属于连续波信号，所以基于民用信号的外辐射源雷达都属于连续波体制雷达。除此之外，有关机构已经开展了基于脉冲体制信号的外辐射源雷达系统研究工作[46-48]，如日本三菱电子集团利用机场监管雷达（Airport Surveillance Radar，ASR）作为非合作发射站开发基于脉冲信号的外辐射源雷达系统。作为非合作辐射源的 ASR 雷达波形调制、脉冲重复间隔（Pulse Repeat Interval，PRI）及 PRI 变化规律都是未知的。2010 年 10 月，在东京国际机场对该系统进行了目标探测试验，试验场景如图 1.7 所示。该系统的接收站部署在距离东京国际机场 ASR 雷达 12.5km 的地方，试验目标是航线距离接收站 3km 处的民航飞机，试验结果如图 1.8 所示。该系统成功地探测到作为试验目标的民航飞机，验证了脉冲信号作为非合作辐射源信号的可行性。

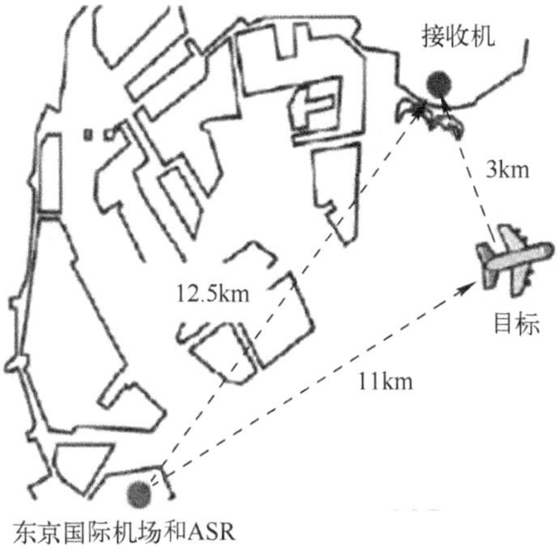

图 1.7　基于脉冲信号外辐射源雷达试验场景

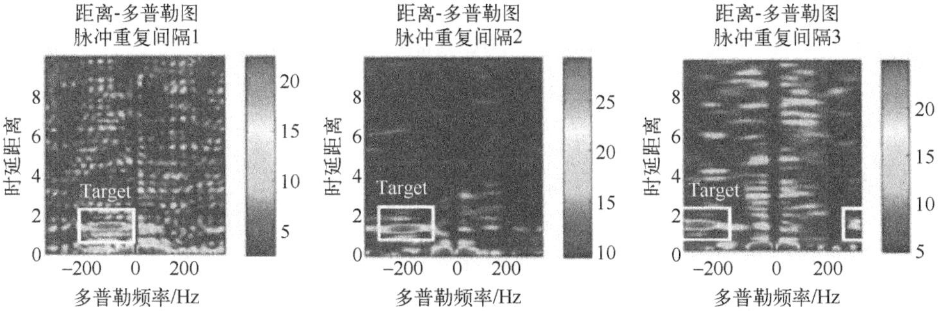

图 1.8　基于脉冲信号外辐射源雷达目标检测试验结果

近几年，国外研究机构相继开展了机载外辐射源雷达系统的研究工作，运动平台化已成为外辐射源雷达未来重点发展的方向之一。早在 2012 年，英国伦敦大学 James W. A. Brown 等人就已搭建了基于 FM 信号的试验系统，并对机载外辐射源雷达可行性进行了验证[49-50]。该试验系统将小孔径天线布置在小型飞机上，在飞机左右两舷分别设置回波通道和参考通道，通过对 1s 内的录取数据进行相干处理，成功地探测到英国盖特威克机场与希思罗机场周围的民航飞机，验证了基于运动平台的外辐射源雷达的可行性。

新加坡南洋理工大学的 D. K. P. Tan 等人搭建了基于车载平台的外辐射源雷达试验系统[51-55]，如图 1.9 所示。该试验系统选择 DVB-T 信号为非合作辐射源信号，采用 4 阵元线阵天线接收回波信号，验证分析了机载雷达的空时杂波抑制算法在车载雷达系统中的适用性，并针对 DVB-T 信号高副瓣引起传统空时杂波抑制方法性能下降问题提出了改进方案。该试验系统验证了基于车载平台的外辐射源雷达可行性，在未来具有巨大的发展潜力。

图 1.9　新加坡车载外辐射源雷达试验系统

由于软、硬件技术的限制，我国关于外辐射源雷达的研究起步较晚。20 世纪末，国内北京理工大学、武汉大学、西安电子科技大学、国防科技大学、中国科学院电子所、中国电子科技集团公司第十四研究所和第三十八研究所等先后进行了外辐射源雷达的相关技术研究。其中，北京理工大学开展了基于电视信号的外辐射源雷达系统关键技术研究，包括参考信号预处理、杂波对消、目标检测及成像[56-58]；武汉大学研制了 HF 以及 UHF 波段的外辐射源雷达系统，同时还研究了基于 DTMB 外辐射源雷达的相关技术，获得了一系列试验结果[59-61]；西安电子科技大学开展了基于广播、电视及卫星信号的外辐射源雷达试验，在参考信号预处理、杂波对消、目标检测、跟踪及成像等方面取得了大量的研究成果[62-65]。

参考文献

[1] KUSCHEL H, O'HAGAN D. Passive radar from history to future [C]//11-th INTERNATIONAL RADAR SYMPOSIUM, IEEE, 2010: 1-4.

[2] SKOLNIK M. Fifty years of radar [J]. Proceedings of the IEEE, 1985, 73 (2): 182-197.

[3] 张锡祥, 肖开奇, 顾杰. 新体制雷达对抗导论 [M]. 北京: 北京理工大学出版社, 2010.

[4] MOCCIA, ANTONIO Bistatic Radars: Emerging Technology [M]. John Wiley & Sons, 2008.

[5] 安永丽. 认知无线网络干扰对齐与频谱共享技术研究 [D]. 北京: 北京交通大学, 2015.

[6] 陈赓, 田波, 宫健, 等. 雷达有源干扰鉴别技术综述 [J]. 现代防御技术, 2019, 47 (05): 113-119.

[7] PALMER J, PALUMBO S, SUMMERS A, et al. An overview of an illuminator of opportunity passive radar research project and its signal processing research directions [J]. Digital Signal Processing, 2011, 21 (5): 593-599.

[8] HOWLAND P E, GRIFFITHS H D, BAKER C J. Passive bistatic radar systems In Bistatic Radar: Emerging Technology [M]. Hoboken, NJ, USA: Wiley, 2008.

[9] COLEMAN C, YARDLEY H. Passive bistatic radar based on target illuminations by digital audio broadcasting [J]. IET Radar, Sonar & Navigation, 2008, 2 (5): 366-375.

[10] GRIFFITHS H D. From a different perspective: principles, practice and potential of bistatic radar [C]//International Radar Conference, IEEE, 2003.

[11] KUSCHEL H, O'HAGAN D. Passive radar from history to future [C]//11-th INTERNATIONAL RADAR SYMPOSIUM, IEEE, 2010: 1-4.

[12] CHERNIAKOV M. Bistatic Radar: Emerging Technology [M]. West Sussex, England: Wiley, 2008.

[13] ANTONIOU H, PASTINA M, SANTI D, et al. Maritime Moving Target Indication Using Passive GNSS-based Bistatic Radar [J]. IEEE Transactions on Aerospace & Electronic Systems, 2018, 54 (1): 115-130.

[14] LI Z, SANTI F, PASTINA D, et al. Passive Radar Array With Low-Power Satellite Illuminators Based on Fractional Fourier Transform [J]. IEEE Sensors Journal, 2017, 17 (24): 8378-8394.

[15] FENG W, FRIEDT J M, GOAVEC-MEROU G, et al. Passive Radar Delay and Angle of Arrival Measurements of Multiple Acoustic Delay Lines Used as Passive Sensors [J]. IEEE Sensors Journal, 2018, 19 (2): 594-602.

[16] ZHENG L, WANG X. Super-Resolution Delay-Doppler Estimation for OFDM Passive Radar

[J]. IEEE Transactions on Signal Processing, 2017, 65 (9): 2197-2210.

[17] GARRY J L, BAKER C J, SMITH G E. Evaluation of Direct Signal Suppression for Passive Radar [J]. IEEE Transactions on Geoence & Remote Sensing, 2017, 55 (7): 3786-3799.

[18] HARMS H A, DAVIS L M, PALMER J. Understanding the signal structure in DVB-T signal for passive radar detection [C]//Proc. of the IEEE Radar Conference. IEEE, 2010: 532-537.

[19] YIK L L. A radar signal simulator for DAB based passive radar [C]//Proc. of the International Radar Conference-Surveillance for a Safe Word Radar. IEEE, 2009: 1-5.

[20] HARMS H A, DAVIS L M, PALMER J. Understanding the signal structure in DVB-T signal for passive radar detection [C]//Proc. of the IEEE Radar Conference. IEEE, 2010: 532-537.

[21] YIK L L. A radar signal simulator for DAB based passive radar [C]//Proc. of the International Radar Conference-Surveillance for a Safe Word Radar. IEEE, 2009: 1-5.

[22] WAN X R, ZHAO Z X, KE H Y, et al. Experimental research of HF passive radar based on DRM digital AM broadcasting [J]. Journal of Radar, 2012, 1 (1): 11-18.

[23] European Broadcasting Union, Radio broadcasting systems; Digital Audio Broadcasting (DAB) to mobile, portable and fixed receivers ETSI EN 300 401 V1.4.1 [S]. 2006.

[24] European Broadcasting Union, Digital Video Broad-casting (DVB); framing structure, channel coding and modulation for digital terrestrial television EN 300 744 V1.5.1 [S]. 2004.

[25] 中华人民共和国广播电视行业移动多媒体广播第1部分：广播信道帧结构，信道编码和调制 GY/T 220. 1-2006 [S]. 北京：国家广播电影电视总局，2006.

[26] 数字电视地面广播传输系统帧结构、信道编码和调制：GB 20600—2006 [S]. 北京：中国国家标准出版社，2006.

[27] 陈赓，田波，宫健，等. 基于深度学习的 DTMB 外辐射源雷达参考信道估计 [J]. 空军工程大学学报（自然科学版），2020，21 (2) 61-64.

[28] GENG C, BO T, JIAN G, et al. Reconstruction of Passive Radar Reference Signal Based on DTMB [C]//2019 IEEE 2nd International Conference on Information Communication and Signal Processing (ICICSP), 2019: 170-174.

[29] GENG C, BO T, JIAN G, et al. Passive radar channel estimation based on PN sequence of DTMB signal [C]//2020 IEEE 11th Sensor Array and Multichannel Signal Processing Workshop (SAM), 2020: 1-4.

[30] 唐小明，何友，夏明革. 基于机会发射的无源雷达系统发展评述 [J]. 现代雷达，2002，24 (2)：1-6.

[31] 王小谟，吴曼青，王政. 未来战争中的“沉默哨兵”—外辐射源目标探测与跟踪雷达 [J]. 现代军事，2000，(10)：10-12.

[32] 李金梁，李永祯，王雪松．米波极化雷达的反隐身研究 [J]. 雷达科学与技术，2006，3（6）：321-326.

[33] PAICHARD Y, INGGS M R. Multistatic Passive Coherent Location radar systems [C]// European Radar Conference, IEEE, 2009: 45-48.

[34] RADMARD M, KARBASI S M, NAYEBI M M. Diversity gain in MIMO Passive Coherent Location [C]//Radar Symposium, IEEE, 2011: 841-848.

[35] RADMARD M, KARBASI S M, KHALAJ B H, et al. MIMO PCL in single frequency network [C]//Microwaves, Radar and Remote Sensing Symposium (MRRS), 2011 IEEE, 2011: 280-283.

[36] RADMARD M, KARBASI S M, KHALAJ B H, et al. Data association in MISO passive coherent location schemes [J]. Radar Sonar & Navigation Iet, 2012, 6 (3): 149-156.

[37] BROWN J, WOODBRIDGE K, STOVE A, et al. Air target detection using airborne passive bastatic radar [J]. Electronics Letters, 2010, 46 (20): 1396-1397.

[38] MOJARRABI B, HOMER J P, KUBIK K K T, et al. Air-target detection using synthetic aperture bastatic radar with non-cooperative GPS based transmitter: A case study [C]//The Sixth International Conference on Satellite Navigation Technology including Mobile Positioning and Location Services, 2013: 1-5.

[39] SCHROEDER A, EDRICH M. CASSIDIAN multiband mobile passive radar system [C]// Radar Symposium (IRS), 2011 Proceedings International, IEEE, 2011: 286-291.

[40] BROWN J, WOODBRIDGE K, GRIFFITHS H, et al. Passive bistatic radar experiments from an airborne platform [J]. Aerospace & Electronic Systems Magazine IEEE, 2012, 27 (11): 50-55.

[41] GRIFFITHS H D, BAKER C J. Passive coherent location radar system. Part I: Performance prediction [J]. IEE Proceeding on Radar, Sonar and Navigation, 2005, 152 (3): 153-159.

[42] BERNASCHI M, LALLO A D, FULCOLI R, et al. Combined use of graphics processing unit (GPU) and central processing unit (CPU) for passive radar signal and data elaboration [C]//Proceedings of the 12th International Radar Symposium, Piscataway, USA. IEEE, 2011: 315-320.

[43] BERNASCHI M, LALLO A D, FARINA A, et al. Use of a graphics processing unit for passive radar signal and data processing [J]. IEEE Aerospace and Electronic Systems Magazine, 2012, 10 (27): 52-59.

[44] POULLIN D. Passive detection using digital broadcaster (DAB, DVB) with COFDM modulation [J]. IEEE Proceeding on Radar, Sonia and Navigation, 2005, 152 (3): 143-152.

[45] KUSCHEL H. Approaching 80 years of passive radar [C]//2013 International Conference on Radar, Adelaide, South Australia: IEEE, 2013: 213-217.

[46] O'HAGAN D W, KUSCHEL H, UMMENHOFER M, et al. A multi-frequency hybrid passive radar concept for medium range air surveillance [J]. IEEE Aerospace and Electronic

Systems Magazina, 2012, 27 (10): 6-15.

[47] MICHAEL E, ALEXANDER S, FABIENNE M. Design and performance evaluation of a mature FM/DAB/DVB-T multi-illuminator passive radar system [J]. IET Radar, Sonar and Navigation, 2014, 8 (2): 114-122.

[48] JOHNSEN T, OLSEN K E. Hitchhiking bistatic radar: principles, processing and experimental findings [C]//2007 IEEE Radar Conference, Waltham. USA: IEEE, 2007: 518-523.

[49] 宋杰，何友，蔡复青，等. 基于非合作雷达照射源的无源雷达技术综述 [J]. 系统工程与电子技术, 2009, 31 (9): 2151-2156.

[50] DAWIDOWICZ B, KULPA K S, MALANOWSKI M, et al. DPCA detection of moving targets in airborne passive radar [J]. IEEE Transactions on Aerospace and Electronic Systems, 2012, 48 (2): 1347-1357.

[51] DAWIDOWICZ B, SAMCZYNSKI P, MALANOWSKI M, et al. Detection of moving targets with multichannel airborne passive radar [J]. IEEE Aerospace and Electronic Systems Magazine-Special Issue Passive Radar. I, 2012, 27 (11): 42-49.

[52] DAWIDOWICZ B, KULPA K S, MALANOWSKI M. Suppression of the ground clutter in airborne PCL radar using DPCA technique [C]//IEEE European Radar Conference. Rome, Italy: IEEE, 2009: 306-309.

[53] TAN D K P. Signal processing for airborne passive radar: interference suppression and space time adaptive processing techniques for transmissions of opportunity [J]. Journal of Clinical Investigation, 2012, 54 (3): 576-582.

[54] TAN D K P, LESTURGIE M, SUN H, et al. Space-time interference analysis and suppression for airborne passive radar using transmissions of opportunity [J]. IET Radar Sonar & Navigation, 2014, 8 (2): 142-152.

[55] 高志文，陶然，王越. DTTB 辐射源雷达信号模糊函数的分析及副峰识别 [J]. 中国科学, 2009, 39 (11): 1231-1238.

[56] 王魁，陶然，单涛. 基于波束聚焦的外辐射源雷达干扰抑制技术研究 [J]. 兵工学报, 2010, 31 (12): 1557-1561.

[57] MA Y, SHAN T, ZHANG Y D, et al. A novel two-dimensional sparse-weight NLMS filtering scheme for passive bistatic radar [J]. IEEE Geoscience and Remote Sensing Letters, 2016, 13 (5): 676-680.

[58] 万显荣. 基于低频段数字广播电视信号的外辐射源雷达发展现状与趋势 [J]. 雷达学报, 2012, 1 (2): 109-123.

[59] 孟琦，万显荣，谢锐，等. 基于参数估计的分布式外源雷达接收站位选择 [J]. 太赫兹科学与电子信息学报, 2018, 16 (6): 976-983.

[60] ZHANG X, WAN X, YI J, et al. Experimental research of sea clutter detection based on UHF passive radar [C]//12th International Symposium on Antennas, Propagation and EM

Theory, Hangzhou, China, 2018: 1-4.
[61] 王俊，保铮，张守宏．无源探测与跟踪雷达系统技术及其发展［J］．雷达科学与技术，2004，2（3）：129-135.
[62] 王俊，赵洪立，张守宏，等．非合作连续波雷达中存在强直达波和多径杂波的运动目标检测方法［J］．电子学报，2005，33（3）：419-422.
[63] 郑恒，王俊，江胜利，等．外辐射源雷达［M］．北京：国防工业出版社，2017.
[64] WANG J, WANG H, ZHAO Y. Direction finding in frequency-modulated-based passive bistatic radar with a four-element adcock antenna array［J］. IET Radar, Sonar & Navigation, 2011, 5（8）: 807-813.

第 2 章　外辐射源雷达目标定位基础

外辐射源雷达进行目标定位时主要分为两类模型：单站定位模型和多站定位模型。本章将对两种模型进行详细介绍，并对外辐射源雷达方程进行推导。

2.1　目标单站定位模型

外辐射源雷达空间几何关系如图 2.1 所示，其中辐射源、接收站和目标构成了双基地平面。

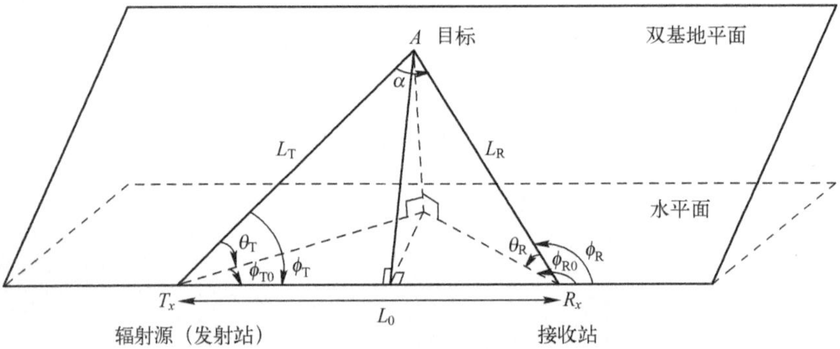

图 2.1　外辐射源雷达空间几何关系

图 2.1 中，辐射源 T_x 和接收站 R_x 之间的连线称为基线，基线长度用 L_0 表示；辐射源 T_x、接收站 R_x 与目标 A 连线之间的夹角为双基地角，用 α 表示；L_T，L_R 分别为目标到发射站和接收站的距离；θ_T，θ_R 分别为目标相对于发射站和接收站的俯仰角；ϕ_{T0}，ϕ_{R0}为目标相对于发射站和接收站的方位角；ϕ_T，ϕ_R 分别为双基地平面上目标相对于发射站和接收站的立体空间夹角。参数间满足的几何关系为

$$L_R = \frac{1}{2}\ \frac{L_s^2 - L_0^2}{L_s - L_0\cos\varphi_R} \tag{2.1}$$

$$L_s = L_T + L_R$$

$$\cos\phi_{R} = \cos\theta_{R} \times \cos\phi_{R0}$$

式中：L_s 为双基地雷达的距离和。

2.1.1　单源定位原理

由于辐射源是非合作的，外辐射源雷达无法在时间、信号形式上对发射信号进行控制，特别是广播电视发射的连续波信号不存在时间基准。但是，辐射源的精准位置可以获得，接收站和辐射源之间的基线长度、夹角也是可以精准测量的。所以，外辐射源雷达对目标的观测量至少可以由 $L_s = L_T + L_R$ 和 ϕ_R 构成，利用这一观测子集就可以完成对目标的定位[1]。

双基地探测系统中，目标到辐射源和接收站的距离之和 L_s 构成的等距离和椭圆曲线，定位原理如图 2.2 所示。依据椭圆与接收天线指向角的交点便可实现对目标的定位。

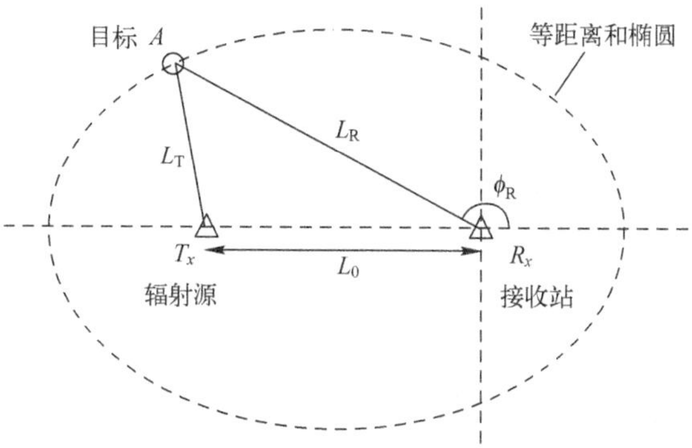

图 2.2　外辐射源雷达目标双基地平面定位原理

2.1.2　收发距离和的测量

常规双基地雷达一般采用直接同步法或间接同步法实现两者间的时间频率同步。直接同步法是将发射机的射频编码和时频基准通过数传通信机传递到接收机。间接同步法是由收发两端的原子钟分别给发射机和接收机提供时间、频率和相位相参的基准信号[2,8]。

外辐射源雷达的辐射源和接收站之间无法建立同步链路，无法采用常规的直接同步法和间接同步法，而是通过在接收端设计一个辅助的接收通道（本书称为参考通道）来截获辐射源的直达波信号 $s_{Ref}(t)$，将其与目标接收通道（本书称为监测通道）的回波信号 $s_{Ech}(t)$ 进行相关处理，以提取目标的相对时延，即

$$\chi(\tau,f_d)=\int_0^{T_0} s_{\mathrm{Ech}}(t)s_{\mathrm{Ref}}^*(t-\tau)\mathrm{e}^{-\mathrm{j}2\pi f_d t}\mathrm{d}t \tag{2.2}$$

$$\tau=\frac{L_T+L_R-L_0}{c} \tag{2.3}$$

式中：T_0 为进行相关处理时截取的参考信号时间长度；f_d 为目标运动速度对应的多普勒频移；τ 为发射信号经目标反射与直接到达雷达接收机的时间差，如图 2.3 所示；c 为光速。

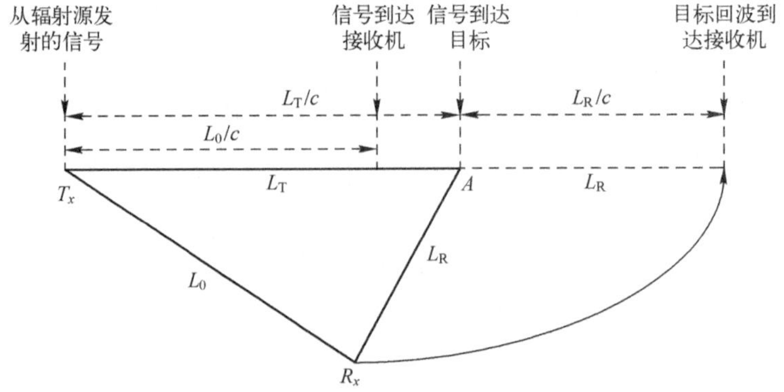

图 2.3　时差关系图

应用式（2.2）和式（2.3）计算距离和时，雷达信号的接收通常应和辐射源在视线平面范围内，以保证发射的直达波能到达接收站。当需要对基于视线距离之外的外辐射源进行探测时，可以异地部署参考信号截获接收机抵近辐射源，接收到的直达波信号再通过通信传输设备将直达波转发至接收站[3]。

2.1.3　角度测量

由图 2.1 所给的几何关系可知，目标相对于接收站的视角为

$$\phi_R=\arccos(\cos\phi_{R0}\cos\theta_R) \tag{2.4}$$

由式（2.4）可知，当目标仰角较大时，需要同时测量出目标相对于接收站的 ϕ_{R0} 和 θ_R 才能精准解算出 ϕ_R，此时需要外辐射源雷达具备目标三坐标测量能力；当目标仰角较小时，有 $\phi_{R0}\approx\phi_R$。仰角测量缺失造成的测距偏差问题将在 2.1.4 节中具体讨论。

如图 2.4 所示，由于 FM 广播和电视等民用辐射源的发射天线为全向发射，所以雷达接收端采用同时多波束技术，覆盖所需的探测空域。同时，多波束技术兼顾了目标数据率和信号积累驻留时间的要求。

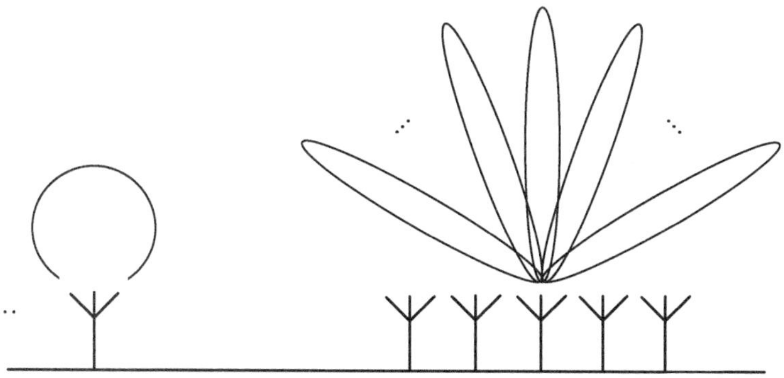

图 2.4　外辐射源雷达辐射源全向发射及接收站多波束接收工作示意

2.1.4　仰角对距离和测量的影响

如图 2.5 所示，如果只获得方位角，在平面空间进行目标的距离测算，则获得的目标位置落在等距离和椭圆平面的 C 点(X_i, Y_i)。该点不仅与目标空间实际三维位置有误差，而且到接收站的距离（斜距）也存在偏差，可表示为

$$\Delta R=\frac{S^2-L_0^2}{2}\left(\frac{1}{S-L_0\cos\phi_{\mathrm{R}}}-\frac{1}{S-L_0\cos\phi_{\mathrm{R0}}}\right) \tag{2.5}$$

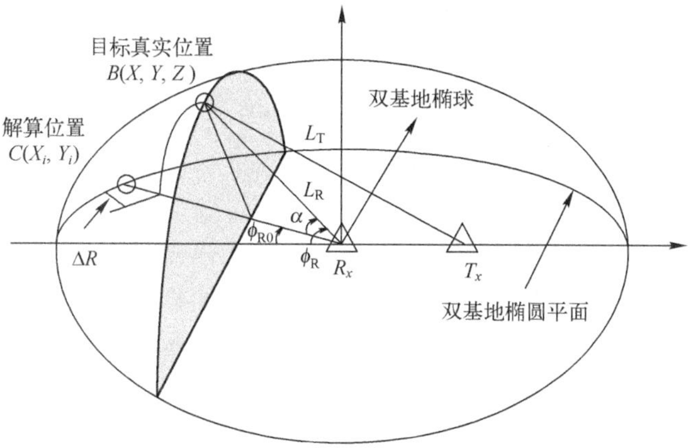

图 2.5　双基地外辐射源雷达的测距偏差问题

（α 为仰角，ϕ_{R0}为方位角，ϕ_{R} 为立体角）

偏差的分布与目标高度、距离远近、双基地布站位置相关，可总结如下。

（1）收发基线越短，偏差越小；

（2）目标高度（仰角）越低，误差越小；

（3）目标距离越近，测距偏差越大；

（4）目标处于发射站一侧时的测距偏差大于接收站一侧。

对于远距离目标，该偏差相对较小。对于高仰角近程探测系统，测距偏差就必须加以考虑[4]。

2.1.5 测量精度

1. 距离和测量精度

由式（2.3）可得距离和测量精度为

$$\sigma_{L_s}=\sqrt{\left(\frac{\partial L_s}{\partial \tau}\sigma_\tau\right)^2+\left(\frac{\partial L_s}{\partial L_0}\sigma_{L_0}\right)^2}=\sqrt{(c\sigma_\tau)^2+(\sigma_{L_0})^2} \tag{2.6}$$

式中：σ_τ，σ_{L_0}分别为时间测量精度和基线测量精度；c 为光速。

距离和测量精度包括噪声误差、距离单元采样误差、接收机延迟误差、传播误差、目标闪烁误差、量化误差以及基线测量误差等。

噪声误差是指仅考虑接收机热噪声引起的时延测量误差，该误差代表距离和测量误差的上限，可表示为

$$\sigma_{L_s0}=\frac{c}{\beta\sqrt{2E/N_0}} \tag{2.7}$$

$$\beta=\left(\frac{\int_{-\infty}^{\infty}\omega^2\ |S(\omega)|^2\mathrm{d}\omega}{\int_{-\infty}^{\infty}|S(\omega)|^2\mathrm{d}\omega}\right)^{0.5} \tag{2.8}$$

式中：$2E/N_0$ 为匹配滤波器输出端最大信噪比；E 为信号能量；N_0 为噪声功率；β 为与信号波形相关的带宽函数；

式中：$S(\omega)$为发射信号的频谱。

传播误差主要包括对流层折射、电离层折射和多径效应引起的误差，应根据外辐射源雷达结构以及目标位置，分别考虑辐射源到目标以及目标到接收站的传播误差[5]。

2. 角度测量精度

角度测量误差包括噪声误差、天线指向误差、目标闪烁误差和量化误差等。其中，噪声误差是考虑接收机热噪声引起的角度测量误差，该误差代表角度测量误差上限，可表示为

$$\sigma_{\varphi_r0}=\frac{\lambda}{\gamma\sqrt{2E/N_0}} \tag{2.9}$$

式中：λ 为波长；γ 为天线的均方根孔径宽度。

若接收站的天线方向图中半功率宽度为 $\Delta\varphi$，当天线口面为等幅分布和余弦分布时，天线的均方根孔径宽度可分别表示为 $\gamma=0.51\pi\lambda/\Delta\phi$ 和 $\gamma=0.69\pi\lambda/\Delta\phi$。

3. 接收距离测量精度

通过对式（2.1）进行全微分，可得

$$\mathrm{d}L_\mathrm{R}=\frac{\partial L_\mathrm{R}}{\partial L_\mathrm{s}}\mathrm{d}s+\frac{\partial L_\mathrm{R}}{\partial L_0}\mathrm{d}L_0+\frac{\partial L_\mathrm{R}}{\partial \phi_\mathrm{R}}\mathrm{d}\phi_\mathrm{R} \tag{2.10}$$

因此，接收距离测量误差为

$$\sigma_{L_\mathrm{R}}^2=\left(\frac{\partial L_\mathrm{R}}{\partial L_\mathrm{s}}\right)^2(\sigma_{L_\mathrm{s}})^2+\left(\frac{\partial L_\mathrm{R}}{\partial L_0}\right)^2(\sigma_{L_0})^2+\left(\frac{\partial L_\mathrm{R}}{\partial \phi_\mathrm{R}}\right)^2(\sigma_\mathrm{R})^2 \tag{2.11}$$

式中：

$$\begin{cases}\dfrac{\partial L_\mathrm{R}}{\partial L_\mathrm{s}}=\dfrac{L_\mathrm{s}^2+L_0^2-2L_\mathrm{s}L_0\cos\phi_\mathrm{R}}{2(L_\mathrm{s}-L_0\cos\phi_\mathrm{R})^2}\\[2ex]\dfrac{\partial L_\mathrm{R}}{\partial L_0}=\dfrac{(L_\mathrm{s}^2+L_0^2)\cos\phi_\mathrm{R}-2L_\mathrm{s}L_0}{2(L_\mathrm{s}-L_0\cos\phi_\mathrm{R})^2}\\[2ex]\dfrac{\partial L_\mathrm{R}}{\partial \phi_\mathrm{R}}=\dfrac{-L_0(L_\mathrm{s}^2-L_0^2)\sin\phi_\mathrm{R}}{2(L_\mathrm{s}-L_0\cos\phi_\mathrm{R})^2}\end{cases} \tag{2.12}$$

由上述分析可见，当外辐射源雷达系统中收发站点空间位置确定后，目标距离 L_R 的测量精度由距离和测量精度、基线测量精度以及角度测量精度决定，并且随着距离和、基线长度和方位的不同，在探测定位平面内各处的分布不同。

2.2　目标多站定位模型

多点定位是指通过在空间位置不同的多个接收站协同工作，来确定目标的位置。主要的定位方法有：测向交叉定位、测向-时差定位和时差定位［6］。

2.2.1　测向交叉定位法

测向交叉定位是指使用基于不同位置处的多个接收站，根据所测得同一目标的方向，进行波束的交叉，进而确定目标的位置[7]。平面上测向交叉定位的原理如图 2.6 所示。

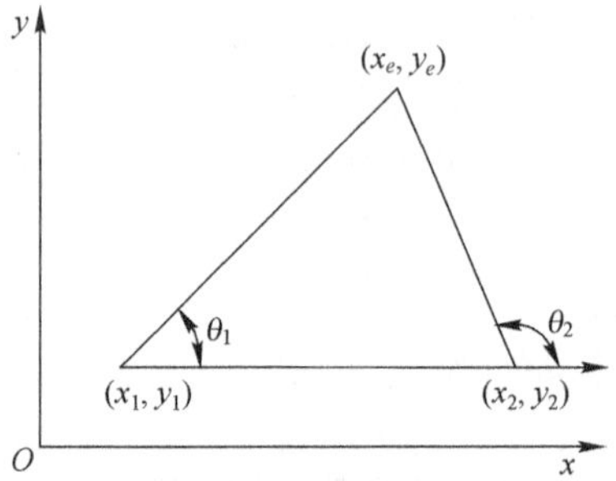

图 2.6 平面上测向交叉定位示意图

假设两个接收站的坐标位置分别为(x_1,y)、(x_2,y)，所测得的目标方向分别为 θ_1 和 θ_2，则目标的坐标位置(x_e,y_e)满足下列直线方程组，即

$$\begin{cases}\dfrac{y_e-y}{x_e-x_1}=\tan\theta_1\\[2ex]\dfrac{y_e-y}{x_e-x_2}=\tan\theta_2\end{cases}\tag{2.13}$$

求解此方程组可得

$$\begin{cases}x_e=\dfrac{-\tan\theta_1x_1+\tan\theta_2x_2}{\tan\theta_2-\tan\theta_1}\\[2ex]y_e=\dfrac{\tan\theta_2y-\tan\theta_1y-\tan\theta_1\tan\theta_2(x_1-x_2)}{\tan\theta_2-\tan\theta_1}\end{cases}\tag{2.14}$$

由于波束宽度和测向误差的影响，两个接收站在平面上的定位误差是一个以(x_e,y_e)为中心的椭圆，如图 2.7（a）所示。通常将 50%误差概率时的误差分布圆半径 r 定义为圆概率误差半径 $r_{0.5}$。

根据图 2.6 可得

$$\begin{cases}\theta_1=\arctan\dfrac{y_e-y}{x_e-x_1}\\[2ex]\theta_2=\arctan\dfrac{y_e-y}{x_e-x_2}\end{cases}\tag{2.15}$$

对式（2.15）求全微分可得

$$\begin{cases}\mathrm{d}\theta_1=\dfrac{\partial\theta_1}{\partial x_e}\mathrm{d}x_e+\dfrac{\partial\theta_1}{\partial y_e}\mathrm{d}y_e\\[2ex]\mathrm{d}\theta_2=\dfrac{\partial\theta_2}{\partial x_e}\mathrm{d}x_e+\dfrac{\partial\theta_2}{\partial y_e}\mathrm{d}y_e\end{cases}\tag{2.16}$$

将两个接收站的测向误差 $\mathrm{d}\theta_1$，$\mathrm{d}\theta_2$ 转换成 xoy 平面上的定位误差 $\mathrm{d}x_e$，$\mathrm{d}y_e$，有

$$\begin{cases} \mathrm{d}x_e = \dfrac{R}{\sin(\theta_2-\theta_1)}\left(\dfrac{\cos\theta_2}{\sin\theta_1}\mathrm{d}\theta_1 - \dfrac{\cos\theta_1}{\sin\theta_2}\mathrm{d}\theta_2\right) \\ \mathrm{d}y_e = \dfrac{R}{\sin(\theta_2-\theta_1)}\left(\dfrac{\sin\theta_2}{\sin\theta_1}\mathrm{d}\theta_1 - \dfrac{\sin\theta_1}{\sin\theta_2}\mathrm{d}\theta_2\right) \end{cases} \tag{2.17}$$

求式（2.17）的方差可得

$$\begin{cases} \sigma_x^2 = \dfrac{R^2}{\sin^2(\theta_2-\theta_1)}\left(\dfrac{\cos^2\theta_2}{\sin^2\theta_1}\sigma_{\theta_1}^2 + \dfrac{\cos^2\theta_1}{\sin^2\theta_2}\sigma_{\theta_2}^2\right) \\ \sigma_y^2 = \dfrac{R^2}{\sin^2(\theta_2-\theta_1)}\left(\dfrac{\sin^2\theta_2}{\sin^2\theta_1}\sigma_{\theta_1}^2 + \dfrac{\sin^2\theta_1}{\sin^2\theta_2}\sigma_{\theta_2}^2\right) \end{cases} \tag{2.18}$$

定位误差分布密度函数 $\omega(x,y)$ 近似为

$$\omega(x,y) = \frac{1}{2\pi\sigma_x\sigma_y}\exp\left\{-\frac{1}{2}\left[\left(\frac{x-x_e}{\sigma_x}\right)^2 + \left(\frac{y-y_e}{\sigma_y}\right)^2\right]\right\} \tag{2.19}$$

对式（2.19）进行数值积分可以近似求得

$$r_{0.5} \approx 0.8\sqrt{\sigma_x^2+\sigma_y^2} \tag{2.20}$$

整理后可得

$$r_{0.5} \approx \frac{0.8R}{|\sin(\theta_2-\theta_1)|}\left(\frac{\sigma_{\theta_1}^2}{\sin^2\theta_1} + \frac{\sigma_{\theta_2}^2}{\sin^2\theta_2}\right)^{\frac{1}{2}} \tag{2.21}$$

测向交叉定位的简化分析方法如图 2.7（b）所示。利用正弦定理可求得两站点到目标的距离为

$$\begin{cases} d_1 = \dfrac{l\sin(\pi-\theta_2)}{\sin(\theta_2-\theta_1)} = \dfrac{l\sin\theta_2}{\sin(\theta_2-\theta_1)} \\ d_2 = \dfrac{l\sin\theta_1}{\sin(\theta_2-\theta_1)} \end{cases} \tag{2.22}$$

将交叠的阴影区近似为一个平行四边形，两对边的边长分别为

$$\begin{cases} \Delta d_1 \approx d_1\tan\Delta\theta_1 \approx d_1\tan\Delta\theta_1 \\ \Delta d_2 \approx d_2\tan\Delta\theta_2 \approx d_2\tan\Delta\theta_2 \end{cases} \tag{2.23}$$

定位模糊区（阴影区）的面积为

$$A = \left|\frac{\Delta d_1\Delta d_2}{\sin(\theta_2-\theta_1)}\right| = \left|\frac{4R^2\Delta\theta_1\Delta\theta_2}{\sin\theta_1\sin\theta_2\sin(\theta_2-\theta_1)}\right| \tag{2.24}$$

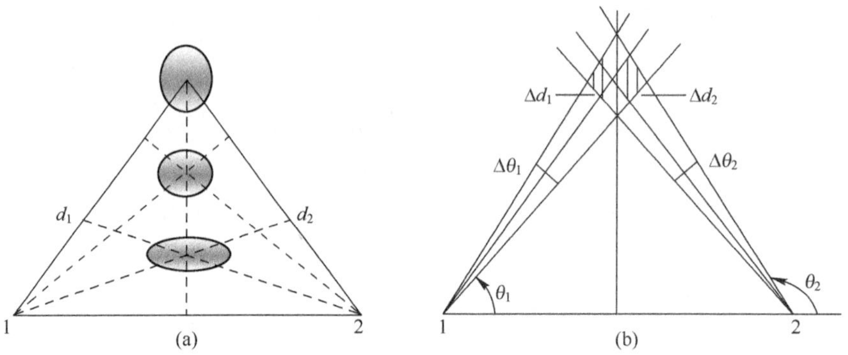

图 2.7　测向交叉定位的模糊区

式（2.24）表明，目标距离越远（R 越大），测向误差越大，模糊区就越大。利用高等数学求极小值的方法可得，当 $\theta_1=\dfrac{\pi}{3}$，$\theta_2=\dfrac{2\pi}{3}$ 或 $\theta_1=\dfrac{2\pi}{3}$，$\theta_2=\dfrac{\pi}{3}$ 时，定位模糊区的面积 A 最小。

因此，当接收站与雷达构成等边三角形时，模糊区的面积最小。此外，对同一目标进行多站测向交叉定位，也能减小定位模糊区的面积。

2.2.2　测向-时差定位法

测向-时差定位的工作原理如图 2.8 所示。基站 A 和转发站 B 二者间距为 d。转发站有两个天线，一个是全向天线（或弱方向性天线），另一个是定向天线。全线天线用于接收来自目标的信号，经过放大后再由定向天线转发给基站 A。基站 A 也有两个天线，一个用来测量外辐射源的方位角，另一个用来接收转发器送来的信号并测量出该信号与直接到达基站的同一个目标信号的时间差。因此可得

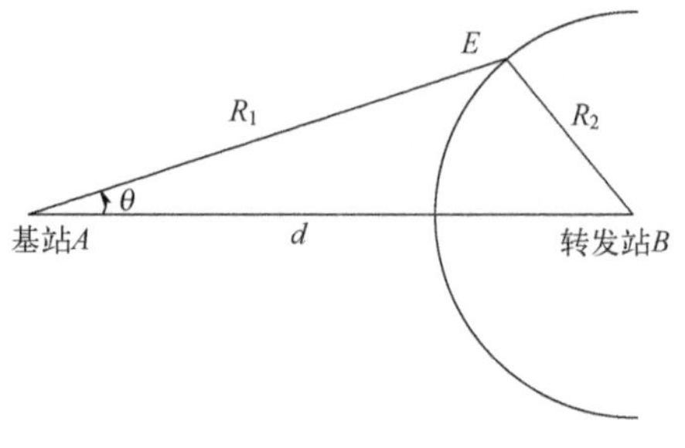

图 2.8　平面上测向-时差定位法的原理

$$c\Delta t=R_2+d-R_1 \tag{2.25}$$

式中：c 为电磁波传播速度。根据余弦定理可得

$$R_2^2=R_1^2+d^2-2R_1d\cos\theta \tag{2.26}$$

经整理可得

$$R_1=\frac{c\Delta t(d-c\Delta t/2)}{c\Delta t-d(1-\cos\theta)} \tag{2.27}$$

如果转发站位于运动的平台上，如图 2.9 所示，则它与基站之间的距离 d 以及与参考方向的夹角 θ_o 就需要用其他设备进行实时测量。如果采用应答机测量两站之间的间距，则有

$$\begin{cases}d=c\Delta t_{AB}\\ \theta=\theta_1-\theta_o\end{cases} \tag{2.28}$$

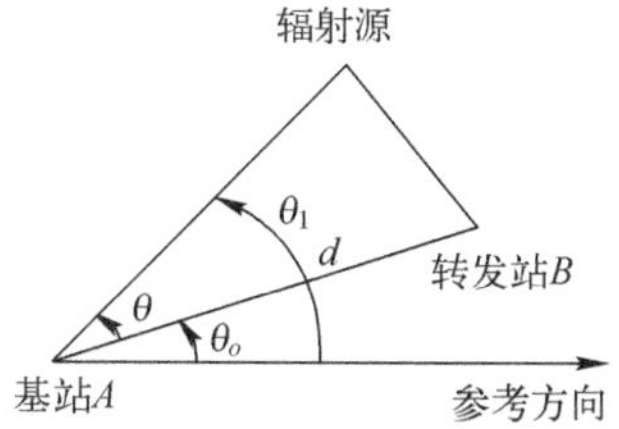

图 2.9　位于运动平台上的测向-时差定位

将式（2.28）代入式（2.27），可得

$$R_1=\frac{c\Delta t(\Delta t_{AB}-\Delta t/2)}{\Delta t-\Delta t_{AB}[1-\cos(\theta_1-\theta_o)]} \tag{2.29}$$

2.2.3　时差定位法

时差定位是利用平面或空间中的多个接收站，测量出同一个信号到达各接收站的时间差，由此确定目标在平面或空间中的位置。以平面时差定位法为例进行分析。

假设在同一平面上，有三个接收站 O，A，B 以及一个目标 E，其位置分别为$(0,0)$，(ρ_A,σ_A)，(ρ_B,σ_B)和(ρ,α)，如图 2.10 所示。三个接收站测得目标反射信号的到达时间分别为 t_O，t_A，t_B。

根据余弦定理，可得

$$\begin{cases}c(t_A-t_o)=[\rho^2+\rho_A^2-2\rho_A\rho\cos(\theta-\alpha_A)]^{\frac{1}{2}}-\rho\\ c(t_B-t_o)=[\rho^2+\rho_B^2-2\rho_B\rho\cos(\theta-\alpha_B)]^{\frac{1}{2}}-\rho\end{cases} \tag{2.30}$$

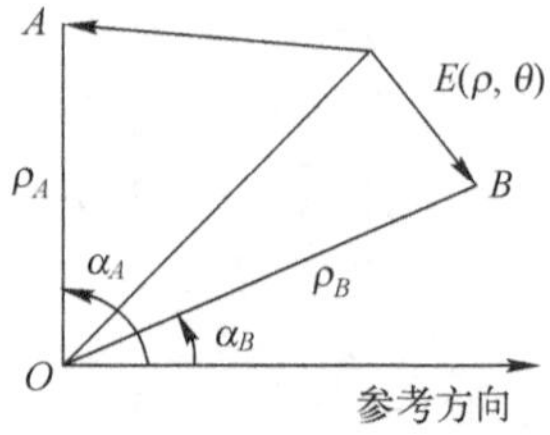

图 2.10 平面上的时差定位示意图

求解方程组可得

$$\theta=\phi\pm\arccos\left[\frac{k_5}{\sqrt{k_3^2+k_4^2}}\right] \tag{2.31}$$

式中

$$\begin{cases} k_1=\rho_A^2-[c(t_A-t_o)]^2 \\ k_2=\rho_B^2-[c(t_B-t_o)]^2 \\ k_3=k_2\rho_A\cos\alpha_A-k_1\rho_B\cos\alpha_B \\ k_4=k_2\rho_A\sin\alpha_A-k_1\rho_B\sin\alpha_B \\ k_5=k_1c(t_B-t_o)-k_2c(t_A-t_o) \\ \phi=\arctan\dfrac{k_4}{k_5} \end{cases} \tag{2.32}$$

将 θ 代入式（2.29），即可求出 ρ。式（2.30）说明，平面上的三站时差定位一般将有两个解，这是由于式（2.29）所代表的是两条双曲线，一般有两个交点，由此产生定位模糊。

一种有效去模糊的方法是增设一个接收站，产生一个新的时差项，三条双曲线一般只有一个交点，可以解模糊。因此利用平面上的四站时差定位，可以唯一地确定 θ，进而唯一地确定目标的空间距离 ρ。显然，不同的布站方式将影响定位计算的复杂度和精度。图 2.11 给出了一种较好的四站时差定位的布站方式。

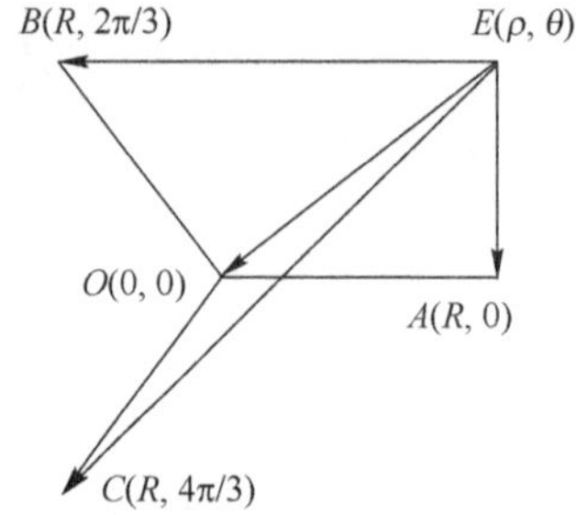

图 2.11 平面上的四站时差定位示意图

2.2.4　多源分布式定位原理

外辐射源雷达的发展方向是构建多源多站、网络化协同的分布式外辐射源雷达探测系统。分布式外辐射源雷达既可以提高系统的覆盖范围，也可以提高重叠覆盖区域的定位精度。获得多个不同的测量值，综合解得的目标在给定坐标系（笛卡儿坐标系、球坐标系或柱状坐标系）内的坐标。

一般地，设 p_x，p_y 和 p_z 为目标在给定坐标系下的位置，$c_1,c_2,\cdots,c_N$ 为可以获得的测量值，则目标坐标值与测量值的关系为

$$\begin{cases} c_1 = C_1(p_x,p_y,p_z,p_s) \\ c_2 = C_2(p_x,p_y,p_z,p_s) \\ \vdots \\ c_N = C_N(p_x,p_y,p_z,p_s) \end{cases} \tag{2.33}$$

式中：p_s 为外辐射源雷达和辐射源的位置信息。

设目标在球坐标系下的坐标为(r,α,φ)，对应目标到主站的距离、方位和仰角，则有

$$r_{ij} = \sqrt{(x_{ti}-r\cos\varphi\cos\alpha)^2+(y_{ti}-r\cos\varphi\sin\alpha)^2+(z_{ti}-r\sin\varphi)^2} + \sqrt{(x_{rj}-r\cos\varphi\cos\alpha)^2+(y_{rj}-r\cos\varphi\sin\alpha)^2+(z_{rj}-r\sin\varphi)^2} \tag{2.34}$$

式中：r_{ij}为目标到第 i 个辐射源(x_{ti},y_{ti},z_{ti})的距离与目标到第 j 个接收站(x_{rj},y_{rj},z_{rj})的距离之和。

下面以两个不同位置分布的辐射源为例，并简化在一个双基地平面内进行说明。

如图 2.12 所示，目标位置为$[x,y]$，雷达位置为$[x_0,y_0]$，两个辐射源位置分别为$[x_1,y_1]$、$[x_2,y_2]$，则目标到雷达的距离为

$$r_0 = \sqrt{(x-x_0)^2+(y-y_0)^2} \tag{2.35}$$

目标到辐射源 $i(i=1,2)$ 的距离为

$$r_i = \sqrt{(x-x_i)^2+(y-y_i)^2} \tag{2.36}$$

目标到雷达和第 $i(i=1,2)$ 个辐射源的双基地距离和为

$$r_{si} = r_i + r_0 \tag{2.37}$$

相对于收发双基地系统常用的距离和-角度定位方法，利用接收站采集到的多个外辐射源距离进行定位，最大的优点是定位精度高。但从图 2.12 可以看出，单纯使用距离和将存在定位模糊问题。因此，在此定位过程中使用角度信息解模糊。

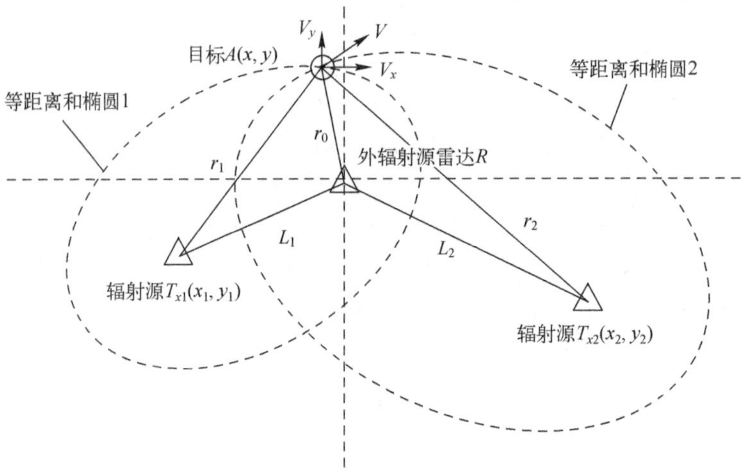

图 2.12 T^2R 距离和椭圆定位原理

对式（2.35）~式（2.37）整理化简，可得

$$(x_0-x_i)x+(y_0-y_i)y=k_i-r_0r_{si} \tag{2.38}$$

$$k_i=\frac{1}{2}[r_{si}^2+(x_0^2+y_0^2)-(x_i^2+y_i^2)] \qquad (i=1,2) \tag{2.39}$$

将 r_0 看作已知量，可得

$$AX=B \tag{2.40}$$

$$A=\begin{bmatrix} x_0-x_1 & y_0-y_1 \\ x_0-x_2 & y_0-y_2 \end{bmatrix}, \quad X=\begin{bmatrix} x \\ y \end{bmatrix}, \quad B=\begin{bmatrix} k_1-r_0r_{s1} \\ k_2-r_0r_{s2} \end{bmatrix} \tag{2.41}$$

通过最小二乘（Least Square，LS）法求解 X，可得

$$X=A^{-1}B \tag{2.42}$$

令

$$(A^{\mathrm{T}}A)^{-1}A^{\mathrm{T}}=\begin{bmatrix} a_{11} & a_{12} & a_{13} \\ a_{21} & a_{22} & a_{23} \\ a_{31} & a_{32} & a_{33} \end{bmatrix} \tag{2.43}$$

则目标位置估计为

$$\begin{cases} x=m_1-n_1r_0 \\ y=m_2-n_2r_0 \end{cases} \tag{2.44}$$

式中

$$\begin{cases}m_1=a_{11}k_1+a_{12}k_2\\m_2=a_{21}k_1+a_{22}k_2\\n_1=a_{11}r_{s1}+a_{12}r_{s2}\\n_2=a_{21}r_{s1}+a_{22}r_{s2}\end{cases}\tag{2.45}$$

将式（2.35）中的 r_0 代入，可得

$$ar_0^2-2br_0+c=0\tag{2.46}$$

式中

$$\begin{cases}a=n_1^2+n_2^2-1\\b=(m_1-x_0)n_1+(m_2-y_0)n_2\\c=(m_1-x_0)^2+(m_2-y_0)^2\end{cases}\tag{2.47}$$

从求解得到 r_0 的过程可以看出，解得的 r_0 可能有两个值 r_{01}、r_{02}。若 r_{01} 和 r_{02} 都小于 0，则取正值作为 r_0。若 r_{01} 和 r_{02} 都大于 0，则存在定位模糊问题，需要角度信息解模糊。

将 r_0 代入式（2.35），可求解目标位置 $[x,y]$。目标方位角为

$$\theta'=\arctan\left(\frac{y-y_0}{x-x_0}\right)\tag{2.48}$$

通过计算不同辐射源-雷达间的距离和椭圆交点，可获得目标的坐标位置。该定位方式是基于信号的到达时间之和（TSOA）与到达角（AOA）的定位技术，引入双基地下多普勒频率 f_d 后，可以进一步提高定位性能，称为 f_d-TSOA-AOA 联合定位。

2.3　外辐射源雷达方程

2.3.1　噪声背景下外辐射源雷达距离方程

外辐射源雷达的探测威力可由双基地雷达距离积方程表示为

$$(R_tR_r)_{\max}=\sqrt{\frac{P_tT_cG_tG_r\lambda^2\sigma F_tF_r}{(4\pi)^3kT_sD_0C_BL_tL_r}}\tag{2.49}$$

式中：R_tR_r 为双基地雷达距离积；P_t 为辐射源发射功率；T_c 为单次积累时间；G_t 为发射天线功率增益；G_r 为接收天线功率增益；σ 为雷达目标双基地截面积；F_t 为从发射天线到目标路径的方向图传播因子；F_r 为从目标到接收天线路径的方向图传播因子；k 为玻耳兹曼常量，且有 $k=1.38054\times10^{-23}$ J/K；T_s

为接收系统噪声温度；D_0 为检测因子（也称可见度系数）；C_B 为带宽修正因子；L_t 为发射机输出功率与实际传到天线端功率之比，即发射损耗；L_r 为回波接收和处理检测的总损耗。

P_tT_c 体现了外辐射源雷达长时间积累的特点。大多数外辐射源是连续波功率与时间的乘积。而实际信号是起伏的，尤其在经过载波调制后，辐射信号的瞬时带宽、功率强度发生变化，无法准确测量和计算各种辐射源的非平稳性，一般只能够采用经验统计的积累损失来表述，并可以将其归集到信号处理的损失中。

检测因子可表示为

$$D_0=E_r/N_0=P_tT_c/kT_s \tag{2.50}$$

式中：E_r 为单次检测处理获得的目标回波能量；N_0 为单位带宽噪声功率；E_r 和 N_0 都是在滤波器输出端的测量值。

系统噪声温度可表示为

$$\begin{aligned}T_s&\approx T_s+T_0(L_rF_n-1)\\&=(0.876\times T'_a-254)/L_a+T_0\end{aligned} \tag{2.51}$$

式中：L_r 为回波接收和处理检测的总损耗；F_n 为接收机自身噪声系数；T_0=290K；T_a 为接收天线输出端噪声温度且有：

$$T_a=(0.876\times T'_a-254)/L_a+T_0 \tag{2.52}$$

式中：T'_a 为天线噪声温度；L_a 为天线损耗。

在典型的低频频段，如 87～108MHz FM 广播频段，天线噪声较强。天线噪声主要由太阳噪声和银河系噪声引起，分别来源于太阳和银河系中心区域。文献［9］对米波频段的天线噪声有较详细的描述。在 FM 广播频段，天线噪声温度取决于接收天线波瓣内各种噪声源的噪声温度，当波束内充满相同温度的噪声源时，天线噪声温度与天线增益和波束宽度无关。如果各噪声源的温度不同，则合成的天线噪声温度就是各种噪声源温度的空间角度加权平均。

太阳相对于雷达观测点的张角约为 0.53°，在甚高频（VHF）频段 100MHz 左右内，太阳宁静时在该角度内的等效噪声温度约为 106K，在爆发后数小时内噪声温度约为 107K。

传播因子 F_t 和 F_r 的定义是目标位置处的场强与自由空间中发射天线和接收天线波束最大增益方向上距雷达同样距离处的场强之比。

当目标一定时，对于一个固定参数的外辐射源雷达系统，有

$$k_b=\frac{P_tT_eG_tG_r\lambda^2\sigma F_tF_r}{(4\pi)^3kT_sC_BL_tL_r} \tag{2.53}$$

式中：k_b 为常数；G_t 和 G_r 为最大值方向上的增益。式（2.49）可表示为

$$(R_tR_r)^2_{max}=\frac{k_b}{D_0} \tag{2.54}$$

式（2.54）表明，对于一定的接收信噪比，外辐射源雷达探测目标的辐射源和接收站的距离乘积为常数。对应检测信噪比的目标位置为卡西尼卵形线。基于不同的信噪比可得到一组卡西尼卵形线。随着基线的增大，等信噪比卵形线逐渐收缩，卵形线可能会演变成双扭线，最终断裂为围绕发射站和接收站的两个部分。

由图 2.2 可知，外辐射源雷达测量的距离和表示目标位于一个焦点为发射站和接收站的椭球面上。双基地平面与椭球面相交构成等距离和椭圆，称为距离等值线[1]。因此，外辐射源雷达的距离等值线和等信噪比曲线不共线，距离等值线上每个目标位置的信噪比是变化的。

2.3.2 干扰环境下的外辐射源雷达方程

由于 FM 广播和电视等典型的外辐射源发射信号为连续波信号，因此外辐射源雷达的回波通道中存在较强的直达波干扰。

在实际环境中，其他辐射源的频率有时会非常接近（如 FM 广播允许中心频率间隔只有 200kHz），甚至完全相同，如 SNF。在当前有限的频谱资源条件下，这种干扰情况更加常见。这些形成了外辐射源雷达中的同频或邻频干扰[9]。类似于有源干扰背景下的单基地雷达方程[10]，直达波干扰和同频/邻频干扰对外辐射源雷达检测性能的影响，可以用等效噪声功率密度表示。

设干扰辐射源的发射峰值功率、天线增益以及发射损耗因子分别为 P_{tj}，G_{tj}和 L_{tj}，工作波长为 λ_{j}，干扰辐射源到接收站的距离为 R_{d}，干扰信号的极化匹配因子为 δ_{j}，干扰辐射源到接收站的方向图传播因子为 F_{tj}，接收站天线在干扰方向的增益和方向图传播因子分别为 G_{rj}和 F_{rj}，干扰信号带宽为 B_{j}，接收站的接收带宽为 B_{n}，则接收站接收到干扰信号的功率谱密度为

$$N_{\mathrm{rj}}=\frac{P_{\mathrm{rj}}}{B_{\mathrm{n}}}=\frac{P_{\mathrm{tj}}G_{\mathrm{tj}}G_{\mathrm{rj}}\lambda_{\mathrm{j}}^{2}F_{\mathrm{tj}}F_{\mathrm{rj}}}{(4\pi)^{2}R_{Lj}^{2}\delta_{\mathrm{j}}L_{\mathrm{tj}}B_{\mathrm{j}}} \tag{2.55}$$

若直达波干扰（或同频/邻频干扰）的对消比为 L_{c}，则干扰功率在外辐射源雷达接收机输入端的等效噪声温度为

$$T_{\mathrm{j}}=\frac{N_{\mathrm{rj}}}{k}=\frac{P_{\mathrm{tj}}G_{\mathrm{tj}}G_{\mathrm{rj}}\lambda_{\mathrm{j}}^{2}F_{\mathrm{tj}}F_{\mathrm{rj}}}{(4\pi)^{2}kR_{Lj}^{2}\delta_{\mathrm{j}}L_{\mathrm{tj}}B_{\mathrm{j}}L_{\mathrm{c}}} \tag{2.56}$$

这样干扰环境下的外辐射源雷达方程为

$$(R_{\mathrm{t}}R_{\mathrm{r}})_{\max}=\sqrt{\frac{P_{\mathrm{t}}T_{\mathrm{c}}G_{\mathrm{t}}G_{\mathrm{r}}\lambda^{2}\sigma F_{\mathrm{t}}^{2}F_{\mathrm{r}}^{2}}{(4\pi)^{2}kT_{\mathrm{s}}'D_{0\mathrm{j}}C_{\mathrm{B}}L_{\mathrm{t}}L_{\mathrm{R}}}} \tag{2.57}$$

$$T_{\mathrm{s}}'=T_{\mathrm{s}}+T_{\mathrm{j}}$$

式中：T_s'为系统噪声温度；D_{0j}为用信号比表示的干扰环境下的检测因子。

参考文献

[1] 龚享铱．利用频率变化率和波达角变化率单站无源定位与跟踪的关键技术研究［D］．长沙：国防科学技术大学，2004.
[2] 郭福成．基于运动学原理的单站无源定位与跟踪关键技术研究［D］．长沙：国防科学技术大学，2002.
[3] 单月晖，孙仲康，皇甫堪．不断发展的无源定位技术［J］．航天电子对抗，2002,(01)：36-42.
[4] 刘钰．无源定位技术研究及其定位精度分析［D］．西安：西北工业大学，2005.
[5] 郁春来，张元发，万方．无源定位技术体制及装备的现状与发展趋势［J］．空军雷达学院学报，2012，26（02）：79-85.
[6] 廖海军．多站无源定位精度分析及相关技术研究［D］．成都：电子科技大学，2008.
[7] 黄剑伟，王昌明．一种改进的测向交叉定位方法［J］．航天电子对抗，2008，（04）：51-53.
[8] Skolnik M I. 雷达手册［M］．第2版．王军，林强，等译．北京：电子工业出版社，2003.
[9] 吴剑旗．先进米波雷达技术［M］．北京：电子工业出版社，2015.
[10] 王小谟，匡永胜，陈忠先．监视雷达技术［M］．北京：电子工业出版社，2008.

第3章　典型外辐射源信号分析

3.1　信号模糊函数

检测、分辨与估值反映了雷达观测目标的不同过程。检测是指从噪声、杂波或其他干扰的环境中识别出雷达目标回波信号，表明雷达对目标的可见性。估值是指在保证一定精度的前提下有效地提供目标的位置、形状、姿态等参数，表明可测性。分辨是指在多目标以及干扰环境中区分特定目标的能力，表明可分性。分辨与模糊是对立的概念，如果分辨是指可分性，那么模糊就是指不可分性。

分辨可按目标的距离、方位角、俯仰角等位置参数或速度、加速度等运动参数之一来进行。雷达的角度分辨力取决于天线方向图，距离与速度分辨力则和发射信号的形式有密切关系。不同的信号形式有不同的分辨力，称为信号的固有分辨力。模糊函数是反映信号固有分辨力与信号波形关系的一种重要方法。

1. 模糊函数

1）定义

对于距离和速度均有差异而其他坐标参数相同的两个目标，其回波信号分别为

$$\begin{cases}s_1(t)=u(t)\mathrm{e}^{\mathrm{j}2\pi f_0 t}\\ s_2(t)=u(t+\tau)\mathrm{e}^{\mathrm{j}2\pi(f_0-\xi)(t+\tau)}\end{cases}\tag{3.1}$$

式中：$u(t)$为信号的复包络；f_0为信号载频；τ为两信号的时差；ξ为两信号的多普勒频差。取两个回波信号的差平方积分来表示其差别为

$$\begin{aligned}D^2(\tau,\xi)&=\int_{-\infty}^{\infty}|s_1(t)-s_2(t)|^2\mathrm{d}t\\&=\int_{-\infty}^{\infty}|s_1(t)|^2\mathrm{d}t+\int_{-\infty}^{\infty}|s_2(t)|^2\mathrm{d}t-2R_{\mathrm{e}}\left(\int_{-\infty}^{\infty}s_1(t)s_2^*(t)\mathrm{d}t\right)\\&=4E-2R_{\mathrm{e}}\left(\mathrm{e}^{-\mathrm{j}2\pi(f_0-\xi)\tau}\int_{-\infty}^{\infty}u(t)u^*(t+\tau)\mathrm{e}^{\mathrm{j}2\pi\xi t}\mathrm{d}t\right)\end{aligned}\tag{3.2}$$

式中：第一项中 E 是回波信号能量，其值为常数，故两信号的差异取决于第二项，即

$$\chi(\tau,\xi)=\mathrm{e}^{-\mathrm{j}2\pi(f_0-\xi)\tau}\int_{-\infty}^{\infty}u(t)u^*(t+\tau)\mathrm{e}^{\mathrm{j}2\pi\xi t}\mathrm{d}t \tag{3.3}$$

式中：因子 $\mathrm{e}^{-\mathrm{j}2\pi(f_0-\xi)\tau}$ 为载频决定的快变化函数，雷达一般不采用，相当于信号经过包络检波器后的情况，不利用其载频信息。由于 $\mathrm{e}^{-\mathrm{j}2\pi(f_0-\xi)\tau}$ 中包含了两目标的多普勒频率差 ξ 和时间差 τ，会造成回波包络的失真，在忽略该失真的条件下，两回波信号的差异取决于包络 $u(t)$ 的二维自相关函数，即

$$\chi(\tau,\xi)=\int_{-\infty}^{\infty}u(t)u^*(t+\tau)\mathrm{e}^{\mathrm{j}2\pi\xi t}\mathrm{d}t \tag{3.4}$$

式（3.4）为信号的距离-速度二维模糊函数，简称模糊函数。当 $\tau=0$，$\xi=0$ 时，$|\chi(\tau,\xi)|=|\chi(0,0)|$ 最大，$D^2(\tau,\xi)$ 最小，两目标在距离、速度上均无法分辨；当两目标的距离差和速度差确定，即 τ、ξ 已定时，则分辨的难易取决于信号波形。若根据信号波形算出的 $\left|\dfrac{\chi(\tau,\xi)}{\chi(0,0)}\right|$ 越接近于 1，则越难分辨；$\left|\dfrac{\chi(\tau,\xi)}{\chi(0,0)}\right|$ 越小于 1，则越容易分辨。$|\chi(\tau,\xi)|$ 值的大小反映了信号 $u(t)$ 在距离和速度二维空间的模糊程度。

模糊函数也可由频域表示。根据傅里叶变换的频移特性和时延特性有

$$u(t)\mathrm{e}^{+\mathrm{j}2\pi\xi t}\longleftrightarrow U(f-\xi) \tag{3.5}$$

$$u^*(t+\tau)\longleftrightarrow U^*(f)\mathrm{e}^{-\mathrm{j}2\pi f\tau} \tag{3.6}$$

将式（3.5）和式（3.6）代入帕塞瓦尔公式，即

$$\int_{-\infty}^{\infty}u(t)v^*(t)\mathrm{d}t=\int_{-\infty}^{\infty}U(f)V^*(f)\mathrm{d}f \tag{3.7}$$

则式（3.4）变为

$$\begin{aligned}\chi(\tau,\xi)&=\int_{-\infty}^{\infty}u(t)u^*(t+\tau)\mathrm{e}^{\mathrm{j}2\pi\xi t}\mathrm{d}t\\&=\int_{-\infty}^{\infty}U^*(f)U(f-\xi)\mathrm{e}^{-\mathrm{j}2\pi f\tau}\mathrm{d}f\end{aligned} \tag{3.8}$$

式（3.8）即为模糊函数的频域表达式。

2）模糊图与模糊度图

$|\chi(\tau,\xi)|$ 或 $|\chi(\tau,\xi)|^2$ 在 $\chi(\tau,\xi)$ 空间一般表现为一个连续曲面，称为模糊表面，模糊表面与 $\chi(\tau,\xi)$ 平面所构成的立体图称为模糊图。为了便于比较各种信号形式对不同目标环境的分辨能力，将模糊图归一化。例如图 3.1 为高斯形信号的模糊图，如果某一目标的回波信号通过滤波器后出现在 A 点，则

有 $|\chi(0,0)|^2=1$，表示该目标与滤波器所匹配的目标无法分辨；出现在 B，C 点的目标，则有 $|\chi(\tau,\xi)|^2\approx 0$，说明两个目标与滤波器欲选择（匹配）的目标在距离和速度上均有明显差别，因而容易分辨。

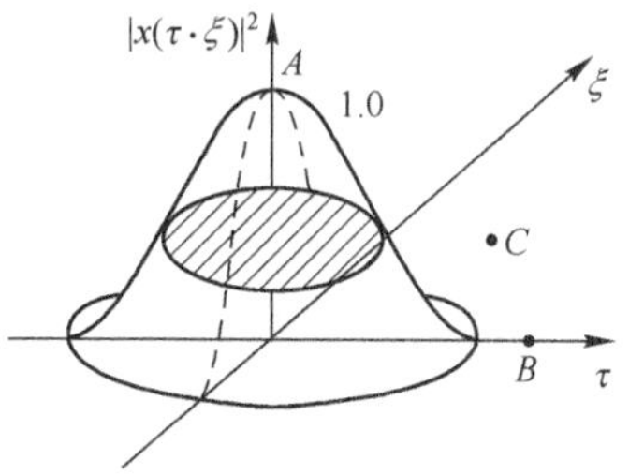

图 3.1　高斯形信号模糊图

$|\chi(\tau,\xi)|$的立体图形可以形象而全面地描述两相邻目标回波信号的模糊程度，即不可分辨性。以模糊图最大值的-6dB 点（半电压点）作为能否分辨的界限，用平行于(τ,ξ)平面的平面在$|\chi(\tau,\xi)|^2$ 最大值的-6dB 处截模糊图而形成的交迹，再投影到(τ,ξ)平面上形成的平面图形，称为模糊度图，如图 3.2 所示。凡落入-6dB 的模糊度图内的目标就是严重模糊的，不可分辨；凡落入-6dB 以外的目标则可以分辨。

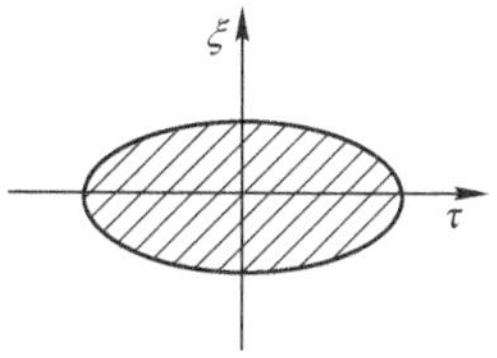

图 3.2　高斯形信号的模糊度图

有些信号的模糊度图不但有主峰，在主峰周围还有副峰。如果目标的回波处于副峰模糊区，则雷达的测量将出现多值性，也会造成该目标信号与滤波器所匹配的目标信号不能分辨，即出现模糊。

如果杂波与目标回波同时通过雷达接收机后，杂波落入信号模糊区就会造成干扰，若不落入信号模糊区则不会造成干扰，说明该信号抗杂波的能力强。

2. 模糊函数的物理意义

（1）模糊函数是目标回波信号复包络 $u(t)$的时间、频率二维自相关函数。前文对模糊函数的定义就是由此给出。

（2）模糊函数是一组具有不同多普勒频移的信号在同一时间通过匹配滤波器后输出波形的组合。这个含义可从模糊函数的频域表达式（3.8）看出。

3. 模糊函数的性质

1）对原点的对称性

$$|\chi(\tau,\xi)| = |\chi(-\tau,-\xi)| \tag{3.9}$$

式（3.9）表明雷达信号的模糊曲面对称于原点。

2）原点有极大值

该特性用模糊函数表示为

$$|\chi(\tau,\xi)|^2 \leqslant |\chi(0,0)|^2 \tag{3.10}$$

该特性的物理意义为：模糊函数的最大点也就是差平方积分的最小点，且完全不能分辨的点，在这点上的两个目标距离和径向速度都没有差别（$\tau=0$，$\xi=0$）。

3）模糊体积不变性

模糊体积不变性可表示为

$$\int_{-\infty}^{\infty}\int |\chi(\tau,\xi)|^2 \mathrm{d}\tau \mathrm{d}\xi = |\chi(0,0)|^2 \tag{3.11}$$

式（3.11）表明模糊曲面与(τ,ξ)平面所包围的模糊体积只决定于信号能量，而与信号形式无关。信号能量一定时，模糊体积是个不变的常数，该结论称为模糊原理。选择雷达信号时，只能在模糊原理的约束下改变模糊曲面的形状，使之与特定的目标环境相匹配，而不能通过减小模糊体积来提高分辨力。

3.2 DTMB 信号特性分析

DTMB 信号，也称数字地面多媒体广播信号，具有频谱利用效率高、移动性能好、广播覆盖范围大、多业务广播方便等优点。DTMB 信号由信号帧组成，包含帧头和帧体两部分。为适应不同应用需求，国家标准定义了 PN420、PN595、PN945 三种帧头模式[1]。以 PN595 模式为例，其结构示意图如图 3.3 所示。

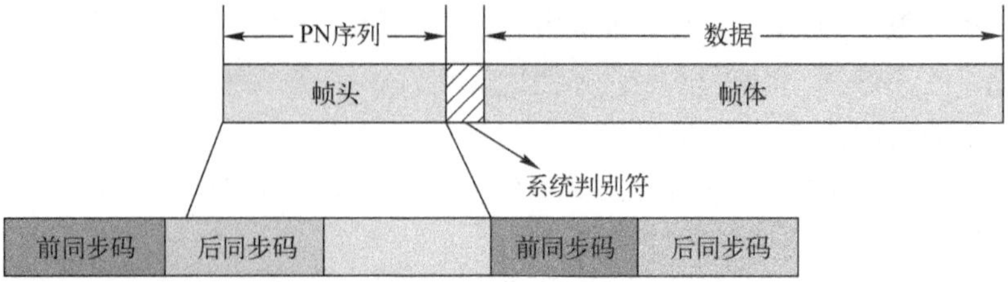

图 3.3 DTMB 信号帧结构示意图

帧头由伪随机二进制 m 序列截取前 595 个码片构成。m 序列由图 3.4 所示的 10bit 线性反馈移位寄存器（Linear Feedback Shift Register，LFSR）产生，初始相位通过查表可以得出，帧体前 36 位为系统信息符号，后 3744 位为传输数据。

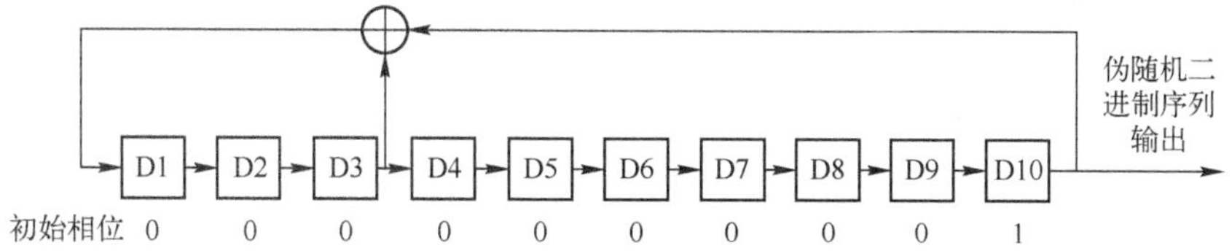

图 3.4　10 阶 m 序列产生结构

从图 3.3 和图 3.4 可以看出，伪随机序列（Pseudo-random Noise，PN）具有固定的结构，这决定了其具有良好的自相关特性。其自相关函数可以表示为

$$\boldsymbol{R}(t)=\sum_{l}^{N_g}\boldsymbol{P}(t+l)\boldsymbol{P}^*(t)=\begin{cases}N_g & l=0\\ -1 & 1\leqslant l\leqslant N_g\end{cases}\tag{3.12}$$

式中：$\boldsymbol{P}$ 为 PN 序列。

DTMB 信号完整的信号帧时域表达式为

$$s(n)=\begin{cases}\mathrm{PN}(n), & n\in[0,N_g-1]\\ \sum_{k=0}^{N_c-1}S(k)\exp\left[\dfrac{\mathrm{j}2\pi(n-N_g)k}{N_c}\right], & n\in[N_g,N_g+N_c-1]\end{cases}\tag{3.13}$$

式中：N_g 和 N_c 分别为帧头与帧体的符号长度；$\mathrm{PN}(n)$ 为帧头数据；k 为调制子载波的序号；$S(k)$ 为调制前的帧体符号。

3.3　DRM 信号特性分析

DRM 基带信号可表示为

$$x(t)=\sum_{r=0}^{\infty}\sum_{s=0}^{N_s-1}\sum_{k=K_{\min}}^{K_{\max}}c_{r,s,k}\Psi_{r,s,k}(t)\tag{3.14}$$

$$\Psi_{r,s,k}(t)=\begin{cases}\exp\left(\mathrm{j}2\pi\dfrac{k}{T_u}(t-T_g-sT_s-N_srT_s)\right) & (s+N_sr)T_s\leqslant t\leqslant(s+N_sr+1)T\\ 0 & 其他\end{cases}\tag{3.15}$$

式中：k 为子载波序号；s 为符号序号；r 为传输帧序号；K_{max} 与 K_{min} 分别为 k 的上下限；$c_{r,s,k}$ 为第 r 帧中第 s 个符号内第 k 个子载波的复调制数据；T_u 为 OFDM 符号有效部分时间长度，其倒数 $1/T_u$ 即为载波频率间隔；T_g 为 OFDM 符号保护间隔时间长度；T_s 为一个完整 OFDM 符号时间长度。

DRM 系统同时针对不同的信道传输情况设计了 5 种传输模式（Robustness Mode），分别为 A、B、C、D、E，如表 3.1 所列。每一种模式用于不同的传播衰减条件，以保证信号有不同的稳健性。

表 3.1　不同模式下 DRM 信号 OFDM 参数

传输模式	A	B	C	D	E
典型传播条件	高斯信道，伴随较弱的衰减	时间和频率选择性信道，伴随较大的传输时延	在 B 模式的条件下，有较高的多普勒频移	在 B 模式的条件下，有较大的延迟和多普勒频移	时间和频率选择信道
有效符号长度/ms	24	21.33	14.66	9.33	2.25
保护间隔长度/ms	2.66	5.33	5.33	7.33	0.25
完整符号长度/ms	26.66	26.66	20	16.66	2.5
帧内符号数	15	15	20	24	40
超帧内帧数	3	3	3	3	4
子载波数	101~461	91~411	138~280	88~178	213
占用带宽/kHz	4.5/9/18 5/10/20	4.5/9/18 5/10/20	10/20	10/20	100
复载波间隔/Hz	41.66	46.88	68.18	107.14	469.48

表 3.1 中，模式 B 传输 1 个 OFDM 符号所需要的时间为 26.66ms，1 个传输帧有 15 个 OFDM 符号，因此 1 个传输帧的时间长度是 400ms，1 个传输超帧的时间长度是 1200ms。在 1 个传输帧中，需要传输 256 个正交幅度调制（Quadrature Amplitude Modulation，QAM）符号，因此传输 1 个 QAM 符号所需时间为 83.33μs。

如表 3.2 所列，模式 A 和 B 包含 6 种频谱占用带宽，模式 C 和 D 包含 2 种频谱占用带宽，模式 E 只有 1 种频谱占用带宽。表 3.3 给出了不同模式和频谱方式下的子载波编号。

表 3.2　A、B、C、D 4 种模式下的不同频谱模式

频谱占用方式	0	1	2	3	4	5
信道带宽	4.5kHz	5kHz	9kHz	10kHz	18kHz	20kHz

表 3.3　不同模式和频谱方式下的子载波编号

传输模式	子载波	频谱占用方式					
		0	1	2	3	4	5
A	Kmin	2	2	-102	-114	-98	-110
	Kmax	102	114	102	114	314	350
B	Kmin	1	1	-91	-103	-87	-99
	Kmax	91	103	91	103	279	311
C	Kmin	N/A	N/A	N/A	-69	N/A	-67
	Kmax	N/A	N/A	N/A	69	N/A	213
D	Kmin	N/A	N/A	N/A	-44	N/A	-43
	Kmax	N/A	N/A	N/A	44	N/A	135

DRM 传输超帧包括三种数据单元：主服务单元（MSC）、快速访问单元（FAC）和服务描述单元（SDC）。DRM 传输超帧结构如图 3.5 所示。MSC 包含服务数据。FAC 主要提供信道参数（如频谱占用和交织深度）使得接收机可以开始解码，同时提供关于复用器业务的信息。SDC 主要提供有关解码 MSC，为相同的数据找到替代源。

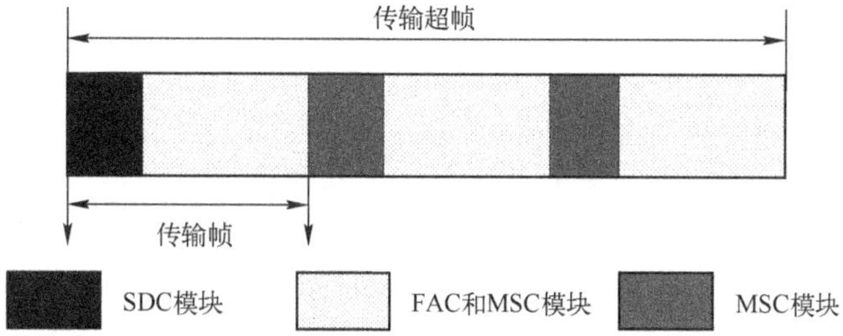

图 3.5　DRM 传输超帧结构

DRM 信号传输以超帧为单位，一个超帧中由三个传输帧，传输帧长度为 400ms，超帧为 1200ms。每个传输帧中都包含 FAC 模块，SDC 模块位于每个传输超帧的开头。

在一个超帧的数据中，SDC 模块位于第 1 帧的前两个 OFDM 符号中（1 帧包含 15 个 OFDM 符号，在模式 B 中 1 个 OFDM 符号包含 206 个 QAM 符号）。FAC 模块中数据在模式 B 中，位于每个传输帧的第 3～14 个符号中的特定载

波上。

MSC 模块在 A、B、C、D 四种模式下，使用 64-QAM 或 16-QAM 调制方式，在 E 模式下使用 16-QAM 或者 4-QAM 调制方式。模式 B 的 MSC 的 QAM 符号个数如表 3.4 所列。

表 3.4 模式 B 的 MSC 的 QAM 符号个数

频谱占用方式	0	1	2	3	4	5
一个超帧内 MSC 总 QAM 符号个数	2900	3330	6153	7013	12747	14323
一个超帧内有用 QAM 符号个数	2898	3330	6153	7011	12747	14322
一个帧内 QAM 符号数	966	1110	2051	2337	4249	4774
一个超帧丢失 QAM 符号数	2	0	0	2	0	1

在 A、B、C、D 四种模式中，FAC 模块结构如图 3.6 所示。其中，FAC 模块还包含 8bit 的 CRC（循环冗余校验）模块，所以 FAC 模块一共 72bit。在模式 E 中，FAC 模块一共 116bit，其中 FAC 模块的编码率为 0.6。

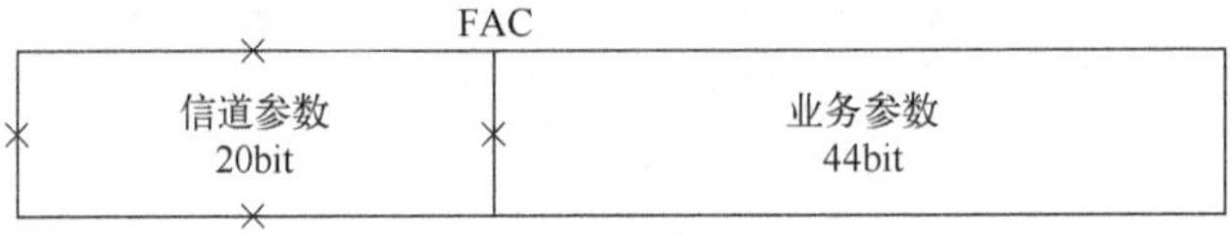

图 3.6 FAC 模块结构

在对 FAC 模块进行 4-QAM 编码时，模式 A、B、C 和 D 中，每个 FAC 块的 FAC QAM 符号总数等于 65，在模式 E 中等于 244。

1. 信道参数组成部分

（1）基本/增强标志位：1bit。

（2）标识符：2bit。标识符表示在一个超帧中，当前 FAC 位于超帧中的第几个传输帧中。00 表示位于第一个传输帧中，且在 SDC 模块中频率转换选择（Alternative Frequency Switching，AFS）索引可用；01 表示位于第二个传输帧；10 表示位于第三个传输帧；11 表示位于第一个传输帧，且在 SDC 模块中 AFS 索引不可用。00 或 11 都是出现在第一个传输帧的 FAC 中，若出现 00 则表示一个超帧中的 AFS 索引都可用，11 同理。

（3）射频标识符：1bit。默认为 0，0 表示 A、B、C、D 四种模式，1 表示 E 模式。

（4）频谱占用：3bit。射频标识符为 0 时，000 表示第 0 种频谱占用方式，001 表示第 1 种频谱占用方式，010 表示第 2 种频谱占用方式，011 表示第 3 种频谱占用方式，100 表示第 4 种频谱占用方式，101 表示第 5 种频谱占用方式。

（5）交织深度标志位：1bit。射频标识符为 0 时，0 表示 2s 交织时间，1 表示 400ms 交织时间。默认为 1，即只在 1 帧信号中进行单元交织。

（6）MAC 模式：2bit。射频标识符为 0 时，00 表示 64-QAM 无等级调制，11 表示 16-QAM 无等级调制。01 和 10 为等级 64-QAM 调制。

（7）SDC 模块：1bit。射频标识符为 0 时，0 表示 16-QAM 调制码率为 0.5，1 表示 4-QAM 调制码率为 0.5。

（8）一个传输帧中的业务数量：4bit。默认为 0100，表示 1 个音频服务数据。

（9）重新配置标识：3bit。默认为 100。

（10）切换标识：1bit。射频标识符为 0 时，默认为 0。

（11）保留位：1bit。默认为 0。

2. 业务参数组成部分

（1）业务标识符：24bit。类似区号。

（2）短 ID：2bit。

（3）音频 CA 标志：1bit。默认为 0。

（4）语言：4bit。默认为 0011（中文）或 1101（俄文）。

（5）音频/数据标志位：1bit。默认为 0（音频）。

（6）服务描述位：5bit。当音频/数据标志位为 0 时，为音频节目，默认为 00001。

（7）数据 CA 标志：1bit。默认为 0。

（8）保留位：6bit。默认为 000000。

SDC 模块的结构如图 3.7 所示，其中填充部分可以忽略不记。

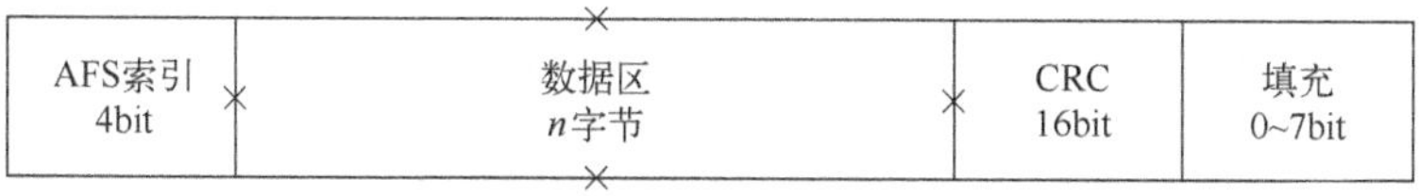

图 3.7　SDC 模块结构

SDC 有两种调制模式，分别为 16-QAM 和 4-QAM，SDC 数据区在不同调制方式，不同模式和不同频谱占用方式下的长度如表 3.5 所列。

表 3.5　SDC 数据区长度

模　式	SDC 模式	数据区长度/byte（1byte=8bit）					
		0	1	2	3	4	5
A	16-QAM	37	43	85	97	184	207
	4-QAM	17	20	41	47	91	102

（续）

模　式	SDC 模式	数据区长度/byte（1byte=8bit）					
		0	1	2	3	4	5
B	16-QAM	28	33	66	76	143	161
	4-QAM	13	15	32	37	70	79
C	16-QAM	N/A	N/A	N/A	68	N/A	147
	4-QAM	N/A	N/A	N/A	32	N/A	72
D	16-QAM	N/A	N/A	N/A	33	N/A	78
	4-QAM	N/A	N/A	N/A	15	N/A	38
E	16-QAM	113	N/A	N/A	N/A	N/A	N/A
	4-QAM	55	N/A	N/A	N/A	N/A	N/A

在每个 SDC 块中 QAM 符号如表 3.6 所列。

表 3.6　SDC 块 QAM 符号

模式	0	1	2	3	4	5
A	167	190	359	405	754	846
B	130	150	282	322	588	662
C	N/A	N/A	N/A	288	N/A	607
D	N/A	N/A	N/A	152	N/A	332
E	936	N/A	N/A	N/A	N/A	N/A

（1）AFS 模块：4bit。AFS 索引是一个 0~15 范围内的无符号二进制数，它表示当 FAC 中的标识字段设置为 00 时，将具有相同内容的该 SDC 块与下一个 SDC 块分隔开的传输超帧的数目。

（2）数据区：见表 3.5。

（3）CRC 部分：16bit。

（4）填充部分：0~7bit。

数据区由不同的数据实体组成，每个数据实体可分为 12bit 的头部分和一个变化长度的体部分。

3. 数据实体

头部分：长度 7bit。版本标志 1bit。数据实体类型 4bit。

体部分：体部分由 15 种数据实体中任意一种实体组成，如表 3.7 所列。

表 3.7　体部分的 15 种数据实体

数据实体编号	实体内容	实体机制	重复频率
0	复用描述实体	可重配置	每个 SDC 块
1	标签数据实体	固定数据	每个 SDC 块
2	条件访问参数实体	可重配置	按需求
3	复用频率信息	表格	标准重复频率
4	时间表定义	表格	标准重复频率
5	应用信息	可重配置	按需求
6	公告支持和切换信息	表格	标准重复频率
7	区域定义	表格	标准重复频率
8	时间和数据信息	固定数据	一分钟一次
9	音频信息	可重配置	每个 SDC 块
10	FAC 信道参数	可重配置	每个 SDC 块 （FAC 重新配置索引不为 0 时）
11	其他服务	表格	标准重复频率
12	语言和国家	固定数据	标准重复频率
13	更细致区域定义	表格	标准重复频率
14	数据包流 FEC 参数	可重配置	每个 SDC 块 （当使用 FEC 时）
15	服务链接	表格	标准重复频率
注：标准重复率是指该数据实体类型的所有信息都应在整个数据库的一个周期内传输			

DRM 信号编码过程如图 3.8 所示。

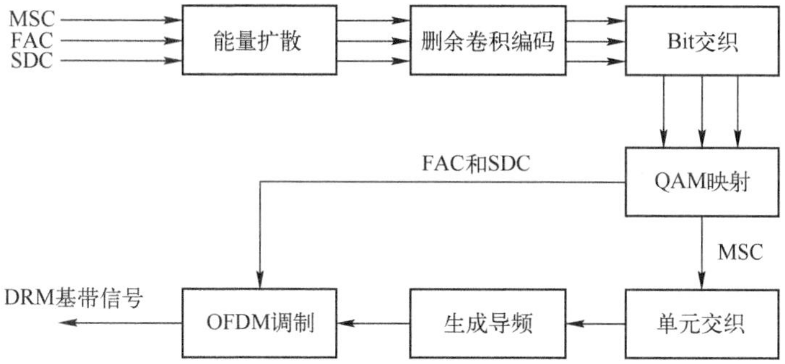

图 3.8　DRM 信号编码过程

4. 能量扩散

能量扩散也称为扰码。进行基带信号传输的缺点是其频谱会因数据出现连“1”和连“0”而包含大的低频成分，不适应信道的传输特性。解决办法之一是采用扰码技术，使信号受到随机化处理，变为伪随机序列，又称为“数据随机化”和“能量扩散”处理。

为实现能量扩散，需要先产生伪随机二进制序列（PRBS），其生成多项式见式（3.17），PRBS序列产生流程图如图3.9所示。其中，初始状态设为$\{x_1,x_2,x_3,x_4,x_5,x_6,x_7,x_8,x_9\}=\{1,1,1,1,1,1,1,1,1\}$，$x_5$和$x_9$做异或运算得到PRBS序列值，并将$x_1$到$x_9$的状态值依次右移，同时将得到的PRBS值存入$x_1$，以更新状态值。

$$P(X)=X^9+X^5+1 \tag{3.16}$$

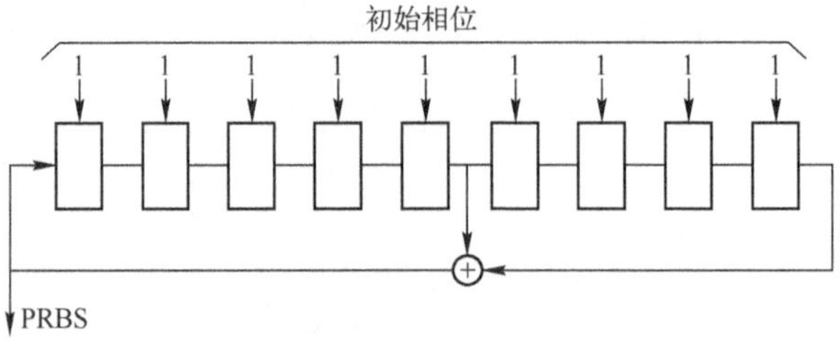

图3.9　PRBS序列产生流程图

5. 删余卷积编码

16-QAM映射的MSC编码流程如图3.10所示，采用了只有一个保护层级的SM编码方式。

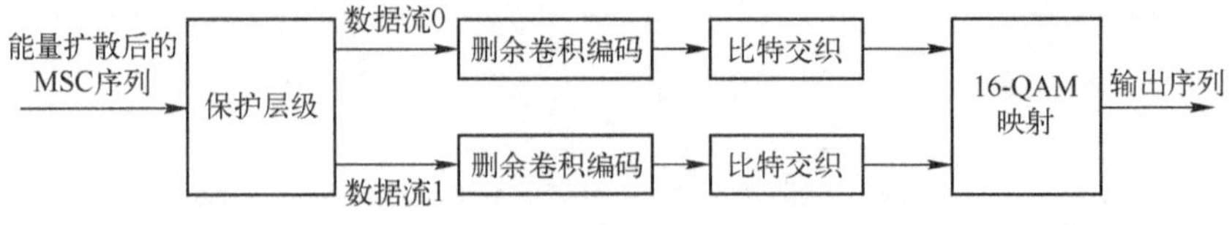

图3.10　16-QAM映射的MSC编码流程

如图3.10所示，首先将输入序列4662bit数据分为数据流0和数据流1，两个数据流的比特数为$M_{p,2}$，其中p为数据流数，2为低保护层级，计算公式为

$$M_{p,2}=RX_p\left\lfloor\frac{2N_2-12}{RY_p}\right\rfloor \qquad p\in\{0,1\} \tag{3.17}$$

式中：N_2为在保护层级为2时的QAM符号数；RX_p和RY_p分别为数据流p编

码率的分子项和分母项。一帧数据MSC 模块 QAM 符号数为 2337，高保护层级 QAM 符号数 N_1 加上低保护层级 QAM 符号数 N_2 为 2337，因为在仿真条件下只有低保护层级，所以 $N_2=2337$。在仿真条件下，数据 0 的编码率为 1/3，数据流 1 的编码率为 2/3。将数据代入式（3.17）可得，$M_{0,2}=1554$，$M_{1,2}=3108$。

FAC 和 SDC 部分使用 4-QAM 编码，保护层级为低层级保护，编码流程如图 3.11 所示。

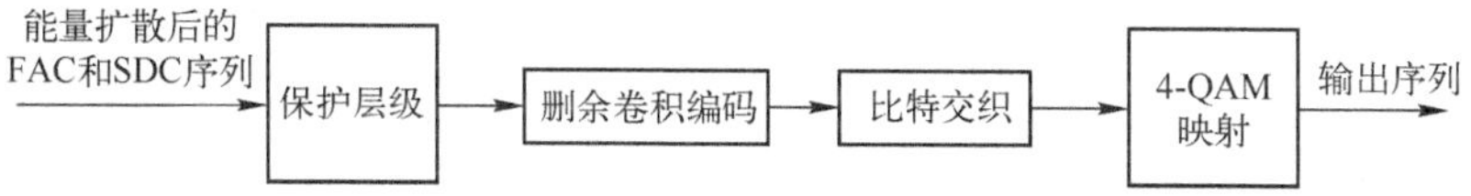

图 3.11　4-QAM 编码流程

FAC 输入比特数为 72bit，SDC 输入比特数为 316bit。输出 QAM 符号数分别为 65 和 322。MSC、FAC 和 SDC 模块同时进行卷积编码，即

$$\begin{cases}b_{0,i}=a_i\oplus a_{i-2}\oplus a_{i-3}\oplus a_{i-5}\oplus a_{i-6}\\b_{1,i}=a_i\oplus a_{i-1}\oplus a_{i-2}\oplus a_{i-3}\oplus a_{i-6}\\b_{2,i}=a_i\oplus a_{i-1}\oplus a_{i-4}\oplus a_{i-6}\\b_{3,i}=b_{0,i},b_{4,i}=b_{1,i},b_{6,i}=b_{2,i}\end{cases}\tag{3.18}$$

式中：a_i 为输入的 MSC、FAC 和 SDC 序列；$b_{0,i},b_{1,i},b_{2,i},b_{3,i},b_{4,i},b_{5,i}$分别为输入 a_i 时的卷积编码输出。卷积编码流程如图 3.12 所示。

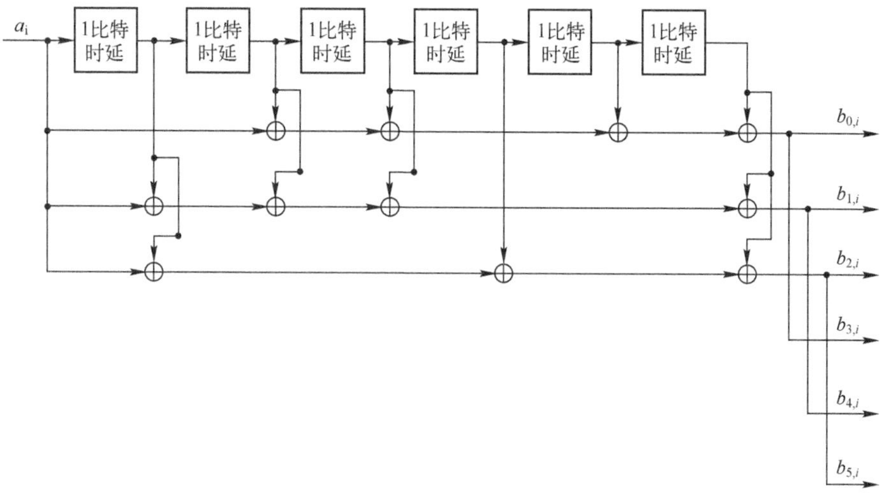

图 3.12　卷积编码流程

MSC 编码分为两个数据流，两个数据流的编码率分别为 1/3 和 2/3，对应的删余矩阵为

$$\boldsymbol{B}_{1/3}=[1,1,1,0,0,0]^{\mathrm{T}} \tag{3.19}$$

$$\boldsymbol{B}_{2/3}=\begin{bmatrix}1,1,0,0,0,0\\1,0,0,0,0,0\end{bmatrix}^{\mathrm{T}} \tag{3.20}$$

FAC 和 SDC 编码率为 1/2，其对应的删余矩阵为

$$\boldsymbol{B}_{1/2}=[1,1,0,0,0,0]^{\mathrm{T}} \tag{3.21}$$

MSC 和 SDC 有一定数量的尾比特。MSC 中，每个数据流后有 6bit 的数据，一共 12bit。SDC 中，尾部一共有 6bit。尾部的数据与其他数据同样采取卷积编码，编码率为 1/2，删余矩阵为

$$\boldsymbol{B}_{1/2}=[1,1,0,0,0,0]^{\mathrm{T}} \tag{3.22}$$

6. 比特交织

在传输前，将数据流中的数据重新排列，对删余卷积编码后的数据流进行比特交织。

7. QAM 映射

MSC 部分选择 16-QAM 映射，FAC 和 SDC 部分选择 4-QAM 映射，其星座图分别如图 3.13 和图 3.14 所示。

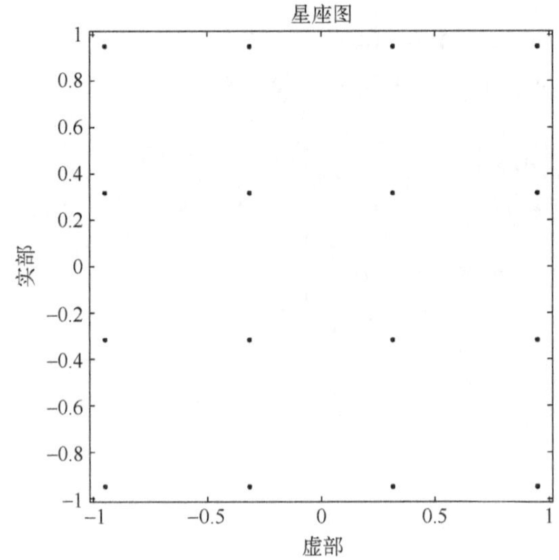

图 3.13　16-QAM 星座图（坐标归一化因子为 $1/\sqrt{10}$）

8. 单元交织

将一帧的 QAM 数据重新排列，对 QAM 编码后的 MSC 部分进行单元交织，

选择的交织时间为 400ms。

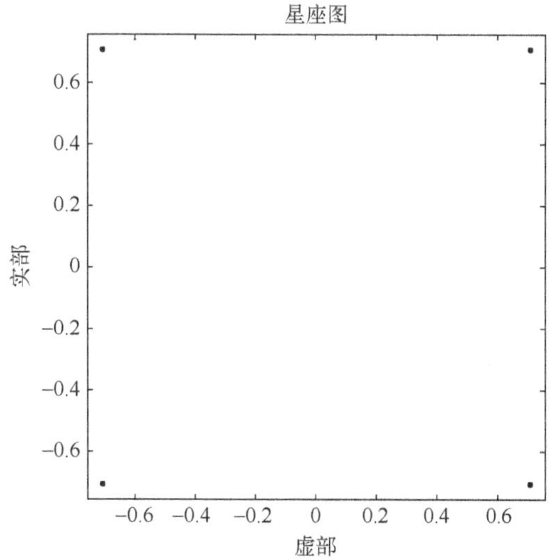

图 3.14　4-QAM 星座图(坐标归一化因子为 $1/\sqrt{2}$)

9. 生成导频

导频符号定义为

$$c_{r,s,k}=a_{s,k}U_{s,k} \tag{3.23}$$

式中：$a_{s,k}$为幅值，取值有$\{1,\sqrt{2},2\}$；$U_{s,k}=\mathrm{e}^{\mathrm{j}2\pi\vartheta_{s,k}}$为导频的相位信息，其中$\vartheta_{s,k}$取值由 A、B、C、D、E 模式和频谱占用模式决定。

导频符号分为 4 种模式：频率参考单元、时间参考单元、增益参考单元、AFS 参考单元。频率参考单元：接收机使用频率参考单元来检测接收信号的存在并估计接收信号频率偏移。时间参考单元：主要用来完成可靠的传输帧同步。增益参考单元：主要用来估计信道响应。AFS 参考单元主要用于 E 模式。

1）频率参考单元

在不同的模式下，频率参考单元位于不同的位置，其位置如表 3.8 所列。

表 3.8　不同的模式下的频率参考单元位置

传输模式	子载波编号
A	18，54，72
B	16，48，64
C	11，33，44
D	7，21，28

模式 E 无参考频率单元，因此表 3.8 中无模式 E。结合 DRM 系统 OFDM 传输的基本参数，在模式 B，频谱占用方式为 3 时，子载波编号为 $-103\sim103$，子载波频率间隔为 46.88Hz。编号 16、48 和 64 的子载波传输的符号为频率参考单元，对应的频率约为 750Hz、2250Hz、3000Hz。每个 OFDM 符号中都有三个频率参考单元。

频率参考单元组成为增益部分和相位部分。增益部分 $a_{s,k}=\sqrt{2}$，相位部分公式为

$$U_{s,k}=\mathrm{e}^{\mathrm{j}2\pi\vartheta_{s,k}}=\mathrm{e}^{\frac{\mathrm{j}2\pi\vartheta_{1024}[s,k]}{1024}} \tag{3.24}$$

$\vartheta_{1024}[s,k]$的取值由表 3.9 给出。

表 3.9 $\vartheta_{1024}[s,k]$取值

传输模式	子载波编号	$\vartheta_{1024}[s,k]$
B	16	311
	48	651
	64	555

2) 时间参考

在模式 B 下，一个 OFDM 符号中，有 19 个时间参考单元，且时间参考单元只存在于传输帧的第一个 OFDM 符号中。时间参考单元与频率参考单元相同，增益部分 $a_{s,k}=\sqrt{2}$，相位和子载波编号如表 3.10 所列。

表 3.10 鲁棒 B 模式在时间参考单元的相位

子载波编号 k	相位编号 $\vartheta_{1024}[0,k]$
14	304
16*	331
18	108
20	620
24	192
26	704
32	44
36	432
42	588

（续）

子载波编号 k	相位编号 $\vartheta_{1024}[0,k]$
44	844
48*	651
49	651
50	651
54	460
56	460
62	944
64*	555
66	940
68	428
注意：带有 * 上标的子载波编号同样起到频率参考的作用；相位编号的定义是一致的	

3）增益参考

增益参考单元所在的子载波编号生成公式为

$$k_{s,r}=k_0+x(s \bmod y)+x \cdot y \cdot p \tag{3.25}$$

式中：s 为传输帧中的符号数；r 为传输超帧中的帧数；k_0 为 OFDM 符号中第一个导频位置；x 为相邻导频的位置偏差；y 为导频的循环间隔；p 为同一 OFDM 符号中增益参考单元的编号。在模式 B 频谱占用方式为 3 的条件下，x 为 2，y 为 3，k_0 为 1。

大部分增益导频单元的幅度为$\sqrt{2}$，在边缘的增益导频单元幅度为 2。在模式 B 频谱占用方式为 3 的条件下，增益导频幅度为 2 的单元位于载波编号为 −103，−101，101，103 的符号中。

导频的相位计算方法如下：

（1）当前 OFDM 符号在增益参考单元中的序号为

$$n=s \bmod y$$

（2）当前第几个增益参考单元的周期为

$$m=\mathrm{floor}(s/y)$$

（3）当前 OFDM 符号的导频序号为

$$p=(k-k_0-nx)/xy$$

（4）在模式 B 下，导频的相位部分公式中 $\vartheta_{1024}[s,k]$ 可表示为

$$\vartheta_{1024}[s,k]=(4\boldsymbol{Z}_{256}[n,m]+p\boldsymbol{W}_{1024}[n,m]+p^2(1+s)Q_{1024}) \bmod 1024$$

$$\boldsymbol{W}_{1024}=\begin{bmatrix}512 & 0 & 512 & 0 & 512\\ 0 & 512 & 0 & 512 & 0\\ 512 & 0 & 512 & 0 & 512\end{bmatrix} \tag{3.26}$$

$$\boldsymbol{Z}_{256}=\begin{bmatrix}0 & 57 & 164 & 64 & 12\\ 168 & 255 & 161 & 106 & 118\\ 25 & 232 & 132 & 233 & 38\end{bmatrix} \tag{3.27}$$

$$Q_{1024}=12 \tag{3.28}$$

10. OFDM 调制

一个 OFDM 符号传输时间 T_u 为 21.33ms，其中一个 OFDM 符号传输 256 个子载波。256 个子载波中有 206 个子载波传输 QAM 符号，剩余子载波传输 0。用 256 点 IFFT 实现 OFDM 调制，采样率 $f_s=256/T_u=12\text{kHz}$。

OFDM 调制后，需要在每个 OFDM 符号前加入循环前缀，循环前缀时间长度为 5.33ms，其符号数为 $5.33\times256/T_u=64$，即将一个 OFDM 符号中的后 64 个调制数据复制到 OFDM 符号开头，作为循环间隔。因此，一个 OFDM 符号总的传输时间为 26.66ms，传输符号数为 320。

11. 信号仿真

仿真选定模式 B，频谱占用方式为 3（10kHz 带宽），MSC 为等保护（EEP），输入比特数为 4662bit，使用 16-QAM 调制方式，数据流为 2（编码层数为 2），第一个数据流的编码率为 1/3，比特数为 1554bit，第二个数据流的编码率为 2/3，比特数为 3108bit，尾码为 6bit，编码率为 1/2，QAM 符号数为 2337 个。SDC 为等保护，输入比特数为 316bit，其中尾码为 6bit，编码率为 1/2，使用 4-QAM 调制方式，数据流为 1（编码层数为 1），编码率为 1/2，QAM 符号数为 322 个。FAC 为等保护，输入比特数为 72bit，使用 4-QAM 调制方式，数据流为 1（编码层数为 1），编码率为 3/5，QAM 符号数为 65 个。

由图 3.15 和图 3.16 可以看出，对一超帧数据做傅里叶变换后，信号的频带宽为 10kHz，且在 750Hz，2250Hz 和 3000Hz 的位置幅度明显高于其他频率的幅度，这是因为插入的频率导频符号的幅度高于数据符号幅度。

绘制多普勒频率范围为 -30～30Hz，时间范围为 -30～30ms 的时频二维模糊函数，如图 3.17 和图 3.18 所示。

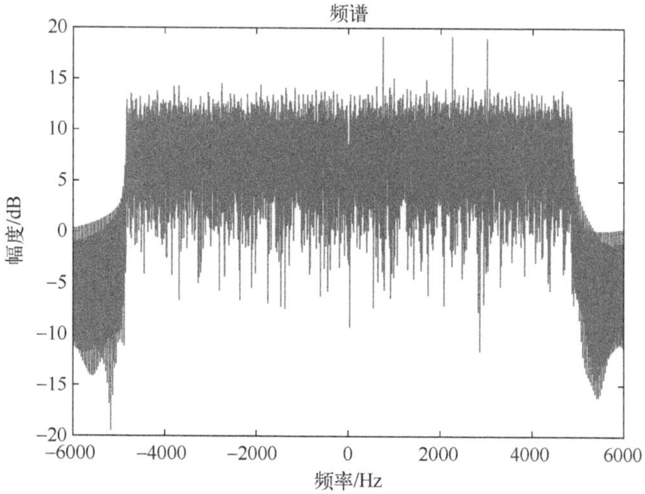

图 3.15　一超帧数据的频谱

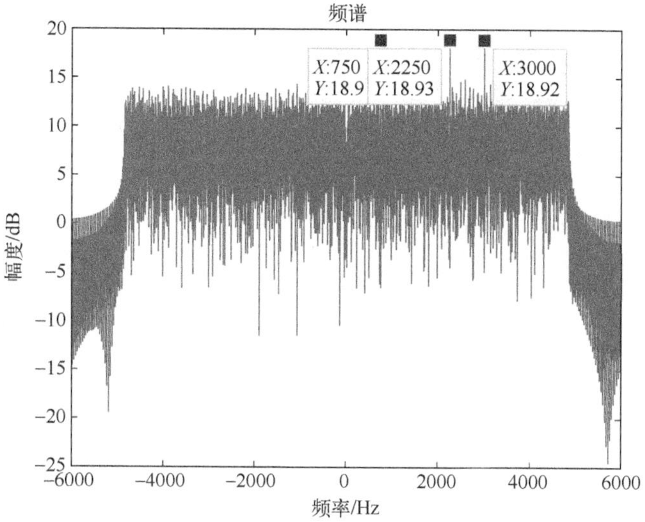

图 3.16　一超帧数据的频谱，标注了频率参考导频所在频率

1）循环前缀

循环前缀是由数据部分的 OFDM 调制信号复制所得，与传输数据有很强的相关性，因此循环前缀与数据的相关性将会产生副峰，又因为循环前缀是周期出现，其周期为 T_u，综上，循环前缀副峰的位置应该位于$(0, T_u)$的位置，即（0，21.33ms）。图 3.18 中点（0Hz，0.02133ms）对应循环前缀副峰。

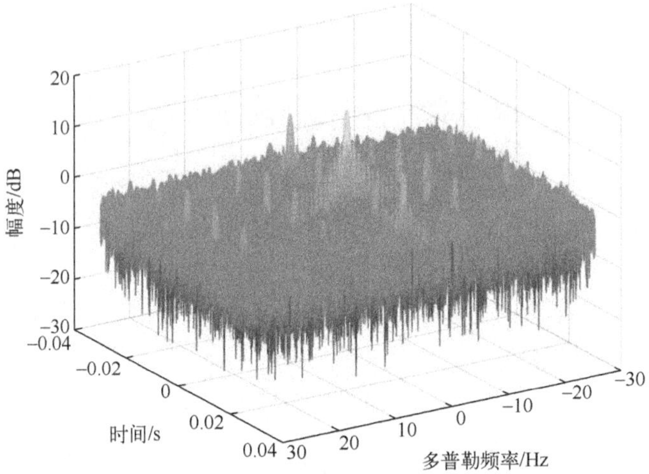

图 3.17 一超帧数据的模糊函数图

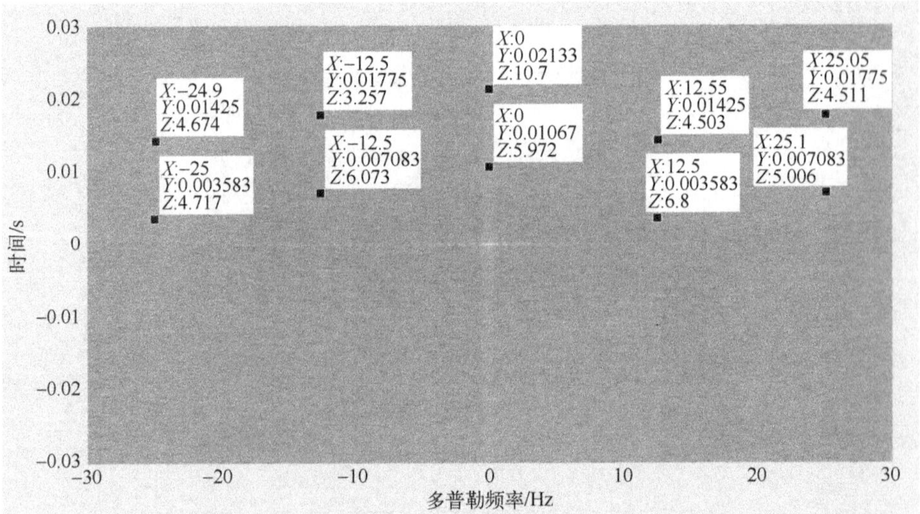

图 3.18 一超帧数据的模糊函数并标注副峰位置

2）导频

导频包含频率导频、时间导频和增益导频。时间导频只在每帧 OFDM 信号的第一个符号中，因此其导频周期为 400ms，仿真只分析了-30～30ms 的模糊函数，因此时间导频副峰未在图 3.18 中显示。时间导频在一帧数据中只有 19 个符号，数量太少，综上分析可以忽略。频率导频只在 3 个子载波上存在，相关后峰值也很小，可以忽略。

增益导频在一超帧数据中有 1560 个，在一帧中取模后增益导频分布如

表 3.11 所列。

表 3.11 一帧中取模后的增益导频分布

符号数\载波数	-5	-4	-3	-2	-1	0	1	2	3	4	5
1	1.4142	0	0	0	0	0	1.4142	0	0	0	0
2	0	0	1.4142	0	0	0	0	0	1.4142	0	0
3	0	0	0	0	1.4142	0	0	0	0	0	1.4142
4	1.4142	0	0	0	0	0	1.4142	0	0	0	0
5	0	0	1.4142	0	0	0	0	0	1.4142	0	0
6	0	0	0	0	1.4142	0	0	0	0	0	1.4142
7	1.4142	0	0	0	0	0	1.4142	0	0	0	0
8	0	0	1.4142	0	0	0	0	0	1.4142	0	0
9	0	0	0	0	1.4142	0	0	0	0	0	1.4142
10	1.4142	0	0	0	0	0	1.4142	0	0	0	0
11	0	0	1.4142	0	0	0	0	0	1.4142	0	0
12	0	0	0	0	1.4142	0	0	0	0	0	1.4142
13	1.4142	0	0	0	0	0	1.4142	0	0	0	0
14	0	0	1.4142	0	0	0	0	0	1.4142	0	0
15	0	0	0	0	1.4142	0	0	0	0	0	1.4142

在一个 OFDM 符号中，增益导频以 6 个子载波为周期，15 个 OFDM 符号间增益导频以 3 个符号为周期重复，相邻 OFDM 符号间增益导频以 2 个子载波为周期。

经过分析导频位置为 $(0,3T_u/6)$，$(-2/(3T_s),T_u/6)$，$(1/(3T_s),4T_u/6)$，$(-2/(3T_s),4T_u/6)$，$(1/(3T_s),T_u/6)$，$(-1/(3T_s),2T_u/6)$，$(2/(3T_s),5T_u/6)$，$(-1/(3T_s),5T_u/6)$，$(2/(3T_s),2T_u/6)$。代入 $T_s=26.66\text{ms}$，$T_u=21.33\text{ms}$ 得到理论导频副峰位置如下：(0Hz，0.0107s)(-25Hz，0.0036s)，(12.5Hz，0.0142s)，(-25Hz，0.0142s)，(12.5Hz，0.0036s)(-12.5Hz，0.0071s)，(25Hz，0.0178s)，(-12.5Hz，0.0178s)，(25Hz，0.0071s)。

图 3.18 中仿真所得副峰位置如下：(0Hz，0.01067s)，(-25.1Hz，0.03583s)，(12.5Hz，0.01425s)，(-25Hz，0.01425s)，(12.5Hz，0.03583s)(-12.5Hz，0.007083s)，(25Hz，0.01775s)，(-12.5Hz，0.01775s)，(25Hz，0.007083s)。对比理论位置和仿真位置，可验证仿真基本符合理论。

3.4 其他常用外辐射源信号

无线通信技术的飞速发展过程中，越来越多的商业无线电信号为无源雷达提供了丰富的外辐射源信号[2]。除早期的FM广播信号等模拟信号外，相继出现了数字电视信号、星载辐射源信号与个人无线通信信号等，各类辐射源具备不同的性能参数与特点。

AM与FM广播信号是最早被广泛研究的外辐射源之一，具有较大的发射功率，较广的覆盖范围。FM广播信号比AM广播信号的频带宽、信噪比高、抗干扰能力强。然而FM广播中往往存在语音或音乐信号的间歇性停顿，以及测量值受闪烁噪声的影响，易引起信号的突发或捷变，进而产生较大的测向误差。模拟电视信号具有与FM广播信号类似的特点，但是其发射功率比FM广播信号强很多。基于模拟调制信号的外辐射源雷达技术参数如表3.12所列。

表3.12 基于模拟调制信号的外辐射源雷达技术参数

外辐射源信号类型	频率/MHz	带宽/MHz	信号强度	距离分辨力	速度分辨力
AM	/	0.009	较强	极差	好
FM	88~108	0.1	强	差	好
模拟电视信号	/	6	强	/	/

模拟调制信号（如FM、模拟电视等）具有发射功率大、覆盖范围广等优点，但是同时存在带宽小、信号波形随传递内容变化等缺点。自从20世纪90年代以来，具有更大带宽、更稳定波形特性以及更优良抗干扰能力的数字调制信号正逐步取代传统的模拟信号，随着数字广播、数字电视及数字通信网络等在全球兴起，数字广播信号外辐射源雷达（Digital Broadcasting-based Passive Radar，DBPR）逐步成为近年新体制外辐射源雷达的研究热点[3]。欧洲多个国家在该领域的研究水平处于世界前列，相关技术的研究至今已有近十年历史，已有成果集中于基于DAB信号的VHF波段外辐射源雷达和基于DVB-T数字视频广播信号的UHF波段外辐射源雷达的理论与实验上，表3.13和表3.14分别给出了欧洲部分典型的实验演示系统和技术参数。

表3.13 典型DBPR实验演示系统

系统名称	频段	所用信号	年代	研究机构
DELIA	VHF	DAB	2009	Fraunhofer FHR，德国
PETRAII	UHF	DVB-T	2009	Fraunhofer FHR，德国

（续）

系统名称	频　段	所用信号	年　代	研究机构
NECTAR	UHF	DVB-T	2009	Thales/Onera，法国
CORA	VHF/UHF	DAB，DVB-T	2009	Fraunhofer FHR，德国
PARADE	VHF/UHF	FM，DAB，DVB-T	2007	EADS CASSIDIAN，德国

表3.14　典型DBPR系统技术参数

参　数	DELIA	PETRAII	NECTAR	CORA	PARADE
频率/MHz	225~230	514	470~860	150~350，400~700	88~240，474~850
带宽/MHz	1.6	7.6	7.6	1.6/7.6	1.536/7.6
方位覆盖	55°	90°	120°	360°	120°
仰角覆盖	55°	60°	/	120°	/
实时处理	是	是	是	是	是
定位	2D	2D/3D	2D	3D	2D
功率	<1kVA	<10kVA	/	<15kVA	/
天线形式	八木	面天线	偶极子	交叉偶极子/平板偶极子	垂直偶极子
阵元数	4	104	4	16	7/14
单元增益	12dB	/	/	/	/
极化	垂直	垂直	/	/	垂直
通道数	1	16	4	16	7/14

基于星载辐射源的无源雷达系统也受到了广泛关注，如GPS信号、北斗卫星信号。一方面星载辐射源信号主要在自由空间传播，接收天线仰角较高，因此受地杂波及多径干扰影响较小。另一方面，星载辐射源有较强的抗摧毁能力和战场生存能力，战时不易受到攻击。国内外学者已对GPS开展了广泛研究，随着我国北斗卫星定位技术的成熟，选取“北斗”卫星信号作为外辐射源信号具有更重要的军事意义和实用价值。表3.15对比了基于GPS的无源雷达系统与基于北斗信号的无源雷达系统对同一个飞机目标的探测技术参数[2]。

表3.15　基于GPS与北斗信号的无源雷达技术参数对比

参　数	GPS	北　斗
载波频率/MHz	1575.42	2491.75
接收机带宽/MHz	2	8

（续）

参　　数	GPS	北　　斗
用户机接收功率/dBW	-160	-144.5
接收天线面积/m^2	0.092	0.07
最大作用距离/km	149.7	149.35

近年来，随着移动通信网络的快速发展，4G 已然成熟，5G 正在大量部署，基于移动通信信号的外辐射源雷达具备多种天然优势，成为新体制外辐射源雷达的研究热点。

对于以 4G 的长期演进技（Long Term Evolution，LTE）信号的外辐射源，由于 LTE 信号覆盖率高，盲点少，所以可利用众多 LTE 基站构成雷达网络，扩展探测范围。此外，LTE 信号支持 1.4~20MHz 的带宽，其最高距离分辨力可达 7.5m，相较于 DAB 等窄带信号，LTE 信号具有较高的距离分辨力[4]。

目前 5G 民用通信网络的信号标准和参数尚未公开，但为提高信道容量，5G 会在天线技术、网络部署、频谱利用和信号带宽等方面进行改进，以适应大数据交互的需求。5G 信号作为外辐射源的优点有[5]：

（1）5G 通信基站覆盖率比 4G 更高，盲点少，采用多个 5G 基站形成雷达网络，可使探测范围增大。

（2）4G 信号带宽已经较宽，最高为 20MHz，而 5G 有望达到 100MHz，使得距离分辨力更高。

（3）5G 通信信号采用的频段较高，目前已有公开的 5G 频段可达 5.1GHz，速度分辨力相对较高。

参考文献

[1] 数字电视地面广播传输系统帧结构、信道编码和调制：GB 20600-2006 [S]. 中国国家标准，2006.

[2] 范梅梅，廖东平，丁小峰. 基于北斗卫星信号的无源雷达可行性研究 [J]. 信号处理，2010，26（04）：631-636.

[3] 万显荣. 基于低频段数字广播电视信号的外辐射源雷达发展现状与趋势 [J]. 雷达学报，2012，1（02）：109-123.

[4] 王本静，易建新，万显荣，等. LTE 外辐射源雷达帧间模糊带分析与抑制 [J]. 雷达学报，2018，7（04）：514-522.

[5] 王锐，戴文瑞. 基于 5G 基站信号的被动雷达直达波抑制技术研究 [J]. 舰船电子工程，2021，41（08）：58-60.

第 4 章　参考通道信号提纯技术

4.1　盲均衡信号提纯技术

由于山地和近地建筑的反射作用，外辐射源雷达不可避免地受到多径干扰的影响，此时参考通道接收的信号包括直达波、多径干扰和通道噪声信号。如果将含有多径干扰的参考信号直接用于匹配滤波处理，则距离-多普勒图上会呈现多径干扰与目标回波信号相匹配形成的虚假目标。

针对外辐射源雷达参考通道中的多径干扰问题，可以利用盲均衡算法进行抑制。由于直达波信号来自非合作的照射源，信号先验信息和多径信道都是未知的，在缺少训练序列的情况下，盲均衡算法是一种较为有效的多径干扰抑制算法。

Bussgang 类盲均衡算法作为盲均衡算法的一个分支，是在原来需要训练序列的传统自适应均衡算法基础上发展起来的。早期的盲均衡器以横向滤波器为基本结构，利用信号的物理特征选择合适的代价函数和误差控制函数来调节均衡器的权系数。这类算法是以一种迭代方式进行盲均衡，并在均衡器的输出端对数据进行非线性变换，当算法以平均值达到收敛时，被均衡的序列表现为 Bussgang 统计量。因此，此类算法称为 Bussgang 类盲均衡算法，如图 4.1 所示。

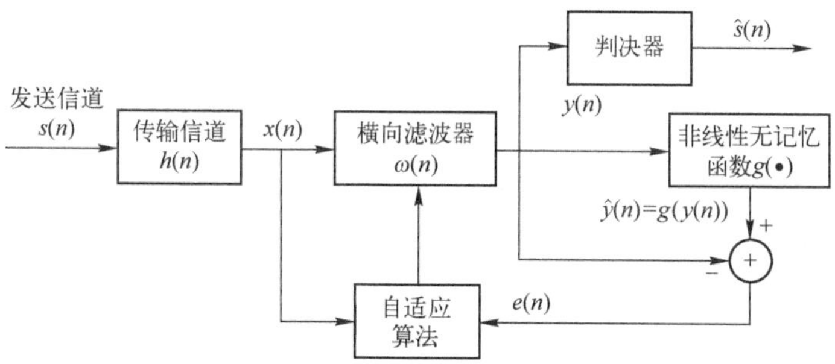

图 4.1　Bussgang 类盲均衡算法

图 4.1 中的自适应算法可以使用最小均方（LMS）等调节长度为 $2L+1$ 的横向滤波器，其输出为

$$y(n)=\sum_{i=-L}^{L}\omega_i^*(n)x(n-i)=\boldsymbol{\omega}^{\mathrm{H}}(n)\boldsymbol{x}(n) \tag{4.1}$$

由于期望信号是未知的，这里用$\tilde{y}(n)$近似，即 LMS 自适应算法为

$$\omega_i(n)=\omega_i(n-1)+\mu x(n-i)e^*(n) \qquad i=0,\pm1,\cdots,\pm L \tag{4.2}$$

$$e(n)=\tilde{y}(n)-y(n) \tag{4.3}$$

Bussgang 类盲均衡器采用一个无记忆非线性估计函数 $g(\cdot)$，使得

$$\tilde{y}(n)=g[y(n)] \tag{4.4}$$

之后利用$\tilde{y}(n)$近似代替 $y(n)$。

根据外辐射源雷达信号恒模调制的特点，将恒模算法（Constant Modulus Algorithm，CMA）应用到参考通道盲均衡中，抑制参考通道中的多径干扰。CMA 算法是 Bussgang 类盲均衡算法中最常用的一种，该算法计算复杂度低，易于实时实现，收敛性能好。此外，算法的代价函数只与接收序列的幅值有关，与相位无关，故对载波相位不敏感，且在缺乏先验信息的通信信号恢复中应用效果较好。CMA 算法假设在没有多径影响时，接收到的瞬时复信号具有恒定的模或者包络，通过调整滤波器的权值使得输出信号具有最小的信号包络方差，由此消除多径的影响。

CMA 算法的代价函数为

$$J(n)=\frac{1}{4}E\{(|y(n)|^2-R_2)^2\} \tag{4.5}$$

$$R_2=\frac{E\{|x(n)|^4\}}{E\{|x(n)|^2\}} \tag{4.6}$$

CMA 算法的无记忆非线性函数为

$$g(y(n))=\frac{y(n)}{|y(n)|}[\,|y(n)+R_2|y(n)|-|y(n)|^3|\,] \tag{4.7}$$

将代价函数关于 $\omega(n)$ 求偏导，可得

$$\frac{\partial J(n)}{\partial\boldsymbol{\omega}(n)}=\frac{\partial J(n)}{\partial y(n)}\cdot\frac{\partial y(n)}{\partial\boldsymbol{\omega}(n)}=\frac{\partial J(n)}{\partial y(n)}\cdot\frac{\partial(\boldsymbol{\omega}^{\mathrm{T}}(n)x(n))}{\partial\boldsymbol{\omega}(n)} \tag{4.8}$$

根据最陡梯度下降法，可得权值迭代公式为

$$\boldsymbol{\omega}(n+1)=\boldsymbol{\omega}(n)+\mu\boldsymbol{x}(n)[y(n)(R_2-|y(n)|^2)]^* \tag{4.9}$$

传统的 CMA 算法采用固定步长 μ，这就使得步长对于 CMA 算法的收敛性能起到决定性的作用。由式（4.9）可以看出，若采用大步长，则每次调整权系数的幅度更大，算法收敛速度和跟踪速度更快。但当均衡器权系数接近最优

值时，权系数将在最优值附近一个较大的范围内发生抖动而无法进一步收敛，会产生较大的稳态剩余误差。反之，若采用小步长，则每次调整权系数的幅度更小，算法收敛速度和跟踪速度更慢。当均衡器权系数接近最优值时，权系数将在最优值附近一个较小的范围内发生抖动，因而产生的稳态剩余误差较小。综上所述，CMA 算法的步骤如下。

初始化：令

$$\boldsymbol{\omega}(0)=[0 \quad \cdots \quad 0 \quad 1 \quad 0 \quad \cdots \quad 0]^{\mathrm{T}} \tag{4.10}$$

$$e(0)=g(y(0))-y(0)=g(y(0))-\boldsymbol{\omega}^{\mathrm{H}}(0)\boldsymbol{x}(0) \tag{4.11}$$

步骤 1：计算 FIR 均衡滤波器的输出，即

$$y(n)=\sum_{i=-L}^{L}\omega_i^*(n)x(n-i)=\boldsymbol{\omega}^{\mathrm{H}}(n)\boldsymbol{x}(n) \tag{4.12}$$

步骤 2：计算估计误差，即

$$e(n)=g(y(n))-y(n) \tag{4.13}$$

步骤 3：更新横向滤波器的权向量，即

$$\boldsymbol{\omega}(n+1)=\boldsymbol{\omega}(n)+\mu\boldsymbol{x}(n)e^*(n) \tag{4.14}$$

采用 16-QAM 调制的通信信号进行仿真，只有高斯噪声的星座图、经过信道后的星座图、CMA 均衡后的星座图以及 CMA 均衡的误差曲线图如图 4.2 所示。

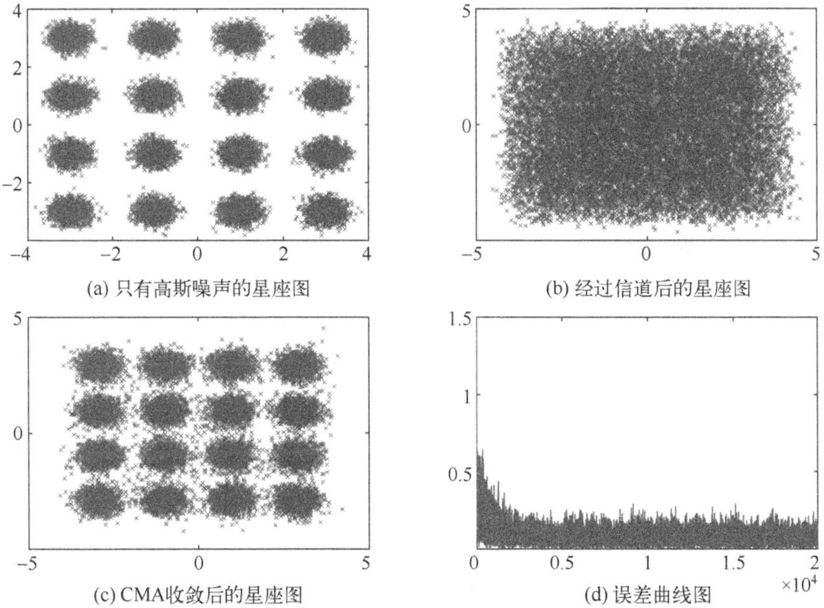

图 4.2　CMA 均衡对 16-QAM 信号恢复效果

4.2 PN 特性信号提纯技术

为了实现对参考信号的有效恢复，需要对参考通道的信道进行估计。考虑到信号发射源与雷达接收机的空间位置相对固定，故可以假设多径信道在一个信号帧内没有发生变化[1]，其时域冲击响应表达式为

$$h(t)=\sum_{i=0}^{I-1}h_i\delta(t-\tau_i) \tag{4.15}$$

式中：h_i 和 τ_i 分别为第 i 条多径信道的增益及时延；δ 为信号幅度；I 为多径的个数。

故参考通道的系统传输模型可以等效为

$$\boldsymbol{Z}=\boldsymbol{Sh}+\boldsymbol{\omega} \tag{4.16}$$

式中：$\boldsymbol{S}$ 和 $\boldsymbol{Z}$ 分别为发射信号和接收信号；$\boldsymbol{h}$ 为信道响应；$\boldsymbol{\omega}$ 为噪声信号。

由于大多数外辐射源信号标准都是公开已知的，因此可以利用其特有的信号帧结构对参考通道进行信道估计。以 DTMB 信号为例，其具有固定的帧头 PN 结构，而 PN 信号具有良好的自相关特性，因此可以利用其实现快速的信道估计[2]。

根据 DTMB 信号生成标准构造本地 PN 序列 $\boldsymbol{P}$，并获得其自相关峰的最大幅值 N_g。将参考天线接收到的信号 $\boldsymbol{S}_{\mathrm{Ref}}(t)$ 与本地构造的帧头信号 $\boldsymbol{P}$ 进行互相关操作，得到相关矩阵 $\boldsymbol{R}$，其表达式为

$$\boldsymbol{R}=\int \boldsymbol{S}_{\mathrm{Ref}}\cdot \boldsymbol{P}^{*}\,\mathrm{d}t \tag{4.17}$$

由于接收信号 $\boldsymbol{S}_{\mathrm{Ref}}(t)$ 包含多条多径信号，且对应的强度各不相同，因此需要对不同的多径信道分别进行估计。多径信道中强度最强的一条多径，也就是矩阵 $\boldsymbol{R}$ 中元素最大的位置 d_i，其响应 A_i 可以表示为

$$A_i=N_g/A_{\max} \tag{4.18}$$

式中：$A_{\max}$ 为 d_i 处的幅值。在进行相关操作时，相关峰值出现的位置为多径对应的延时间隔，即 d_i 为该条多径信号的延时。因此信道响应 $\widetilde{\boldsymbol{H}}_i$ 可以表示为 $\widetilde{\boldsymbol{H}}_i=\widetilde{\boldsymbol{H}}_i\cup A_i$。

根据得到的信道响应 $\widetilde{\boldsymbol{H}}_i$，消除接收信号中的已经估计得到的多径信号分量，消除后的信号 $\widetilde{\boldsymbol{S}}_{\mathrm{Ref}}(t)$ 可以表示为

$$\widetilde{\boldsymbol{S}}_{\mathrm{Ref}}=\boldsymbol{S}_{\mathrm{Ref}}-\widetilde{\boldsymbol{H}}_i\boldsymbol{P} \tag{4.19}$$

将消除后的信号 $\widetilde{\boldsymbol{S}}_{\mathrm{Ref}}(t)$ 与 $\boldsymbol{P}$ 进行互相关操作，并重复以上步骤，直到得到所有的多径信道参数 $\widetilde{\boldsymbol{H}}_{\mathrm{Ref}}$。

根据接收到的参考通道信号$\boldsymbol{S}_{\mathrm{Ref}}(t)$及信道响应$\widetilde{\boldsymbol{H}}_{\mathrm{Ref}}$，解得提纯后的参考信号$\widetilde{\boldsymbol{S}}_{\mathrm{Drt}}(t)$可以表示为

$$\widetilde{\boldsymbol{S}}_{\mathrm{Drt}}=\mathrm{IFFT}\left\{\frac{\mathrm{FFT}(\boldsymbol{S}_{\mathrm{Ref}})}{\mathrm{FFT}(\widetilde{\boldsymbol{H}}_{\mathrm{Ref}})}\right\} \tag{4.20}$$

综上所述，基于 PN 信号特性的参考通道信道估计算法处理流程如图 4.3 所示。

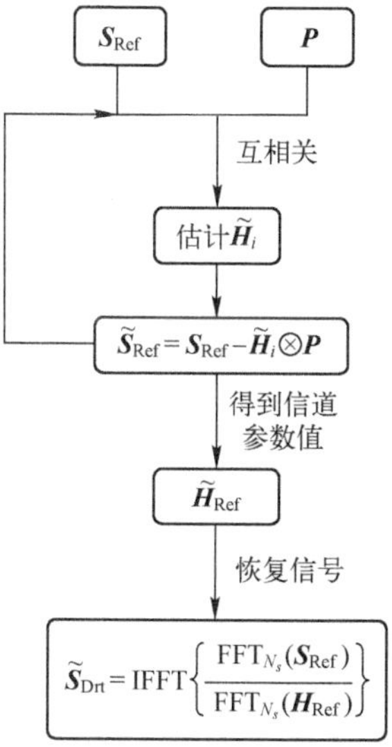

图 4.3　基于 PN 信号特性的参考通道信道估计算法处理流程

4.3　压缩感知信号提纯技术

传统基于信号自相关特性的参考信道估计方法，虽然运算量小，但当采样速率与符号速率为非整数倍的关系时，接收信号的 PN 序列与本地构造的 PN 序列不再具有良好的自相关特性，严重影响在噪声环境下的估计效果[3-4]。对于弱径信号，由于算法性能的限制，不能够很好地估计出弱径信道的信道参数[5]。压缩感知理论[6-7]的提出为解决上述问题提供了一种有效手段，其作为一种非线性算法，相较于传统算法具有较好的估计效果，且在非整数倍的采样率下能够得到较好的信道估计结果。正交匹配追踪（Orthogonal Matching Pursuit，OMP）算法是基于压缩感知理论的一种常用算法，将其用于参考信道估计，可以得到良好的信道估计效果[1]。

OMP 算法通过构造外延迟矩阵$\boldsymbol{S}$，利用 PN 信号之间的自相关特性实现信

道估计。为排除干扰，在构建传输信道模型时从帧头的后 M 个序列处开始采样，构造 N 个延迟向量，可以表示为

$$S=\begin{pmatrix} \boldsymbol{P}(N_g-M & \cdots & N_g-M-N+1) \\ \boldsymbol{P}(N_g-M+1 & \cdots & N_g-M-N+2) \\ & \vdots & \\ \boldsymbol{P}(N_g-1 & \cdots & N_g-N) \end{pmatrix} \tag{4.21}$$

将外延迟矩阵 $\boldsymbol{S}$ 看作一个过完备字典矩阵，其可以等效表示为

$$\boldsymbol{S}=(\boldsymbol{s}(1) \quad \boldsymbol{s}(2) \quad \cdots \quad \boldsymbol{s}(N)) \tag{4.22}$$

式中：$\boldsymbol{s}(i)$表示一个典型的原子。将接收信号 $\boldsymbol{S}_{\text{Ref}}$进行稀疏分解，看作 $\boldsymbol{s}(i)$的线性组合，可以表示为

$$\boldsymbol{S}_{\text{Ref}}=\sum_{l=0}^{I-1} h_i \boldsymbol{s}(i) \tag{4.23}$$

压缩感知算法的思想是：利用 PN 信号的自相关特性，从矩阵 $\boldsymbol{S}$ 中寻找一个与接收信号$\boldsymbol{S}_{\text{Ref}}$最匹配的原子，采用最小二乘法（LS）计算出被选原子的系数；根据求得的系数计算接收信号与已选择原子矩阵的残差，并将已选原子从过完备字典矩阵中剔除；继续选择与信号残差最为匹配的原子，不断地重复迭代，直至残差的能量小于给定门限时停止迭代。

为了降低运算复杂度以及有效估计非整数倍采样时的信道信息，根据多径信道强弱的不同，对强弱径信道分别运用 OMP 算法与匹配追踪（MP）算法进行信道估计，以提高算法的运算速度。其具体的流程如下。

步骤 1：初始化，残差 $\boldsymbol{b}_0=\boldsymbol{S}_{\text{Ref}}$，迭代次数 $k=1$，原子集 $\boldsymbol{\Omega}_0=\varnothing$，索引集 $\boldsymbol{\Lambda}_0=\varnothing$，迭代门限为 ε，$K=\text{round}(0.08N)$。

步骤 2：从信号空间集 $\boldsymbol{S}$ 中选择与残差 $\boldsymbol{b}_{k-1}$最匹配的原子，即

$$\boldsymbol{\lambda}_k=\text{argmax}_l\,|\langle \boldsymbol{S}_l,\boldsymbol{b}_{k-1}\rangle| \qquad l=1,2\cdots,N \tag{4.24}$$

步骤 3：更新原子集与索引集

$$\boldsymbol{\Omega}_k=[\boldsymbol{\Omega}_{k-1}\boldsymbol{S}_{\boldsymbol{\lambda}_k}] \qquad \boldsymbol{\Lambda}_k=\boldsymbol{\Lambda}_{k-1}\cup\{\lambda_k\}$$

步骤 4：若 $k\leqslant K$，运用 OMP 算法计算对应的信道抽头系数，即

$$\widetilde{\boldsymbol{H}}_{\text{Ref}}(\Lambda_k)=\text{argmin}_{\boldsymbol{h}}\|\boldsymbol{S}_{\text{Ref}}-\boldsymbol{\Omega}_k\widetilde{\boldsymbol{H}}_{\text{Ref}}\| \tag{4.25}$$

如果 $k>K$，此时对应的信道抽头系数为

$$\hat{h}_{\text{Ref}}(\boldsymbol{\lambda}_k)=(\boldsymbol{S}_{\lambda_k}^{\boldsymbol{H}}\boldsymbol{b}_{k-1})/\|\boldsymbol{S}_{\lambda_k}\|^2 \tag{4.26}$$

$$\widetilde{\boldsymbol{H}}_{\text{Ref}}(\boldsymbol{\Lambda}_k)=\widetilde{\boldsymbol{H}}_{\text{Ref}}(\boldsymbol{\Lambda}_{k-1})\cup\{\hat{h}_{\text{Ref}}(\boldsymbol{\lambda}_k)\} \tag{4.27}$$

步骤 5：更新残差 $\boldsymbol{b}_k=\boldsymbol{b}_0-\boldsymbol{\Omega}_k\widetilde{\boldsymbol{H}}_{\text{Ref}}(\boldsymbol{\Lambda}_k)$，若$\|\boldsymbol{b}_k\|_2\leqslant\varepsilon$，满足终止条件跳出循环，否则 $k=k+1$，返回步骤 2。

4.4 神经网络信号提纯技术

基于压缩感知的参考信道估计，能够有效实现参考信号恢复。但空间中多径信道变化复杂，传统的计算方法不能够实时追踪信道变化。文献［8］基于 OFDM 信号传输系统，引入深度学习理论对信道进行估计，其将多径信道看作为一个自回归模型[9-10]，使信道估计转换为自回归系数的估计，实验结果表明，基于深度学习理论的估计算法能够有效提高信道估计的精度，更好地追踪多径信道的变化。

由于多径信道可以等效建模为自回归模型，这一模型更接近多径信道的真实情况，并且避免了高阶模型带来的复杂运算，文献［11］采用一阶自回归模型近似等效无线信道模型。因此，可以将外辐射源雷达参考信道等效为一阶自回归模型，即

$$\boldsymbol{Z}(n)=\boldsymbol{h}_1\boldsymbol{s}_1+\boldsymbol{h}_2\boldsymbol{s}_2+\cdots+\boldsymbol{h}_{\mathrm{N}}\boldsymbol{s}_{\mathrm{N}}+\boldsymbol{\omega} \tag{4.28}$$

基于深度学习的信道估计流程由训练和估计两部分组成。在训练阶段，利用先验的信道数据对学习网络进行训练，使网络学习到信道的频域相关系数和信道的分布特征，即实现对信道的拟合去噪。在估计阶段，神经网络的输入为 LS 算法对帧头序列进行信道估计得到的信道响应，这样可以加快深度神经网络（Deep Neural Network，DNN）的收敛时间，避免其陷入局部最优解。

学习网络由 DNN 组成，网络采用多层结构，层与层之间采用全联接方式，非线性函数作为每一层神经元之间的传递函数。在实际搭建中，层与层之间的连接采用非线性函数 Sigmiod 或 Tanh。本节选用 Sigmiod 作为连接函数，该函数表达式为

$$f(x)=\frac{1}{1-\mathrm{e}^{-x}} \tag{4.29}$$

图 4.4 给出了神经网络的结构示意图。可以看出，该网络由输入层、隐含层、输出层三层构成。输入层为帧头处的信道响应，由 LS 算法估计得到，LS 算法的思想是使得式（4.30）中的残差 J 最小。

$$\boldsymbol{J}=(\boldsymbol{Z}-\boldsymbol{S}\widetilde{\boldsymbol{h}})^{\mathrm{H}}(\boldsymbol{Z}-\boldsymbol{S}\widetilde{\boldsymbol{h}}) \tag{4.30}$$

为使式（4.30）最小，通过推导可得信道的估计值为

$$\widetilde{\boldsymbol{h}}=(\boldsymbol{S}^{\mathrm{H}}\boldsymbol{S})^{-1}\boldsymbol{S}^{\mathrm{H}}\boldsymbol{Z} \tag{4.31}$$

由于输入的信道数据为复数，在输入网络之前将数据的虚部与实部提取出来，将其串联在一起，并行输入。输入层之后链接隐含层，每个隐含层由多个

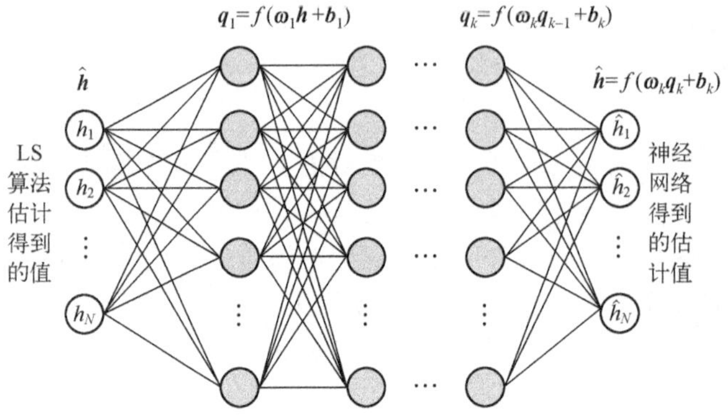

图 4.4　神经网络结构

神经元构成，每个输出由前一层输入数据的加权和的非线性变换构成。其变换的表达式为

$$q_{1,i}=f\left(\sum_j \omega_{1,j}\boldsymbol{h}(j)+b_{1,i}\right) \tag{4.32}$$

式中：$\omega_{1,j}$，b，$q_{1,i}$分别为第 1 个隐含层中第 i 个神经元的权值、偏置和输出。同理，第 k 个隐含层的变换式为

$$\boldsymbol{q}_k=f(\boldsymbol{\omega}_k\boldsymbol{q}_{k-1}+\boldsymbol{b}_k) \tag{4.33}$$

式中：$\boldsymbol{q}_{k-1}$为第 $k-1$ 个隐含层的输出；$\boldsymbol{\omega}_k$、$\boldsymbol{b}_k$ 分别为第 k 个隐含层的权值和偏置。

故神经网络最终输出为

$$\hat{\boldsymbol{h}}=f(\boldsymbol{\omega}_k\boldsymbol{q}_k+\boldsymbol{b}_k) \tag{4.34}$$

在模型训练阶段，外辐射源雷达参考信道实质为莱斯信道，故可以采用莱斯信道生成的数据对网络进行训练。在进行模型训练时，将一个 OFDM 序列作为训练数据，帧头处的信道响应作为学习网络的输入数据，一个 OFDM 符号帧体处的信道响应作为标签数据对神经网络进行训练。

4.5　信号重构提纯技术

上述方法利用接收端的信道参数对参考信号进行恢复，这类方法受信道估计性能的影响。而依据信号结构特征的重构方法可以得到纯度较高的参考信号，在较高的信噪比条件下，可以完全正确地恢复出发射端信号[12]。

4.5.1　DTMB 信号重构

根据 DTMB 信号产生原理[13]，可以通过先接收再重构的方法[14]得到较为纯净的参考信号，具体流程如图 4.5 所示。

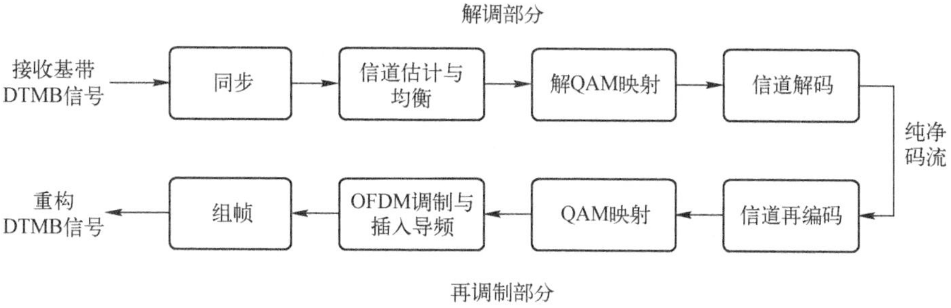

图 4.5　DTMB 参考信号重构流程

从参考通道获得的基带信号，通过同步和信道估计、信道均衡、解交织映射、解信道编码等过程得到纯净的码流，再将纯净的码流通过信道编码、星座映射交织、OFDM 调制和组帧等过程得到重构后的参考信号。整个过程可以概括为“解调再调制”的过程。

DTMB 信号同步包括帧同步和频率同步两个部分。首先利用 DTMB 信号帧头采用的 PN 序列具有的良好自相关特性，使用本地的 PN 序列对接收到的序列做互相关运算，计算互相关函数峰值位置即可实现 DTMB 信号帧同步；然后利用帧头部分 PN 序列前后循环码的关系，即可以实现载波频率同步。上述过程可以表示为

$$S_\tau = \sum_{n=0}^{N-1} s_1(n) s_s^*(n) = \exp(\mathrm{j}2\pi\Delta f N_d T_s) \sum_{n=0}^{N-1} x_1(n) x_2^*(n) + \eta \tag{4.35}$$

$$\Delta f = f_c - f'_c = \frac{\arg(S_\tau)}{2\pi N_d L_s} \tag{4.36}$$

式中：$x_1(n)$ 和 $x_2(n)$ 分别为帧头前后循环扩展对应的相同部分；N_d 为前后循环扩展部分之间间隔的采样点数；Δf 为载波的频偏估计；N 为序列的长度；L_s 为符号长度。

DTMB 信道估计的过程是通过本地的 PN 序列与回波信号进行相关运算，然后找出峰值位置使用迭代干扰消除法完成信道估计，将信道估计后的结果进行信道均衡处理，减弱多径时延带来的码间串扰问题，提高衰落信道中的通信系统的传输性能。

信号在经过了同步、信道估计和均衡的过程后，还需要完成信号的前向纠错，主要包括交织和编码两个部分。DTMB 信道编码分为内码和外码两个部分，分别为 LDPC 码和 BCH 码级联而成。LDPC 码是稀疏校验矩阵的分组纠错码，是一种线性分组码。BCH 码是一种纠错码，把数据按固定序列划分为 k

位一组的消息组，再将消息组独立变换成二进制数字组。

将通道采集信号解码后得到的纯净比特流再通过 DTMB 系统信号产生的过程，包括信道编码、通道映射交织、OFDM 调制以及重新组帧，得到可以用来进行二维互相关处理的纯净的参考信号。

综上所述，DTMB 信号重构中各步骤具体的处理内容如下。

步骤 1：同步。同步可分为时间同步、频率同步、帧同步和采样率同步。时间同步用于确定 OFDM 符号有效部分的起始时刻；频率同步用于纠正收发两地的本振频率偏差以及由传输信道不稳定而引入的载波频率抖动；帧同步用于搜索每个传输帧的起始符号，以确定数据体头部；采样率同步则用于补偿收发两端的样值间隔偏差。

步骤 2：信道估计与均衡。通过已知 PN 头处的信道响应，估计整个宽带内时域或频域的响应，然后通过均衡对数据进行矫正和恢复。

步骤 3：信道解码。由于信道估计精度有限，通过加入信道纠错技术，接收端可以对在一定的差错范围内的误码数据进行识别和修正，以获得更加纯净的解调信息。

步骤 4：信号再调制。通过信道再编码、QAM 映射、OFDM 调制等步骤，将解调信息还原为 DTMB 信号结构发射基带信号。

本节采用 64-QAM 调制的 DTMB 信号，对仿真得到的 DTMB 信号进行重构仿真实验。通过仿真实验得到相关后的峰值图如图 4.6 所示，重构后的信号如图 4.7 所示。

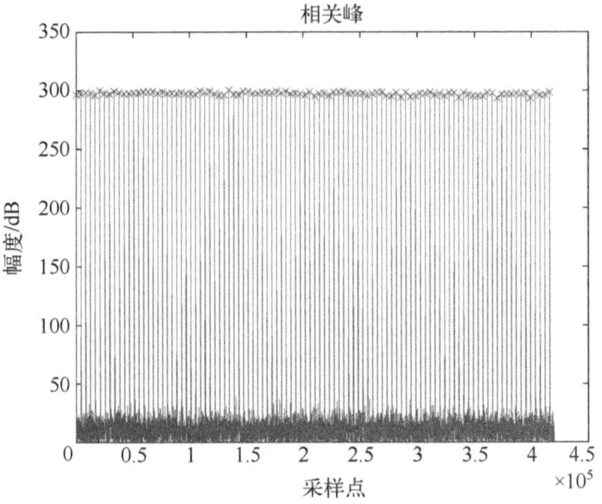

图 4.6 相关后的峰值图

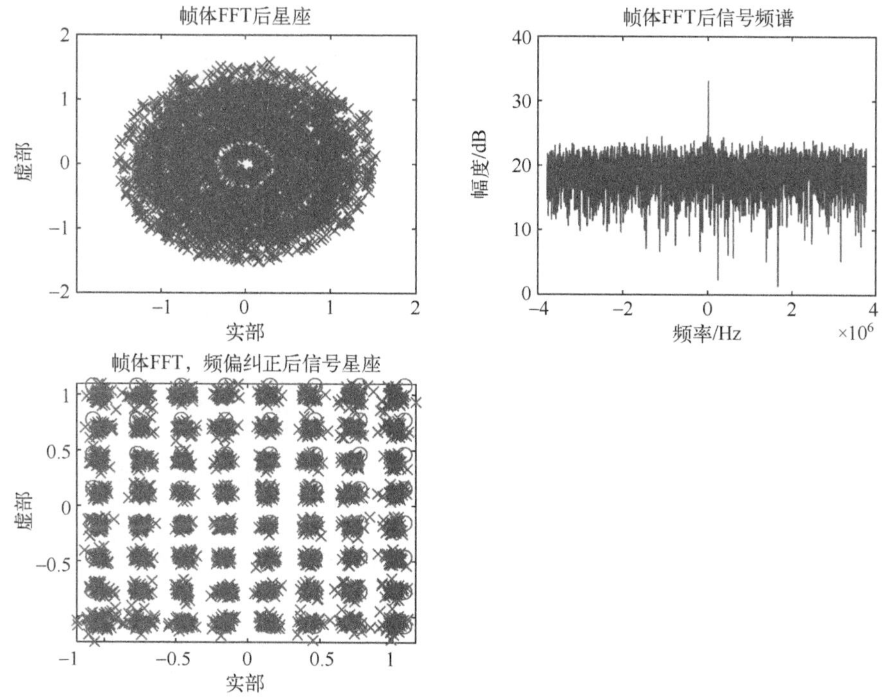

图 4.7　仿真重构信号

4.5.2　DRM 信号重构

根据 DRM 信号产生原理，通过先接收再重构的方法可以得到较为纯净的参考信号，DRM 信号重构框图如图 4.8 所示。

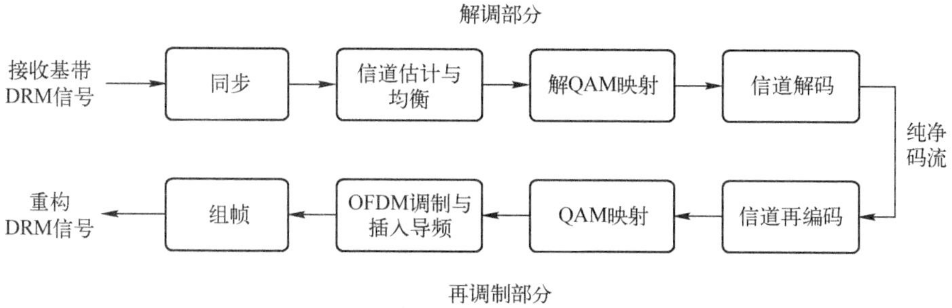

图 4.8　信号重构框图

DRM 信号同步分为定时同步、频率同步、采样时钟同步和帧同步。其中，定时同步用于确定符号有效部分的起始时刻，也称符号同步，可以利用循环前缀的符号内相关性实现；频率同步用于消除由于收发两地的本振频率偏差、传输信道的不稳定和收发之间相对运动产生多普勒频率而引起的载波频率偏差；采样时钟同步也称为样值同步，用于纠正由于收发系统时钟频率偏差而导致的采样点偏移；帧同步用于查找每个传输帧的起始符号，可以利用只存在于每帧第一个符号的时间导频在帧内进行搜索得到。图 4.9 给出了 DRM 的同步流程。

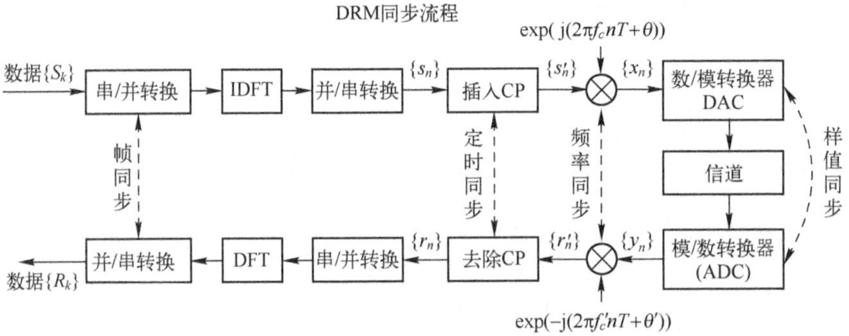

图 4.9　DRM 同步流程

图 4-9 中，S_k 为 QAM 调制后的原始数据，s_n 表示经过串并转换后做 IFFT 和并串转换得到需要传输的数据流，s'_n 表示插入循环前缀（CP）后得到的数据流，x_n 表示调制到载波 f_c 上后得到的发射序列，y_n 是经过 DAC、信道传输和 ADC 后得到的接收序列。在忽略样值同步偏差情况下，考虑定时偏差和载波频率偏差，接收的时域信号模型可以表示为

$$r'(n)=s'(n-\theta)\mathrm{e}^{\mathrm{j}2\pi\varepsilon k/N}+w(n) \qquad n=0,1,\cdots,N \tag{4.37}$$

式中：ε 为归一化载波频率偏差；θ 为符号定时偏差；$w(n)$ 表示均值为 0，方差为 σ^2 的高斯噪声。

1. 频率同步

频率偏差产生原因主要有：收发两地的本振频率偏差、传输信道的不稳定及收发之间相对运动产生的多普勒频率。假设频率偏差为 Δf，定义归一化的频率偏差为

$$\varepsilon=\frac{\Delta f}{(1/T_{\mathrm{u}})}=\frac{\Delta f}{f_{\mathrm{u}}} \tag{4.38}$$

式中：T_{u} 为 OFDM 符号的有效时间；f_{u} 为载波间隔。由式（4.38）可知，当 Δf 为 f_{u} 整数倍时，归一化频偏 ε 为整数 ε_{i}；当 Δf 不为 f_{u} 整数倍时，ε 存在小数部分 ε_{f}。通常情况下，ε 可由整数部分和小数部分组成，其可以表示为

$$\varepsilon=\varepsilon_{\mathrm{i}}+\varepsilon_{\mathrm{f}} \tag{4.39}$$

式中，ε_{i} 会导致接收信号在 FFT 后产生循环移位，但不会破坏子载波间的正

交性；ε_f 会导致接收信号 FFT 后幅度和相位失真，同时会产生子载波间的干扰 ICI。针对频率偏差，频率同步可分为频率粗同步和频率细同步，其中：粗同步主要针对整数倍频偏 ε_i；细同步主要针对小数倍频偏 ε_f。

DRM 信号中，每个 OFDM 符号都有三个频率导频信号，且频率导频的载波频率与传输模式无关，因此频率捕获无须检测 DRM 信号传输模式。三个频率导频的载波频率分别为 750Hz，2250Hz 和 3000Hz，其幅度增益大于数据的幅度增益，在对 DRM 信号做傅里叶变换后，DRM 信号频谱在 750Hz，2250Hz 和 3000Hz 处存在峰值。综上，通过周期图法可以求出接收信号的功率谱，可以表示为

$$S_k = \left| \sum_{n=0}^{N-1} r_n e^{-j\frac{2\pi}{N}nk} \right|^2 \tag{4.40}$$

式中：r_n 为接收信号。设归一化频率偏差 $\varepsilon = 1.25$，即约 58.6Hz 的频率偏差，信噪比为 10dB，取 15 个 OFDM 符号（约 0.4s 的数据）进行仿真，进行 1000 次蒙特卡洛仿真得到的估计频率偏差为 57.5034Hz，仿真功率谱如图 4.10 所示。

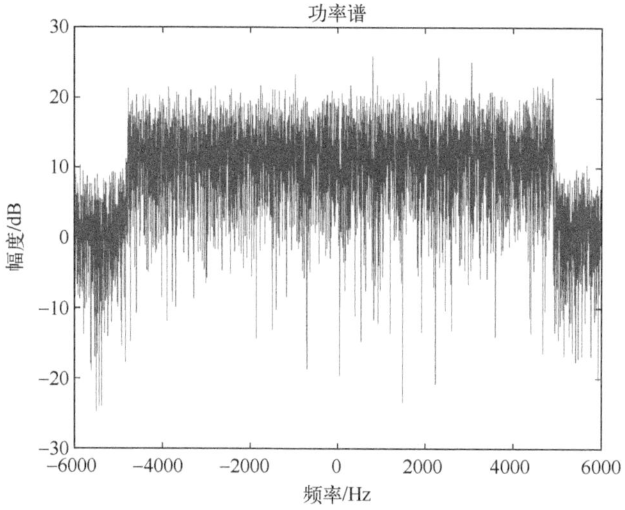

图 4.10　15 个 OFDM 符号数据的仿真功率谱

2. 定时同步

根据不同的 OFDM 符号起始点判断，定时同步有如图 4.11 所示的 4 种情况。

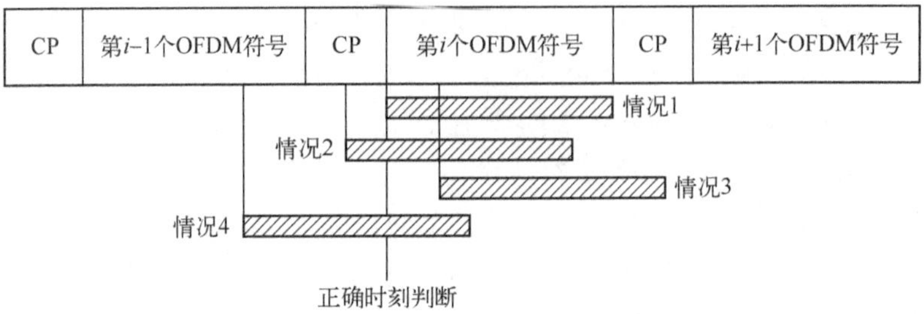

图 4.11　定时同步 4 种情况

设一个 OFDM 信号长度为 N，CP 长度为 N_{cp}，只有同步定时偏差时，接收信号时域和频域模型可以分别表示为

$$r(n)=s(n-\theta)+n(n) \qquad n=0,1,\cdots,N-1 \tag{4.41}$$

$$r(k)=s(k)\mathrm{e}^{\mathrm{j}2\pi k\theta/N}+n(k) \qquad k=0,1,\cdots,K \tag{4.42}$$

情况 1：当估计的 OFDM 符号起点与真实符号起点一致时（即 θ 为 0），此时接收信号 $\{s_l[n]\}_{n=0}^{N-1}$ 能保持子载波频率分量间的正交性，可以准确恢复 OFDM 符号。

情况 2：当估计的 OFDM 符号起点在真实符号起点前，但是在 CP 内时，此时接收信号表示为 $\{s_i[n+\theta]\}_{n=0}^{N-1}$。由图 4.11 可知，第 i 个符号和第 $i-1$ 个符号之间没有重叠，因此没有码间串扰（ISI）。接收信号频域模型可以表示为

$$\begin{aligned} r_i(k) &= \sum_{n=0}^{N-1} s_i(n+\theta)\mathrm{e}^{-\mathrm{j}2\pi kn/N} = \sum_{m=\theta}^{N-1+\theta} s_i(m)\mathrm{e}^{-\mathrm{j}2\pi k(m-\theta)/N} \\ &= \sum_{m=0}^{N-1} s_i(m)\mathrm{e}^{-\mathrm{j}2\pi km/N}\mathrm{e}^{\mathrm{j}2\pi k\theta/N} \\ &= \mathrm{e}^{\mathrm{j}2\pi k\theta/N}s_i(k) \end{aligned} \tag{4.43}$$

由此可以看出，定时偏差为情况 2 时，只会产生一个相位的变化，而没有产生码间串扰，也没有影响子载波间的正交性。

情况 3：当估计的 OFDM 符号起点在真实符号起点后，此时符号会有两部分组成，即第 i 个符号部分和 $i+1$ 个符号的 CP 部分，因此解调后会出现码间串扰（ISI）。接收的第 i 信号可以表示为

$$r_i(n)=\begin{cases} s_i(n+\theta) & 0\leqslant n\leqslant N-1-\theta \\ s_{i+1}(n+\theta-N_{cp}) & N-\theta\leqslant n\leqslant N-1 \end{cases} \tag{4.44}$$

对 $r_i(n)$ 做 FFT 可得

$$
\begin{aligned}
\bar{r}_i(k) &= \sum_{n=0}^{N-1-\theta} s_i(n+\theta)\mathrm{e}^{-\mathrm{j}2\pi nk/N} + \sum_{n=N-\theta}^{N-1} s_{i+1}(n+\theta-N_{\mathrm{cp}})\mathrm{e}^{-\mathrm{j}2\pi nk/N} \\
&= \sum_{m=\theta}^{N-1} s_i(m)\mathrm{e}^{-\mathrm{j}2\pi(m-\theta)k/N} + \sum_{m=N}^{N-1+\theta} s_{i+1}(m-N_{cp})\mathrm{e}^{-\mathrm{j}2\pi(m-\theta)k/N} \\
&= \sum_{m=0}^{N-1} s_i(m)\mathrm{e}^{-\mathrm{j}2\pi(m-\theta)k/N} - I \\
&= s_i(k)\mathrm{e}^{-\mathrm{j}2\pi\theta k/N} - I
\end{aligned}
\tag{4.45}
$$

式中：I 包含子载波间的干扰和第 $i+1$ 个符号的码间串扰（ISI），可以表示为

$$
I = -\sum_{m=0}^{\theta-1} s_i(m)\mathrm{e}^{-\mathrm{j}2\pi(m-\theta)k/N} + \sum_{m=N}^{N-1+\theta} s_{i+1}(m-N_{\mathrm{cp}})\mathrm{e}^{-\mathrm{j}2\pi(m-\theta)k/N} \tag{4.46}
$$

式中：CP 与 OFDM 符号末尾的数据相同。因此可以利用 CP 和 OFDM 符号的相关性做定时同步，即

$$
\hat{\theta} = \underset{\theta}{\operatorname{argmax}} \sum_{n=\theta}^{N_{\mathrm{cp}}-1+\theta} \left| r(n+i)r^*(n+N+i) \right| \tag{4.47}
$$

假设一个 OFDM 符号长度为 N，CP 长度为 T，定时偏差如图 4.12 所示。

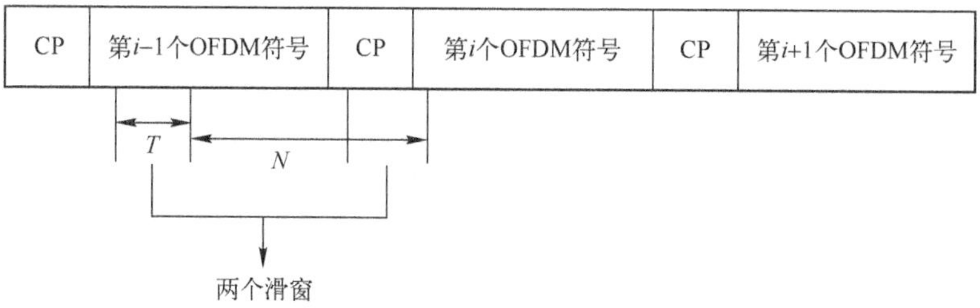

图 4.12　滑窗相关确定定时偏差

可以发现确定一个 OFDM 符号的起始位置至少需要 $2N+N_{\mathrm{cp}}$ 个数据。其中信号时域模型可以表示为

$$
r(n)=s(n-\theta)\mathrm{e}^{\mathrm{j}2\pi\varepsilon k/N}+n(n) \qquad n=0,1,\cdots,2N+N_{\mathrm{cp}}-1 \tag{4.48}
$$

定义最大似然估计为

$$
\hat{\theta},\hat{\varepsilon} = \underset{\theta,\varepsilon}{\operatorname{argmax}} f(\boldsymbol{r} \mid \theta,\varepsilon) \tag{4.49}
$$

式中：$\boldsymbol{r}=[r(0),r(1),\cdots,r(N-1)]^{\mathrm{T}}$。故似然函数 $f(\boldsymbol{r} \mid \theta,\varepsilon)$ 进一步可以表示为

$$
f(\boldsymbol{r} \mid \theta,\varepsilon)=f(r(0),\cdots,r(2N+N_{\mathrm{cp}}-1) \mid \theta,\varepsilon) \tag{4.50}
$$

由于 $2N+N_{cp}$ 个数据中，至少有一个 CP。因此有 $2N_{cp}$ 个数据之间有相关性，这 $2N_{cp}$ 个数据所属区间可以分别表示为

$$\begin{cases}\tau=\{\theta-N_{cp}+1,\cdots,\theta\}\\ \tau'=\{\theta+N-N_{cp}+1,\cdots,\theta+N\}\end{cases} \tag{4.51}$$

因此，似然函数 $f(\boldsymbol{r}\mid\theta,\varepsilon)$ 可以写为

$$\begin{aligned}f(\boldsymbol{r}\mid\theta,\varepsilon)&=\prod_{n\in\tau}f(r(n),r(n+N))\prod_{k\notin\tau\cup\tau'}f(r(n))\\&=\prod_{n\in\tau}\frac{f(r(n),r(n+N))}{f(r(n))f(r(n+N))}\prod_{n}f(r(n))\end{aligned} \tag{4.52}$$

$$f(r(n),r(n+N))=\frac{\exp\left(-\dfrac{|r(n)|^2-2\rho\mathrm{Re}\{\mathrm{e}^{\mathrm{j}2\pi\varepsilon}r(n)r^*(n+N)\}+r(n+N)^2}{(\sigma_s^2+\sigma_n^2)(1-\rho^2)}\right)}{\pi^2(\sigma_s^2+\sigma_n^2)^2(1-\rho^2)} \tag{4.53}$$

$$f(n)=\frac{\exp\left(-\dfrac{|r(n)|^2}{(\sigma_s^2+\sigma_n^2)}\right)}{\pi(\sigma_s^2+\sigma_n^2)} \tag{4.54}$$

$$\rho=\left|\frac{E\{r(n)r^*(n+N)\}}{\sqrt{E\{|r(n)|^2\}E\{|r^*(n+N)|^2\}}}\right|=\frac{\sigma_s^2}{\sigma_s^2+\sigma_n^2} \tag{4.55}$$

根据最大似然估计，可得

$$(\hat{\theta},\hat{\varepsilon})=\underset{\theta,\varepsilon}{\operatorname{argmax}}|\gamma(\theta)|\cos(2\pi\varepsilon+\angle\gamma(\theta))-\rho\varphi(\theta) \tag{4.56}$$

式中：

$$\begin{aligned}\gamma(\theta)&=\sum_{k}^{k+L-1}r(k)r^*(k+N)\\ \varphi(\theta)&=\frac{1}{2}\sum_{k}^{k+L-1}|r(k)|^2+|r^*(k+N)|^2\end{aligned} \tag{4.57}$$

对式（4.57）化简可以得到时间偏移和频率偏移的估计分别表示为

$$\hat{\theta}=\underset{\theta}{\operatorname{argmax}}|\gamma(\theta)|-\rho\varphi(\theta) \tag{4.58}$$

$$\hat{\varepsilon}=-\frac{1}{2\pi}\angle\gamma(\hat{\theta}) \tag{4.59}$$

式中：$\angle\gamma(\hat{\theta})$ 表示输出复数 $\gamma(\hat{\theta})$ 对应的角度。

取长度为 $2N+N_{cp}$ 的数据（576 点）进行仿真，设定时偏差 θ 为 220 点，

归一化频率偏差 ε 为 0.25，信噪比为 10dB，利用最大似然方法估计定时偏差和频率偏差，定时偏差如图 4.13 所示。

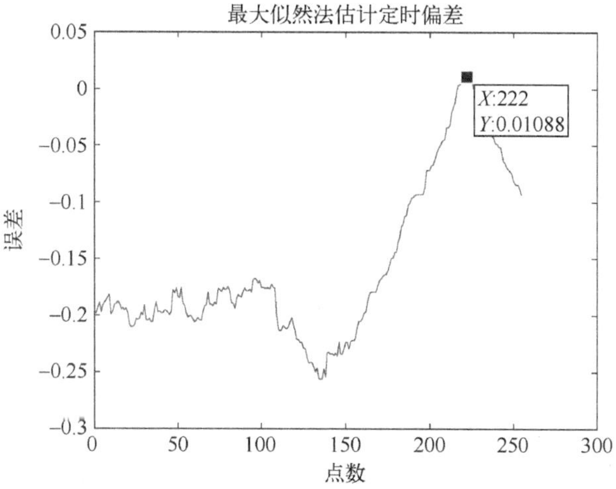

图 4.13　信噪比为 10dB 时，最大似然估计定时偏差

设置信噪比变化范围为-5～20dB，每个 5dB 做 1000 次蒙特卡洛仿真，统计定时偏差和频率偏差的估计 RMSE，如图 4.14 和图 4.15 所示。

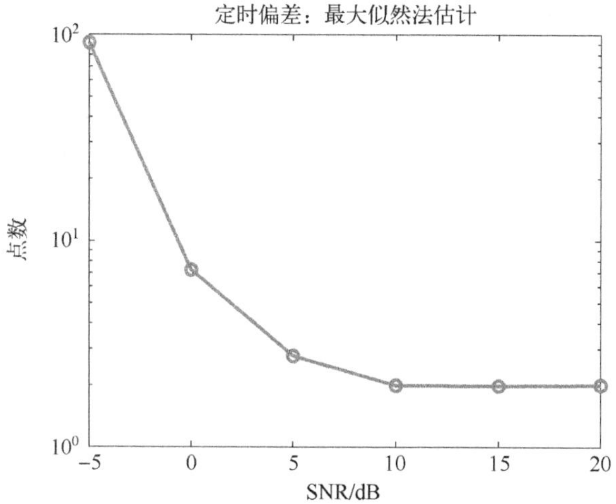

图 4.14　固定时间偏移，对比不同信噪比下的估计时间偏移结果与真实时间偏移的 RMSE

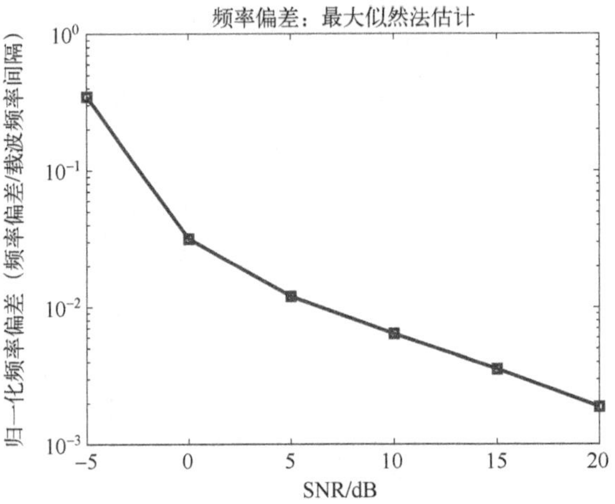

图 4.15 固定时间偏移，对比不同信噪比下的估计频率偏移结果与真实频率偏移的 RMSE

参考文献

[1] 万显荣，程熠瑶，易建新，等. DTMB 外辐射源雷达参考信号重构信道估计新方法 [J]. 电子与信息学报，2017，39（05）：1044-1050.

[2] 唐慧，万显荣，陈伟，等. 数字地面多媒体广播外辐射源雷达目标探测实验研究 [J]. 电子与信息学报，2013，35（3）：575-580.

[3] FENG Y，SHAN T，LIU S H，et al. Interference suppression using joint spatio-temporal domain filtering in passive radar [C]. 2015 IEEE Radar Conference（RadarCon），Arlington，VA，2015：1156-1160.

[4] 万显荣，唐慧，赵俊芳，等. DTMB 外辐射源雷达信号纯度对探测性能的影响分析 [J]. 系统工程与电子技术，2017，4：725-729.

[5] 卢开旺，杨杰，张良俊. 基于 OFDM 信号的外辐射源雷达杂波信道估计 [J]. 现代雷达，2014，3：23-28.

[6] SI L，YU X L，YIN H，et al. Compressive sensing-based channel estimation for SC-FDE system [J]. EURASIP Journal on Wireless Communications and Networking，2019，16：2-8.

[7] NIE Y，YU X L，YANG Z X. Deterministic pilot pattern allocation optimization for sparse channel estimation based on CS theory in OFDM system [J]. EURASIP Journal on Wireless Communications and Networking，2019，7：2-8.

[8] 廖勇，花远肖，姚海梅. 基于深度学习的 OFDM 信道估计 [J]. 重庆邮电大学学报（自然科学版），2019，6：348-353.

[9] GHANDOUR-HAIDAR S, ROS L, BROSSIER J M. On the use of first-order autoregressive modeling for Rayleigh flat fading channel estimation with Kalman filter [J]. Signal Processing, 2012, 92 (2): 601-606.

[10] LIANG Y M, LUO H W, HUANG J G. Extended Kalman filtering-based channel estimation for space-time coded MIMO-OFDM systems [J]. Journal of Shanghai University (English Edition), 2007, 11 (5): 469-473.

[11] LI C, SONG K, YANG L. Low computational complexity design over sparse channel estimator in underwater acoustic OFDM communication system [J]. IET Communications, 2017, 11 (7): 1143-1151.

[12] 饶云华，明燕珍，林静，等. WiFi 外辐射源雷达参考信号重构及其对探测性能影响研究 [J]. 雷达学报，2016，3：284-292.

[13] 数字电视地面广播传输系统帧结构、信道编码和调制：GB20600-2006 [S]. 中国国家标准，2006.

[14] WAN X R, WANG J F, HONG S, et al. Reconstruction of Reference Signal for DTMB-Based Passive Radar Systems [C]//2011 IEEE CIE International Conference on Radar, Chengdu, 2011: 165-168.

第 5 章　杂波和干扰信号抑制技术

5.1　时域杂波和干扰抑制技术

外辐射源雷达工作在连续波体制，必然面临着直达波很强的问题。信号源的发射天线波瓣一般主要射向地面，而向空中目标的增益较低，使得监测通道中目标回波信号要远小于多径杂波信号。直达波和多径杂波会使得目标在回波谱上被掩盖，因此对直达波和杂波的有效抑制是外辐射源雷达最为重要的问题。直达波和多径杂波抑制方法大致可分为时域方法和空域方法。

时域常用方法主要利用直达波和多径杂波是参考信号的延时信号这一特点，采用时域自适应滤波器消除杂波，且根据不同的准则可分为最小均方（LMS）算法、归一化最小均方（NLMS）算法、递归最小二乘（RLS）算法等。时域自适应横向滤波器结构框图如图 5.1 所示。其中，$u(n)$为参考信号，$v(n)$为输入信号。时域自适应滤波在实现时可以采用不同的递推算法，包括维纳滤波、卡尔曼滤波、基于最小二乘准则的滤波方法以及基于神经网络理论的滤波方法等，这些算法具有各自的特点而适用于不同的场合。

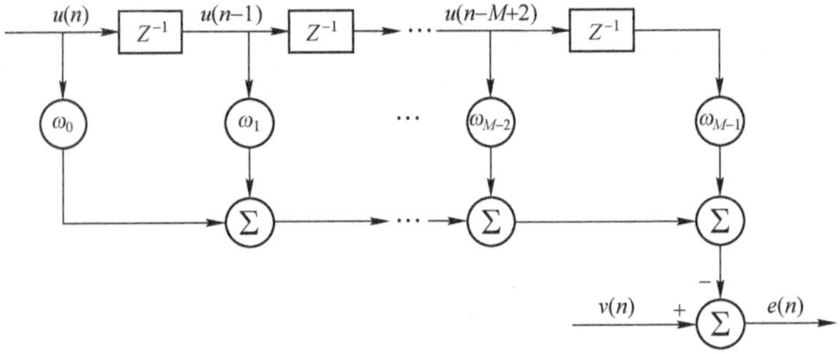

图 5.1　时域自适应横向滤波器结构框图

在外辐射源雷达中，$u(n)$为经过采样后参考信号序列 $s_{\mathrm{Ref}}(n)$；而$v(n)$表示采样后的监测通道信号序列 $s_{\mathrm{Surv}}(n)$。利用不同的代价函数来自适应地实现求解

表达式 $e(n)=s_{\mathrm{Surv}}(n)-\boldsymbol{W}^{\mathrm{H}}s_{\mathrm{Ref}}(n)$，可以得到自适应滤波器系数 $\boldsymbol{W}=[\omega_0\quad \omega_1\quad \cdots\quad \omega_{M-1}]^{\mathrm{T}}$，其中 $\boldsymbol{s}_{\mathrm{Ref}}(n)=[s_{\mathrm{Ref}}(n)\quad s_{\mathrm{Ref}}(n-1)\quad \cdots\quad s_{\mathrm{Ref}}(n-M+1)]$。如果代价函数基于最小均方误差准则，可以利用信号相关的瞬时值来估计梯度向量，并迭代求解维纳滤波器的自适应系数，即可得到 LMS 类算法；如果代价函数以最小误差平方为准则，根据一定的结构可以得到自适应 RLS 类算法。这两类算法的代价函数可以分别表示为

$$\text{LMS}:\min_{W} E(\boldsymbol{W})=\min_{W} E\left(\sum_{i=0}^{N-1}|e(i)|^2\right) \tag{5.1}$$

$$\text{RLS}:\min_{W} E(\boldsymbol{W})=\min_{W}\sum_{i=0}^{N-1}\lambda^{n-i}|e(i)|^2 \tag{5.2}$$

5.1.1　LMS 类对消方法

维纳滤波是最小均方误差准则下的线性滤波，它在已知信号和噪声的相关函数或功率谱的情况下，通过求解维纳-霍夫方程，对平稳信号进行最优预测和滤波。若采用最常用的最陡下降算法来求解维纳-霍夫方程，则维纳滤波器系数的迭代解可表示为

$$\boldsymbol{W}(n)=\boldsymbol{W}(n-1)+\mu(n)[\boldsymbol{r}-\boldsymbol{R}\boldsymbol{W}(n-1)]\qquad n=1,2,\cdots \tag{5.3}$$

$$\boldsymbol{r}=E[\boldsymbol{s}_{\mathrm{Ref}}(n)s_{\mathrm{Surv}}^{*}(n)],\ \boldsymbol{R}=E[\boldsymbol{s}_{\mathrm{Ref}}(n)\boldsymbol{s}_{\mathrm{Ref}}^{\mathrm{H}}(n)]$$

式中：$\boldsymbol{W}(n)$为第 n 步迭代（即 n 时刻）的滤波器系数；$\mu(n)$为 n 时刻的更新步长。

若利用信号相关的瞬时值来代替真实值，即令 $\boldsymbol{r}=\boldsymbol{s}_{\mathrm{Ref}}(n)s_{\mathrm{Surv}}^{*}(n)$，$\boldsymbol{R}=\boldsymbol{s}_{\mathrm{Ref}}(n)\boldsymbol{s}_{\mathrm{Ref}}^{\mathrm{H}}(n)$，则可得到

$$\boldsymbol{W}(n)=\boldsymbol{W}(n-1)+\mu(n)\boldsymbol{s}_{\mathrm{Ref}}(n)[s_{\mathrm{Surv}}^{*}(n)-\boldsymbol{s}_{\mathrm{Ref}}^{\mathrm{H}}(n)\boldsymbol{W}(n-1)] \tag{5.4}$$

综上所述，LMS 类对消算法的步骤如下。

步骤 1：初始化，令 $\boldsymbol{W}(0)=\boldsymbol{0}$。

步骤 2：更新 $n=1,2,\cdots$，有

$$e(n)=s_{\mathrm{Surv}}(n)-\boldsymbol{W}^{\mathrm{H}}(n-1)\boldsymbol{s}_{\mathrm{Ref}}(n)$$

$$\boldsymbol{W}(n)=\boldsymbol{W}(n-1)+\mu(n)\boldsymbol{s}_{\mathrm{Ref}}(n)e^{*}(n)$$

式中，更新步长$\mu(n)$决定了 LMS 算法的收敛速度。

LMS 算法的优点是能比较简单地达到满意的性能，但收敛速度慢，对输入信号相关矩阵的特征值分散度敏感。为了克服 LMS 算法在实现过程中的梯度噪声放大问题，NLMS 算法被提出。NLMS 算法与 LMS 算法的不同之处就在于其权系数的计算方式不同，其权系数迭代表达式为

$$\begin{aligned}\boldsymbol{W}(n)&=\boldsymbol{W}(n-1)+\frac{\widetilde{\mu}}{\|\boldsymbol{s}_{\text{Ref}}(n)\|^{2}}\boldsymbol{s}_{\text{Ref}}(n)e^{*}(n)\\&=\boldsymbol{W}(n-1)+\widetilde{\mu}(n)\boldsymbol{s}_{\text{Ref}}(n)e^{*}(n)\end{aligned}\tag{5.5}$$

式中：符号 $\|\cdot\|$ 表示欧几里得范数，在 n 时刻的迭代步长为 $\widetilde{\mu}(n)=\dfrac{\widetilde{\mu}}{\|\boldsymbol{s}_{\text{Ref}}(n)\|^{2}}$。

5.1.2 RLS 类对消方法

将式（5.2）对 $\boldsymbol{W}$ 求导，并令其为零，可得 $\boldsymbol{W}$ 的解为

$$\boldsymbol{W}(n)=\boldsymbol{R}^{-1}(n)\boldsymbol{r}(n)\qquad n=1,2,\cdots\tag{5.6}$$

$$\boldsymbol{R}(n)=\sum_{i=0}^{n}\lambda^{n-i}\boldsymbol{s}_{\text{Ref}}(i)\boldsymbol{s}_{\text{Ref}}^{\text{H}}(i),\quad \boldsymbol{r}(n)=\sum_{i=0}^{n}\lambda^{n-i}\boldsymbol{s}_{\text{Ref}}(i)s_{\text{Surv}}^{*}(i)$$

式中：$0<\lambda<1$ 为加权因子，它的作用是对离时刻 n 越近的误差添加较大的权重，对离时刻 n 越远的误差添加较小的权重，故也称遗忘因子。

递推公式为

$$\boldsymbol{R}(n)=\lambda\boldsymbol{R}(n-1)+\boldsymbol{s}_{\text{Ref}}(n)\boldsymbol{s}_{\text{Ref}}^{\text{H}}(n)\tag{5.7}$$

$$\boldsymbol{r}(n)=\lambda\boldsymbol{r}(n-1)+\boldsymbol{s}_{\text{Ref}}(n)s_{\text{Surv}}^{*}(n)\tag{5.8}$$

根据矩阵求逆引理可得 $\boldsymbol{P}(n)=\boldsymbol{R}^{-1}(n)$ 的递推公式为

$$\boldsymbol{P}(n)=\frac{1}{\lambda}[\boldsymbol{P}(n-1)-\boldsymbol{k}(n)\boldsymbol{s}_{\text{Ref}}^{\text{H}}(n)\boldsymbol{P}(n-1)]\tag{5.9}$$

$$\boldsymbol{k}(n)=\frac{\boldsymbol{P}(n-1)\boldsymbol{s}_{\text{Ref}}(n)}{\lambda+\boldsymbol{s}_{\text{Ref}}^{\text{H}}(n)\boldsymbol{P}(n-1)\boldsymbol{s}_{\text{Ref}}(n)}$$

将式（5.7）、式（5.8）、式（5.9）和 $\boldsymbol{P}(n)\boldsymbol{s}_{\text{Ref}}(n)=\boldsymbol{k}(n)$ 代入式（5.6），可得

$$\begin{aligned}\boldsymbol{W}(n)&=\boldsymbol{R}^{-1}(n)\boldsymbol{r}(n)=\boldsymbol{P}(n)\boldsymbol{r}(n)\\&=\frac{1}{\lambda}[\boldsymbol{P}(n-1)-\boldsymbol{k}(n)\boldsymbol{s}_{\text{Ref}}^{\text{H}}(n)\boldsymbol{P}(n-1)][\lambda\boldsymbol{r}(n-1)+\boldsymbol{s}_{\text{Ref}}(n)s_{\text{Surv}}^{*}(n)]\\&=\boldsymbol{P}(n-1)\boldsymbol{r}(n-1)+\frac{1}{\lambda}s_{\text{Surv}}^{*}(n)[\boldsymbol{P}(n-1)\boldsymbol{s}_{\text{Ref}}(n)-\boldsymbol{k}(n)\boldsymbol{s}_{\text{Ref}}^{\text{H}}(n)\boldsymbol{P}(n-1)\boldsymbol{s}_{\text{Ref}}(n)]-\\&\quad\ \boldsymbol{k}(n)\boldsymbol{s}_{\text{Ref}}^{\text{H}}(n)\boldsymbol{P}(n-1)\boldsymbol{r}(n-1)\\&=\boldsymbol{W}(n-1)+\boldsymbol{s}_{\text{Surv}}^{*}(n)\boldsymbol{k}(n)-\boldsymbol{k}(n)\boldsymbol{s}_{\text{Ref}}^{\text{H}}(n)\boldsymbol{W}(n-1)\end{aligned}\tag{5.10}$$

对其进行简化，可得

$$\begin{aligned}\boldsymbol{W}(n)&=\boldsymbol{W}(n-1)+\boldsymbol{k}(n)[s_{\text{Surv}}(n)-\boldsymbol{W}^{\text{H}}(n-1)\boldsymbol{s}_{\text{Ref}}(n)]^{*}\\&=\boldsymbol{W}(n-1)+\boldsymbol{k}(n)e^{*}(n)\end{aligned}\tag{5.11}$$

综上所述，RLS 迭代算法的步骤如下。

步骤 1：初始化，令 $\boldsymbol{W}(0)=\boldsymbol{0}$，$\boldsymbol{P}(0)=\delta^{-1}\boldsymbol{I}$，其中 δ 为一个很小的正数。

步骤 2：更新 $n=1,2,\cdots$，有

$$e(n)=s_{\text{Surv}}(n)-\boldsymbol{W}^{\text{H}}(n-1)\boldsymbol{s}_{\text{Ref}}(n)$$

$$\boldsymbol{k}(n)=\frac{\boldsymbol{P}(n-1)\boldsymbol{s}_{\text{Ref}}(n)}{\lambda+\boldsymbol{s}_{\text{Ref}}^{\text{H}}(n)\boldsymbol{P}(n-1)\boldsymbol{s}_{\text{Ref}}(n)}$$

$$\boldsymbol{P}(n)=\frac{1}{\lambda}[\boldsymbol{P}(n-1)-\boldsymbol{k}(n)\boldsymbol{s}_{\text{Ref}}^{\text{H}}(n)\boldsymbol{P}(n-1)]$$

$$\boldsymbol{W}(n)=\boldsymbol{W}(n-1)+\boldsymbol{k}(n)e^{*}(n)$$

式中：$\boldsymbol{I}$ 为单位矩阵；$\boldsymbol{k}(n)$ 为增益因子；λ 为遗忘因子，它决定了 RLS 算法的收敛速度。

采用 DTMB 信号进行仿真实验，设置监测通道最大多径时延为 49 个采样点，滤波器阶数为 64。NLMS 算法迭代步长 $\tilde{\mu}=0.1$，RLS 算法遗忘因子 $\lambda=0.999$。NLMS 算法的仿真结果如图 5.2 和图 5.3 所示，RLS 算法的仿真结果如图 5.4 和图 5.5 所示。

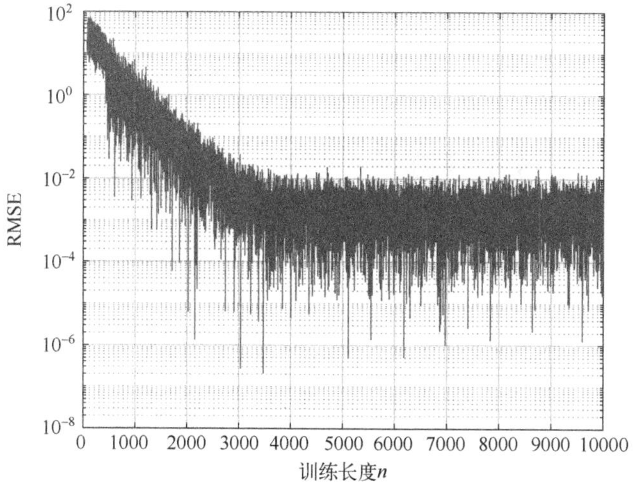

图 5.2　NLMS 收敛误差曲线仿真结果

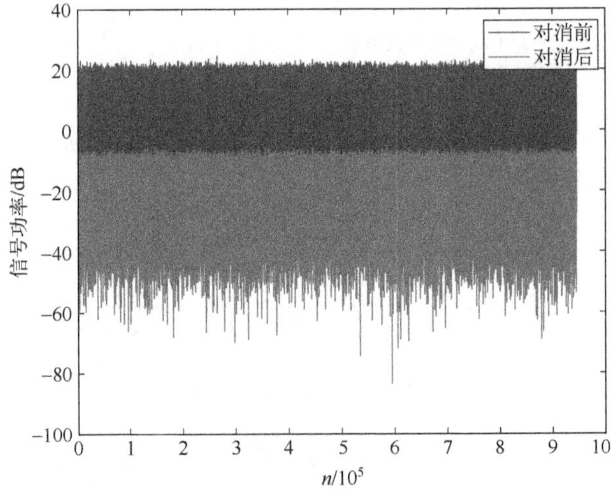

图 5.3 NLMS 对消前后监测通道信号功率仿真结果

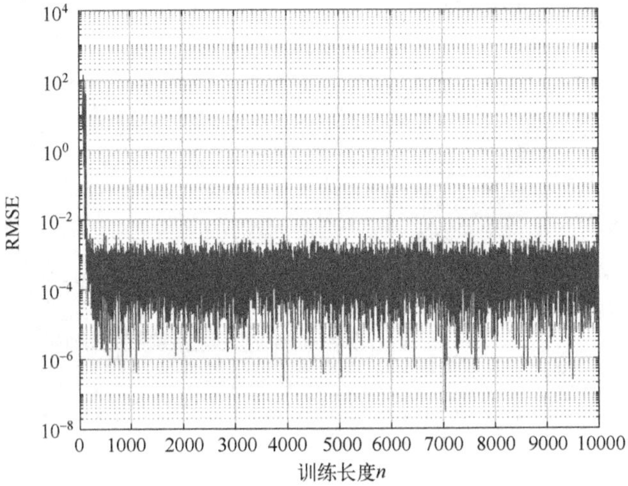

图 5.4 RLS 收敛误差曲线仿真结果

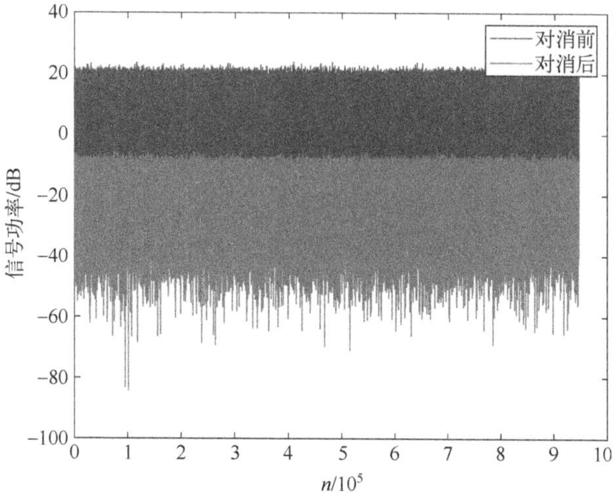

图 5.5　RLS 对消前后监测通道信号功率仿真结果

5.1.3　ECA 类对消方法

基于时域正交子空间投影理论的扩展抑制方法（ECA）是一种基于最小二乘（LS）准则的对消算法，其利用时域直达波和多径杂波信号是参考信号的延迟这一特点，对零频直达波和多径杂波进行抑制。该方法是抑制外辐射源雷达监测通道直达波和多径杂波非常有效的方法。

根据上节内容可知，LS 算法的代价函数表达式为

$$\min_{W} E(W) = \min_{W} \sum_{i=0}^{N-1} |e(i)|^2 \tag{5.12}$$

$$e(i) = s_{\mathrm{Surv}}(i) - \sum_{k=0}^{M-1} \omega_k^* s_{\mathrm{Ref}}(i-k) = s_{\mathrm{Surv}}(i) - \sum_{k=i}^{i-M+1} \omega_{i-k}^* s_{\mathrm{Ref}}(k) \tag{5.13}$$

式中：$s_{\mathrm{Ref}}(n)$和$s_{\mathrm{Surv}}(n)$分别表示经过采样得到的参考通道和监测通道信号序列；$\boldsymbol{s}_{\mathrm{Surv}}=[s_{\mathrm{Surv}}(0)\quad s_{\mathrm{Surv}}(1)\quad \cdots \quad s_{\mathrm{Surv}}(N-1)]^{\mathrm{T}}$为监测通道采样序列组成的监测信号向量；$\boldsymbol{W}=[\omega_0\quad \omega_1\quad \cdots \quad \omega_{M-1}]^{\mathrm{T}}$为自适应滤波器系数。

将式（5.13）的误差写为向量形式，可以表示为

$$\boldsymbol{e}=\boldsymbol{s}_{\mathrm{Surv}}-\boldsymbol{X}\boldsymbol{W}^* \tag{5.14}$$

则 LS 算法代价函数可以表示为

$$\min_{W} E(\boldsymbol{W}) = \min_{W} \sum_{i=0}^{N-1} |e(i)|^2 = \min_{W} \|\boldsymbol{e}\|^2 = \min_{W} \|\boldsymbol{s}_{\mathrm{Surv}} - \boldsymbol{X}\boldsymbol{W}^*\|^2 \tag{5.15}$$

$$X=\begin{bmatrix} s_{\mathrm{Ref}}(0) & \cdots & s_{\mathrm{Ref}}(-M+1) \\ \vdots & & \vdots \\ s_{\mathrm{Ref}}(N-1) & \cdots & s_{\mathrm{Ref}}(N-M+1) \end{bmatrix} \tag{5.16}$$

对此代价函数进行求解，可得权系数为

$$\boldsymbol{W}^{*}=(\boldsymbol{X}^{\mathrm{H}}\boldsymbol{X})^{-1}\boldsymbol{X}^{\mathrm{H}}\boldsymbol{s}_{\mathrm{Surv}} \tag{5.17}$$

代入式（5.14），可得 LS 滤波器的输出信号 $\boldsymbol{e}$ 的表达式为

$$\boldsymbol{e}=\boldsymbol{s}_{\mathrm{Surv}}-\boldsymbol{X}(\boldsymbol{X}^{\mathrm{H}}\boldsymbol{X})^{-1}\boldsymbol{X}^{\mathrm{H}}\boldsymbol{s}_{\mathrm{Surv}}=(\boldsymbol{I}_N-\boldsymbol{X}(\boldsymbol{X}^{\mathrm{H}}\boldsymbol{X})^{-1}\boldsymbol{X}^{\mathrm{H}})\boldsymbol{s}_{\mathrm{Surv}} \tag{5.18}$$

根据以上推导可得基于 LS 滤波器的 ECA 杂波抑制方法基本步骤如下：若需要抑制 M 个单元内的杂波，构建 $N\times M$ 维的杂波空间矩阵 $\boldsymbol{X}$，$\boldsymbol{X}$ 的第 k 列向量$[s_{\mathrm{Ref}}(-k+1)\quad s_{\mathrm{Ref}}(-k+2)\quad\cdots\quad s_{\mathrm{Ref}}(N-k)]^{\mathrm{T}}$表示第 k 个距离单元杂波的时间采样向量。之后，利用$(\boldsymbol{I}_N-\boldsymbol{X}(\boldsymbol{X}^{\mathrm{H}}\boldsymbol{X})^{-1}\boldsymbol{X}^{\mathrm{H}})\boldsymbol{s}_{\mathrm{Surv}}$可将 $\boldsymbol{s}_{\mathrm{Surv}}$ 投影至 $\boldsymbol{X}$ 的正交子空间，得到的信号即为滤除直达波及多径杂波信号后的目标和噪声信号。

以上描述的 ECA 算法可被看作是一个仅针对零多普勒频域的零陷器，若要抑制非零频的杂波，可以通过对杂波空间矩阵 $\boldsymbol{X}$ 进行拓展，使其包含具有多普勒频移的杂波采样向量。然而，在 ECA 算法抑制杂波过程中，需要求解$(\boldsymbol{X}^{\mathrm{H}}\boldsymbol{X})^{-1}$，若对 $N\times M$ 维的矩阵 $\boldsymbol{X}$ 求解，其对应的复乘计算量为 $O(NM^2+M^2\log M)$。当要抑制的杂波距离单元和多普勒单元增大时，杂波空间矩阵 $\boldsymbol{X}$ 的维数会相应增加，从而导致 ECA 算法的计算量显著增大，并提高了系统对内存的要求。

为了在计算量相当的情况下，提高算法的性能，可以对 ECA 算法进行扩展得到 ECA-B 算法。ECA-B 算法将整个积累时间分成多块处理，一方面在降低对系统内存需求的同时提高零陷宽度，另一方面便于实时化处理。ECA-B 算法原理图如图 5.6 所示。

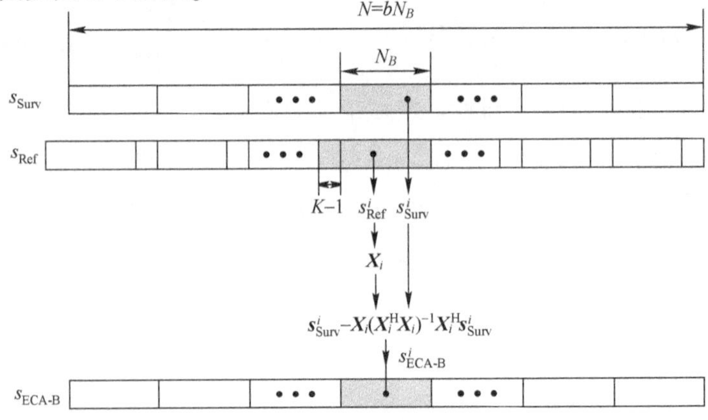

图 5.6 ECA-B 算法原理图

ECA-B 算法的步骤如下。

设在积累时间内共采样 N 个监测通道 $s_{\mathrm{Surv}}(n)$，$n=0,1,\cdots,N-1$。参考信号为 $s_{\mathrm{Ref}}(n)$，$n=-M+1,\cdots N-1$。

步骤 1：将监测通道信号分成 b 块，每块内的采样点数为 $N_B=N/b$，则第 $i(i=0,\cdots,b-1)$ 块的监测信号可以表示为 $\boldsymbol{s}_{\mathrm{Surv}}^{i}=[s_{\mathrm{Surv}}(iN_B)\ s_{\mathrm{Surv}}(iN_B+1)\cdots s_{\mathrm{Surv}}((i+1)N_B-1)]^{\mathrm{T}}$。

步骤 2：构建第 i 块监测信号对应的杂波空间 $\boldsymbol{X}_i$，可以表示为

$$\boldsymbol{X}_i=\begin{bmatrix} s_{\mathrm{Ref}}(iN_B) & \cdots & s_{\mathrm{Ref}}(iN_B-M+1) \\ \vdots & & \vdots \\ s_{\mathrm{Ref}}[(i+1)N_B-1] & \cdots & s_{\mathrm{Ref}}[(i+1)N_B-M] \end{bmatrix}$$

利用 $\boldsymbol{X}_i$ 和 $\boldsymbol{s}_{\mathrm{Surv}}^{i}$，计算权系数 $\boldsymbol{W}^*=(\boldsymbol{X}_i^{\mathrm{H}}\boldsymbol{X}_i)^{-1}\boldsymbol{X}_i^{\mathrm{H}}\boldsymbol{s}_{\mathrm{Surv}}^{i}$。同样，若要抑制非零多普勒频移的杂波，可以通过对第 i 块监测信号的杂波空间 $\boldsymbol{X}_i$ 进行扩展，使其包含具有多普勒频移的杂波采样向量。

步骤 3：对各块监测信号进行正交投影 $\boldsymbol{s}_{\mathrm{Surv}}^{i}-\boldsymbol{X}_i\boldsymbol{W}^*$，可以得到经过直达波和多径抑制后的目标回波信号。

采用 DTMB 信号进行仿真实验。仿真设置监测通道信杂噪比（Signal-to-Clutter-plus-Noise Ratio，SCNR）为-60dB，目标多普勒频率为-500Hz，距离单元为 2000，积累采用信号长度为 225 帧，时长为 0.125s。通过仿真实验可以得到 ECA 对消前后的零多普勒截面图及距离-多普勒三维图，分别如图 5.7、图 5.8 和图 5.9 所示。

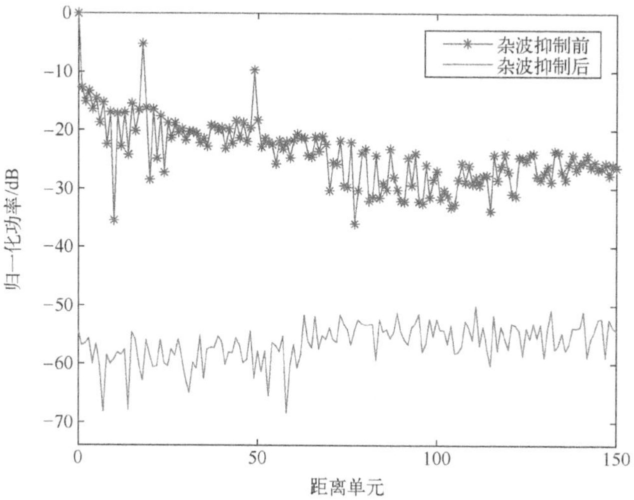

图 5.7　ECA 抑制杂波前后零多普勒截面

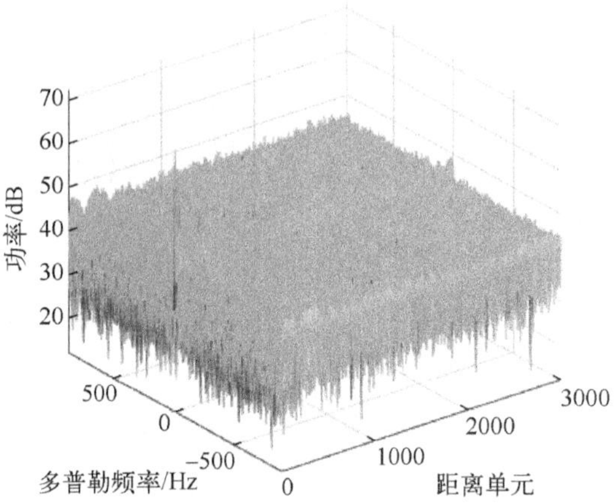

图 5.8 对消前二维相关图

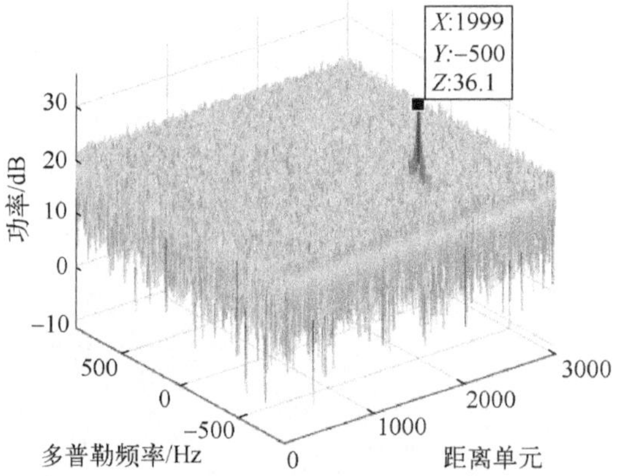

图 5.9 对消后二维相关图

采用 ECA-B 对外场无人机目标的 DTMB 信号实测数据进行处理，设置 ECA-B 对消阶数为 200 阶，分段数为 10，积累信号长度为 2250 帧，时长为 1.25s。经过处理，可以得到对消前后的二维相关图分别如图 5.10 和图 5.11 所示，目标时延截面图和目标多普勒截面图分别如图 5.12 和图 5.13 所示。可以看到，ECA-B 算法可以有效消去监测通道直达波及零频多径杂波，使被掩盖的目标凸显出来。

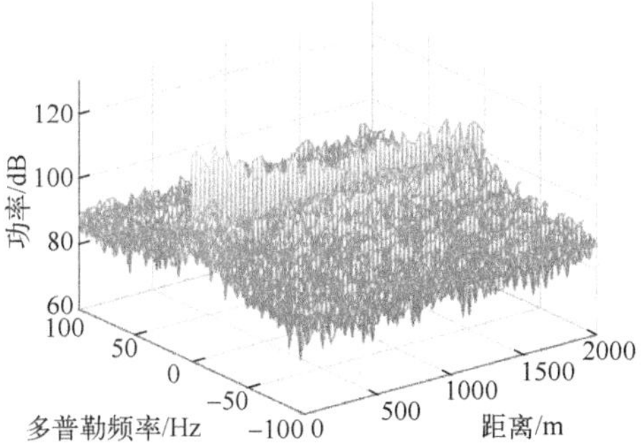

图 5.10 对消前二维相关图

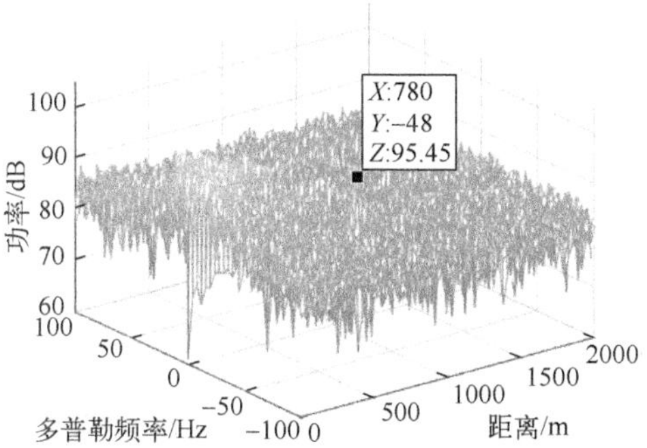

图 5.11 对消后二维相关图

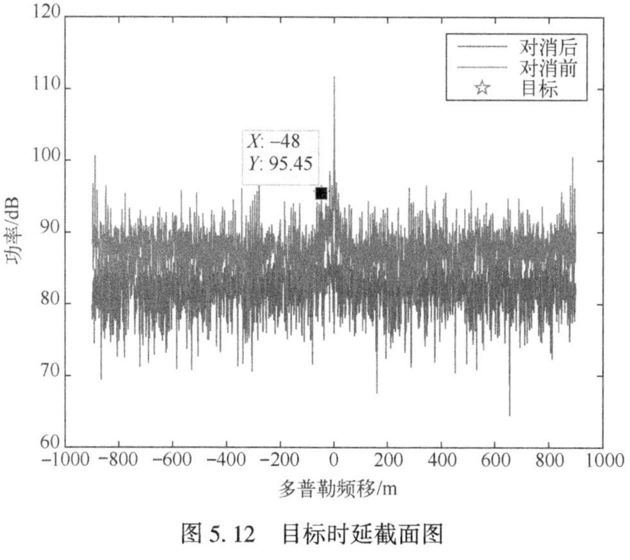

图 5.12 目标时延截面图

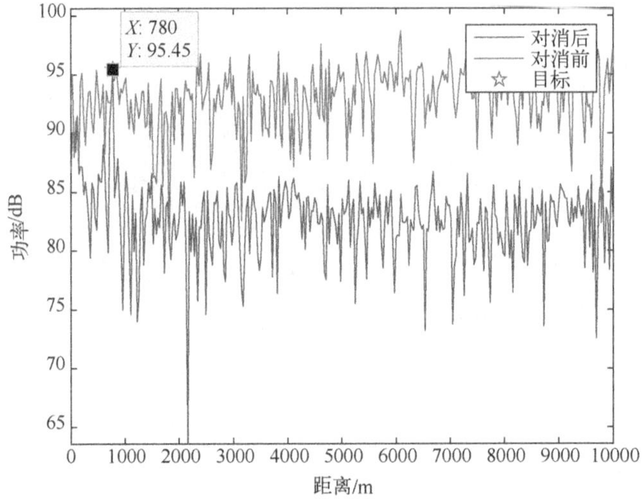

图 5.13 目标多普勒截面图

5.2 载波域杂波和干扰抑制技术

现代 DVB-T 信号在调制方式上大都采用 OFDM 技术，主要用来对抗在调幅广播信道中，由于多径传播造成的频率选择性衰落、多普勒频率漂移等恶劣影响。OFDM 是多载波传输方案的实现方式之一，其将信道分成若干个相互正交的子信道，并将数据分别调至各个子信道进行传输，这样既节约带宽又能够实现数据并行发送，增大传输速率。

假设外辐射源雷达基带信号表示为

$$x(t)=\sum_{r=0}^{\infty}\sum_{l=0}^{\infty}\sum_{k=k_{\min}}^{k_{\max}}C_{r,l,k}\psi_{r,l,k}(t) \tag{5.19}$$

$$\psi_{r,l,k}(t)=\begin{cases}\mathrm{e}^{\mathrm{j}2\pi\frac{k}{T_u}(t-T_K-lT_s-SrT_s)} & (l+Sr)T_s\leqslant t\leqslant(l+Sr+1)T_s\\ 0 & 其他\end{cases} \tag{5.20}$$

监测通道的时域回波信号模型表示为

$$s(t)=A^d d(t)+\sum_{p=1}^{P}A^p d(t-\tau^p)+\sum_{q=1}^{Q}A^q d(t-\tau^q)\mathrm{e}^{\mathrm{j}2\pi f_{\mathrm{d}}^q t}+n(t) \tag{5.21}$$

式中：$d(t)$为直达波信号；A^d 为直达波复包络幅度；P 和 Q 分别为多径回波条数和目标个数；A^p 和 τ^p 分别为第 p 条多径回波的复包络幅度和时间延迟（相对于直达波）；A^q，τ_q 和f_{d}^q分别为第 q 个目标回波的复包络幅度、时间延迟和多普勒频移；$n(t)$为监测通道内的噪声。

将监测通道时域信号按 OFDM 完整符号划分，去除保护间隔，并对每个 OFDM 符号数据部分进行离散傅里叶变换（DFT），也就是将数据由时域转换到了载波域。之后，仅保留有效子载波上不同 OFDM 符号间携带的数据部分，可得到有效子载波域的监测通道信号，即

$$\boldsymbol{Y}=\begin{bmatrix} Y_{1,1} & \cdots & Y_{1,k} & \cdots & Y_{1,N_s} \\ \vdots & & \vdots & & \vdots \\ Y_{l,1} & \cdots & Y_{l,k} & \cdots & Y_{l,N_s} \\ \vdots & & \vdots & & \vdots \\ Y_{L,1} & \cdots & Y_{L,k} & \cdots & Y_{L,N_s} \end{bmatrix} \tag{5.22}$$

式中：$Y_{l,k}$为监测通道信号第 k 个有效子载波的第 l 个符号对应的载波域信号采样值；$\boldsymbol{Y}_l$ 为监测通道信号符号 l 对应的不同子载波组成的载波域信号向量，可以表示为$[Y_{l,1} \quad \cdots \quad Y_{l,k} \quad \cdots \quad Y_{l,N_s}]$；$\boldsymbol{Y}_k$ 为监测通道信号有效子载波 k 对应的不同 OFDM 符号组成的载波域信号向量，可以表示为$[Y_{1,k} \quad \cdots \quad Y_{l,k} \quad \cdots \quad Y_{L,k}]^{\mathrm{T}}$；$L$ 和 N_s 分别为 OFDM 符号的个数和有效子载波数。

结合监测通道的时域信号模型和信道传输模型，对 $\boldsymbol{Y}_l$ 中直达波、多径及目标回波分别进行分析。假设直达波的信道传输函数为 $A^d\delta(t)$，根据 OFDM 技术的原理，发射信号的第 l 个符号的时域采样 $d_l(t)$ 可以表示为

$$d_l(t)=\sum_{k=1}^{N_s} C_{l,k}\mathrm{e}^{\mathrm{j}2\pi k\Delta ft} \quad t=(l-1)T_s+T_g \sim T_0 \sim lT_s \tag{5.23}$$

式中：$C_{l,k}$为第 k 个有效子载波的第 l 个符号所对应的复调制码元归一化值。$\boldsymbol{Y}_l$ 中直达波部分可以表示为

$$\mathrm{DFT}[d_l(t)\otimes A^d\delta(t)]=A^d[C_{l,1},\cdots,C_{l,k},\cdots,C_{l,N_s}] \tag{5.24}$$

式中：$A^dC_{l,k}$为 $Y_{l,k}$中对应直达波的部分。

假设第 p 个多径回波的信道传输函数为 $A^p\delta(t-\tau_p)$，则 $\boldsymbol{Y}_l$ 中多径回波部分可以表示为

$$\begin{aligned}\mathrm{DFT}[d_l(t)\otimes A^p\delta(t-\tau^p)] &= \mathrm{DFT}[A^pd_l(t-\tau^p)] \\ &= A^p[\mathrm{e}^{-\mathrm{j}\omega_1\tau^p}C_{l,1},\cdots,\mathrm{e}^{-\mathrm{j}\omega_k\tau^p}C_{l,k},\cdots,\mathrm{e}^{-\mathrm{j}\omega_{N_s}\tau^p}C_{l,N_s}]\end{aligned} \tag{5.25}$$

同理，可以得到对应 $Y_{l,k}$中第 p 个多径回波部分表示为 $A^p\mathrm{e}^{-\mathrm{j}\omega_k\tau^p}C_{l.k}$。

假设第 q 个目标回波的信道传输函数为 $A^q\delta(t-\tau_q)\mathrm{e}^{\mathrm{j}2\pi f_d^q t}$，$\boldsymbol{Y}_l$ 中对应的部分可以表示为

$$\begin{aligned}\mathrm{DFT}[(d_l(t)\otimes A^q\delta(t-\tau_q)\mathrm{e}^{\mathrm{j}2\pi f_\mathrm{d}^q t})]&=\mathrm{DFT}[(A^q d_l(t-\tau_q)\mathrm{e}^{\mathrm{j}2\pi f_\mathrm{d}^q t})]\\&=A^q\mathrm{DFT}[d_l(t)\mathrm{e}^{\mathrm{j}2\pi f_\mathrm{d}^q t}\mathrm{e}^{-\mathrm{j}(\omega_k-2\pi f_\mathrm{d}^q)\tau q}]\end{aligned}\tag{5.26}$$

由于一个符号内的多普勒频移的相位旋度非常小可以忽略不计，因此可以近似得

$$\mathrm{e}^{\mathrm{j}2\pi f_\mathrm{d}^q t}\approx\mathrm{e}^{\mathrm{j}2\pi f_\mathrm{d}^q[(l-1)T_s+T_g]},\quad\forall t\in[(l-1)T_s+T_g,lT_s]\tag{5.27}$$

将式（5.27）代入式（5.26）中，可得 $\boldsymbol{Y}_l$ 中第 q 个目标的回波部分表示为

$$A^q\mathrm{e}^{\mathrm{j}2\pi f_\mathrm{d}^q[(l-1)T_s+T_g]}[\mathrm{e}^{-\mathrm{j}(\omega_1-2\pi f_\mathrm{d}^q)\tau q}C_{l,1},\cdots,\mathrm{e}^{-\mathrm{j}(\omega_k-2\pi f_\mathrm{d}^q)\tau q}C_{l,k},\cdots,\mathrm{e}^{-\mathrm{j}(\omega_{N_s}-2\pi f_\mathrm{d}^q)\tau q}C_{l,N_s}]\tag{5.28}$$

同理，可以得到对应 $Y_{l,k}$ 中第 q 个目标回波部分表示为 $A^q\mathrm{e}^{-\mathrm{j}(\omega_k-2\pi f_\mathrm{d}^q)\tau q}\mathrm{e}^{\mathrm{j}2\pi f_\mathrm{d}^q[(l-1)T_s+T_g]}C_{l,k}$。

综上所述，$Y_{l,k}$的表达式可以写为

$$Y_{l,k}=A^dC_{l,k}+A^p\mathrm{e}^{-\mathrm{j}\omega_k\tau p}C_{l,k}+A^q\mathrm{e}^{-\mathrm{j}(\omega_k-2\pi f_\mathrm{d}^q)\tau q}\mathrm{e}^{\mathrm{j}2\pi f_\mathrm{d}^q[(l-1)T_s+T_g]}C_{l,k}+N_{l,k}\tag{5.29}$$

式中：$N_{l,k}$为第 k 个有效子载波的第 l 个符号的载波域噪声。

因此，由 L 个 $Y_{l,k}$组成的第 k 个有效子载波对应的向量 $\boldsymbol{Y}_k$ 可写为

$$\begin{aligned}\boldsymbol{Y}_k&=A^d\boldsymbol{Q}_k+\sum_{p=1}^{P}\mathrm{e}^{-\mathrm{j}\omega_k\tau p}\boldsymbol{Q}_k+\sum_{q=1}^{Q}A^q\mathrm{e}^{-\mathrm{j}(\omega_k-2\pi f_\mathrm{d}^q)\tau q}\boldsymbol{U}_{k,q}+\boldsymbol{N}_k\\&=\beta_k\boldsymbol{Q}_k+\sum_{q=1}^{Q}\gamma_{k,q}\boldsymbol{U}_{k,q}+\boldsymbol{N}_k\end{aligned}\tag{5.30}$$

式中：

$$\boldsymbol{Q}_k=[C_{1,k},\cdots,C_{l,k},\cdots,C_{L,k}]^\mathrm{T}$$

$$\boldsymbol{N}_k=[N_{1,k},\cdots,N_{l,k},\cdots,N_{L,k}]^\mathrm{T}$$

$$\boldsymbol{U}_{k,q}=[\mathrm{e}^{\mathrm{j}2\pi f_\mathrm{d}^q T_g}C_{1,k},\cdots,\mathrm{e}^{\mathrm{j}2\pi f_\mathrm{d}^q[(l-1)T_s+T_g]}C_{l,k},\cdots,\mathrm{e}^{\mathrm{j}2\pi f_\mathrm{d}^q[(L-1)T_s+T_g]}C_{L,k}]^\mathrm{T}$$

$$\gamma_{k,q}=A^q\mathrm{e}^{-\mathrm{j}(\omega_k-2\pi f_\mathrm{d}^q)\tau q}$$

$$\beta_k=\left(A^d+\sum_{p=1}^{P}A^p\mathrm{e}^{-\mathrm{j}\omega_k\tau p}\right)$$

对比式（5.21）与式（5.30）可见，相比于时域信号 $s(t)$，由于直达波和多径回波部分在时域上仅时延不同，故在载波域上可合并成一项，且该项与 $\boldsymbol{Q}_k$ 完全相关，因此载波域信号 $\boldsymbol{Y}_k$ 成分由 4 项减为 3 项。由于目标回波部分与 $\boldsymbol{U}_{k,q}$完全相关，$\boldsymbol{U}_{k,q}$与 $\boldsymbol{Q}_k$ 几乎不相关，因此可以利用自适应滤波器分别在有效子载波上进行自适应滤波。以 $\boldsymbol{Q}_k$ 为参考信号，通过自适应滤波器估算系数 β_k 并减去对应分量，即可完成直达波及多径回波信号的消除。算法流程如

图 5.14 所示。

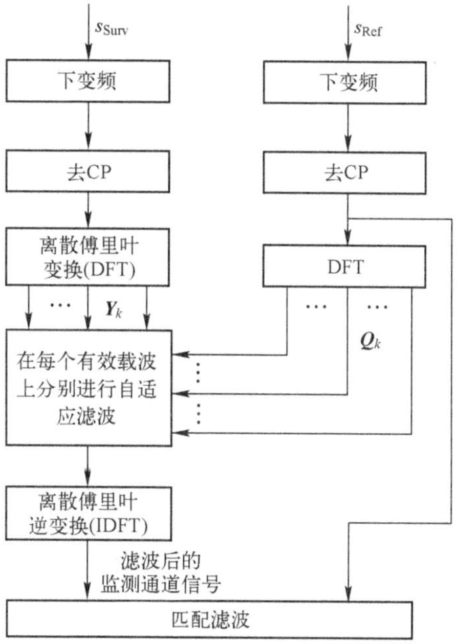

图 5.14　分载波自适应算法流程

根据自适应滤波过程的代价函数不同，可采用分载波递归最小二乘（RLS-C)、分载波归一化最小均方（NLMS-C）以及分载波扩展抑制（ECA-C）等算法。

5.2.1　NLMS-C 算法

结合上述分析，可得 NLMS-C 算法的步骤如下。

步骤 1：初始化，令 $\boldsymbol{W}_k(0)=\boldsymbol{0}$。

步骤 2：更新 $n=1,2,\cdots,L$，有

$$e(n)=Y_k(n)-W_k^*(n-1)Q_k(n)$$

$$\mu_k(n)=\frac{\widetilde{\mu}}{|Q_k(n)|^2}$$

$$W_k(n)=W_k(n-1)+\mu_k(n)Q_k(n)e_k^*(n)$$

式中：$\widetilde{\mu}$为迭代步长；$W_k(n)$为第 k 个有效子载波进行自适应滤波的滤波器系数；$e_k(n)$为第 k 个有效子载波进行自适应滤波的滤波器输出，即包含目标信息的载波域信号。

仿真采用 B 模式下的 DRM 信号验证 NLMS-C 算法效果，数据长度设为 1 超帧，设置目标位于 1000km 处，多普勒频移为-10Hz，初始迭代步长$\widetilde{\mu}=0.5$，

可得对消前后距离-多普勒二维相关图结果分别如图 5.15 和图 5.16 所示。

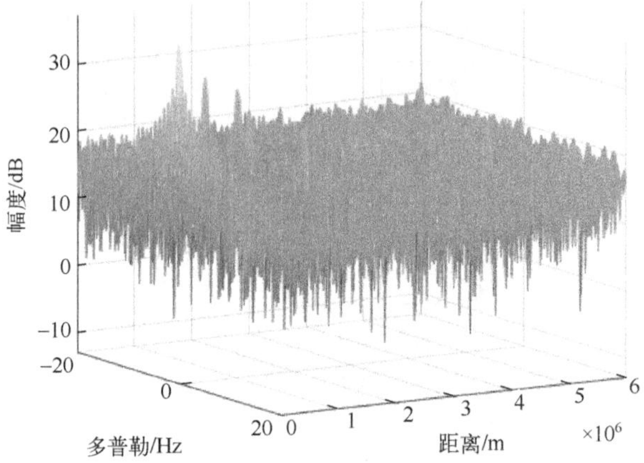

图 5.15 NLMS-C 对消前二维相关图

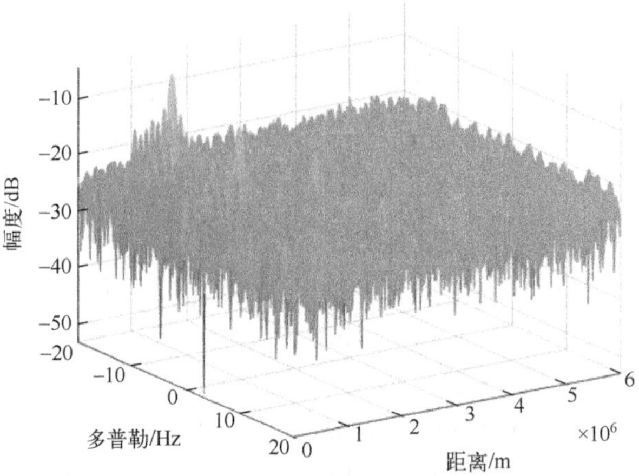

图 5.16 NLMS-C 对消后二维相关图

5.2.2 RLS-C 算法

同理，可得 RLS-C 算法的步骤如下。

步骤 1：初始化，令 $W_k(0)=0$，$P_k(0)=\delta^{-1}I$，其中 δ 为一个很小正数，I 为常数。

步骤 2：更新 $n=1,2,\cdots,L$，有

$$e_k(n)=Y_k(n)-W_k^*(n-1)Q_k(n)$$

$$k_k(n)=\frac{P_k(n-1)Q_k(n)}{\lambda+Q_k^*(n)P_k(n-1)Q_k(n)}$$

$$P_k(n)=\frac{1}{\lambda}[P_k(n-1)-k_k(n)Q_k(n)P_k(n-1)]$$

$$W_k(n)=W_k(n-1)+k_k(n)e_k^*(n)$$

式中：λ 和 $k_k(n)$ 分别为遗忘因子和增益因子；$W_k(n)$ 为第 k 个有效子载波进行自适应滤波的滤波器系数；$e_k(n)$ 为第 k 个有效子载波进行自适应滤波的滤波器输出，即包含目标信息的载波域信号。

仿真采用 B 模式下的 DRM 信号验证 RLS-C 算法效果，数据长度设为 1 超帧，设置目标位于 1000km 处，多普勒频移为 -10Hz，遗忘因子 $\lambda=0.99$，$\delta=0.01$，可得对消前后距离-多普勒二维相关图结果分别如图 5.17 和图 5.18 所示。

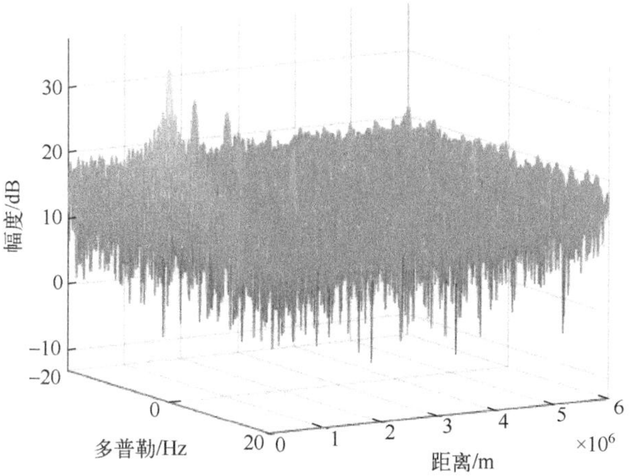

图 5.17　RLS-C 对消前二维相关图

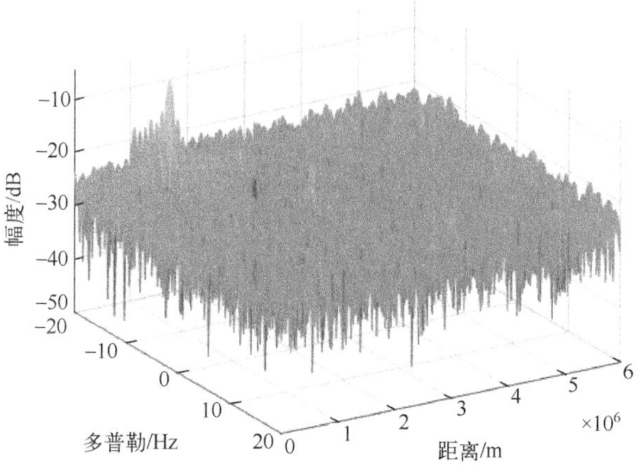

图 5.18　RLS-C 对消后二维相关图

5.2.3 ECA-C 对消方法

同理，可得 ECA-C 算法的步骤如下。

步骤 1：构建杂波空间 $\boldsymbol{X}_k=\boldsymbol{Q}_k$。

步骤 2：通过矩阵运算$(\boldsymbol{I}_L-\boldsymbol{X}_k(\boldsymbol{X}_k^{\mathrm{H}}\boldsymbol{X}_k)^{-1}\boldsymbol{X}_k^{\mathrm{H}})\boldsymbol{Y}_k$ 将 $\boldsymbol{Y}_k$ 投影至与 $\boldsymbol{X}_k$ 的正交子空间，可得到滤除直达波及多径杂波后的目标信号和噪声。

仿真采用 B 模式下的 DRM 信号验证 ECA-C 算法效果，数据长度设为 1 超帧，设置目标位于 1000km 处，多普勒频移为-10Hz，可得对消前后距离-多普勒二维相关图结果分别如图 5.19 和图 5.20 所示。

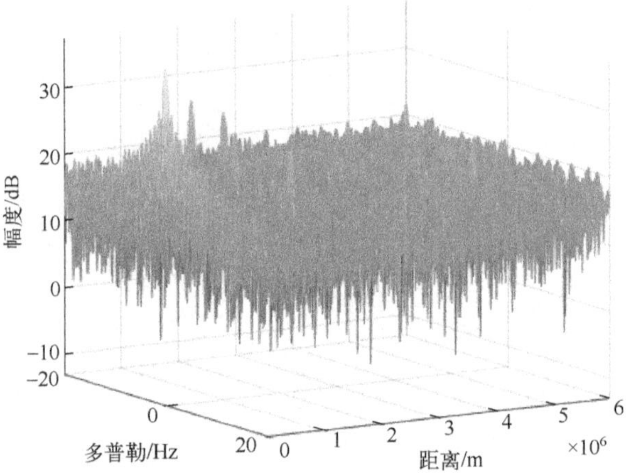

图 5.19 ECA-C 对消前二维相关图

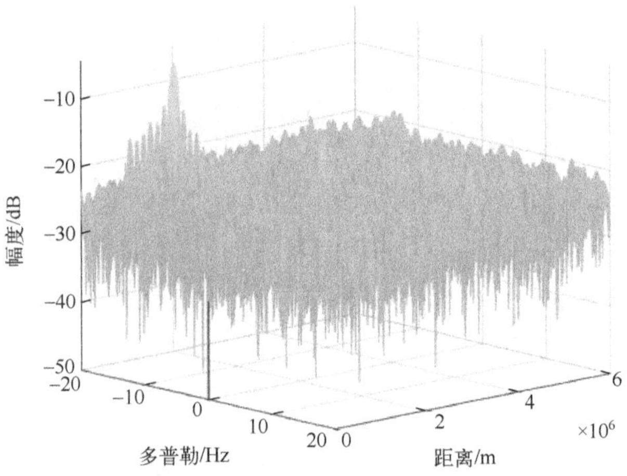

图 5.20 ECA-C 对消后二维相关图

5.2.4 算法计算量分析

相对于时域对消算法，载波域算法除了进行自适应滤波外，还需要进行 DFT 和 IDFT 变换。假设利用快速傅里叶变换（Fast Fourier Transform，FFT）蝶形算法对监测通道信号 L 个符号分别做 DFT 和 IDFT，对参考通道的 L 个符号分别做 DFT，共需要 $O[(3/2)N_sL\cdot\lg_2N_s]$次复乘计算。

对于 RLS-C 与 NLMS-C 两种自适应迭代算法，每个有效子载波上进行自适应滤波的迭代次数为 L，有效子载波的个数为 N_s，两种算法自适应滤波过程的迭代次数都为 N_sL。RLS-C 算法每次迭代需要 8 次复乘计算，而 NLMS-C 算法每次迭代需要 4 次复乘计算，因此 RLS-C 算法和 NLMS-C 算法的总复乘次数分别为 $O[(3/2)N_sL\cdot\lg_2N_s+8N_sL]$ 和 $O[(3/2)N_sL\cdot\lg_2N_s+4N_sL]$。故可得 RLS 算法和 NLMS 算法的总复乘次数分别为 $O[(4M^2+4M)N]$ 和 $O[(3M+1)N]$，其中 M 为自适应滤波器的阶数，N 为信号时域采样点数。

由于自适应滤波算法计算复杂度与滤波器阶数和迭代次数有关，时域滤波迭代次数必须满足信号长时间相干处理的要求，并且滤波器阶数须大于最长多径延时，因此时域滤波会消耗大量的计算资源。而分载波自适应滤波算法只利用有效数据部分，去除了循环前缀，相比时域算法迭代次数较少，且滤波器阶数恒为 1，从而能够大大降低计算复杂度，节约计算资源。

对于 ECA 类子空间投影算法，时域 ECA 的表达式为$(\boldsymbol{I}_N-\boldsymbol{X}(\boldsymbol{X}^{\mathrm{H}}\boldsymbol{X})^{-1}\boldsymbol{X}^{\mathrm{H}})\boldsymbol{s}_{\mathrm{Surv}}$，若 $\boldsymbol{X}$ 的维度为 $N\times M$，$\boldsymbol{s}_{\mathrm{Surv}}$的维度为 $N\times1$，其对应步骤的计算量如表 5.1 所列。

表 5.1　ECA 算法计算量

步　骤	计　算　量
$\boldsymbol{A}=(\boldsymbol{X}^{\mathrm{H}}\boldsymbol{X})^{-1}$	$NM^2+M^2\lg M$
$\boldsymbol{b}=\boldsymbol{X}^{\mathrm{H}}\boldsymbol{s}_{\mathrm{Surv}}(n)$	NM
$\boldsymbol{g}=\boldsymbol{A}\boldsymbol{b}$	M^2
$\boldsymbol{X}\boldsymbol{g}$	NM
总计算量	$NM^2+M^2\lg M+2NM+M^2$

频域 ECA-C 对每个载波分别进行投影处理，其表达式为$(\boldsymbol{I}_L-\boldsymbol{X}_k(\boldsymbol{X}_k^{\mathrm{H}}\boldsymbol{X}_k)^{-1}\boldsymbol{X}_k^{\mathrm{H}})\boldsymbol{Y}_k$，若 $\boldsymbol{Y}_k$ 的维数为 $L\times1$，$\boldsymbol{X}_k$ 的维数为 $L\times1$，其对应算法计算量如表 5.2 所列。

表 5.2 ECA-C 算法计算量

步 骤	计 算 量
$a_k=(\boldsymbol{X}_k^{\mathrm{H}}\boldsymbol{X}_k)^{-1}$	L
$b_k=\boldsymbol{X}_k^{\mathrm{H}}\boldsymbol{Y}_k$	L
$g_k=a_k b_k$	1
$\boldsymbol{X}_k g_k$	L
单载波计算量	$3L+1$
总计算量	$N_s(3L+1)+(3/2)N_sL\cdot\log_2(N_s)$

可以看到，相对于时域 ECA 的 $N\times M$ 维杂波空间维度，ECA-C 算法的每个杂波子空间的维度仅为 $L\times1$，ECA-C 算法具有较小的计算复杂度，且占用内存较少。

综上所述，相比于时域杂波和干扰抑制算法，载波域算法具有更小的计算量，消耗更小计算资源。

5.3 空域杂波和干扰抑制技术

5.3.1 CBF 抑制方法

空域杂波和干扰抑制技术，实际上就是对各阵元输出信号进行加权（相位补偿），使主波束指向期望信号方向。在阵列信号处理中，称其为常规波束形成（CBF），同时也称为空间匹配滤波器。

为了使主瓣波束指向期望信号 θ_d 方向，则各阵元在 θ_d 方向必须同相相加，阵列加权矢量是对各阵元进行相位补偿，因此合适的阵列权矢量就是期望信号的导向矢量，即

$$\boldsymbol{w}_{\mathrm{CBF}}=\boldsymbol{a}(\theta_d) \tag{5.31}$$

此时，阵列输出在 θ_d 方向的增益最大，因此也称为空间匹配滤波器。

自适应阵列能够随着空间干扰环境的变化自适应地形成零陷，以有效地滤除干扰接收有用信号。其对应的阵列权矢量可以根据阵列接收信号的统计特性求得，一般在阵列接收信号的二阶统计特性准确已知的情况下，称为最优统计波束形成，相应的阵列权矢量称为最优权矢量。而阵列信号的统计特性是根据有限快拍数据估计得到的，实际最优权矢量是得不到的。将有限快拍次数下的波束形成称为自适应波束形成，对应的阵列权矢量称为自适应权矢量。MVDR

和 LCMV 为经典的自适应波束形成算法。

5.3.2　MVDR 抑制方法

为了保证信号的良好接收，可以在期望信号和方向都已知时使输出方差最小。阵列输出信号 $y(t)=\boldsymbol{w}^{\mathrm{H}}\boldsymbol{x}(t)$ 的方差为

$$E[\,|y(t)|^2\,]=\boldsymbol{w}^{\mathrm{H}}\boldsymbol{R}_{XX}\boldsymbol{w} \tag{5.32}$$

最小化式（5.32）可以表示为

$$\min E[\,|y(t)|^2\,]=\min \boldsymbol{w}^{\mathrm{H}}\boldsymbol{R}_{XX}\boldsymbol{w} \tag{5.33}$$

令 $\boldsymbol{w}^{\mathrm{H}}\boldsymbol{a}(\theta_d)=c$，若常数 c 为 1，即信号分量固定，此时最小化方差最优准则可表示为

$$\begin{cases}\min \boldsymbol{w}^{\mathrm{H}}\boldsymbol{R}_{XX}\boldsymbol{w}\\ \text{s. t.}\ \ \boldsymbol{w}^{\mathrm{H}}\boldsymbol{a}(\theta_d)=1\end{cases} \tag{5.34}$$

该准则的意义为，在保证期望信号的增益为常数的条件下，使输出方差最小，即输出总功率最小。利用拉格朗日乘子法求解，可得

$$\boldsymbol{w}_{\mathrm{MVDR}}=\frac{\boldsymbol{R}_{XX}^{-1}\boldsymbol{a}(\theta_d)}{\boldsymbol{a}^{\mathrm{H}}(\theta_d)\boldsymbol{R}_{XX}^{-1}\boldsymbol{a}(\theta_d)} \tag{5.35}$$

式（5.35）表示的最优波束形成器即为 MVDR 波束形成器，也称为 Capon 波束形成器。由式（5.35）可以看出，该准则要求波束形成的指向 $\boldsymbol{a}(\theta_d)$ 已知。此时相应的最小输出功率为

$$P_{\mathrm{MVDR}}=\frac{1}{\boldsymbol{a}^{\mathrm{H}}(\theta_d)\boldsymbol{R}_{XX}^{-1}\boldsymbol{a}(\theta_d)} \tag{5.36}$$

阵列输出信干噪比为

$$\mathrm{SINR}_{\mathrm{opt}}=\sigma_s^2\boldsymbol{a}^{\mathrm{H}}(\theta_d)\boldsymbol{R}_{XX}^{-1}\boldsymbol{a}(\theta_d) \tag{5.37}$$

5.3.3　LCMV 抑制方法

将 MVDR 方法的约束项推广至多个约束，可得 LCMV 波束形成器。对于 K 个$(\theta_1,\theta_2,\cdots,\theta_K)$方向上的信号源，一般的线性约束最小方差法准则为

$$\begin{cases}\min \boldsymbol{w}^{\mathrm{H}}\boldsymbol{R}_{XX}\boldsymbol{w}\\ \text{s. t.}\ \ \boldsymbol{w}^{\mathrm{H}}\boldsymbol{C}=\boldsymbol{f}^{\mathrm{H}}\end{cases} \tag{5.38}$$

式中：$\boldsymbol{C}=[\boldsymbol{a}(\theta_1),\boldsymbol{a}(\theta_2),\cdots,\boldsymbol{a}(\theta_K)]$为 $M\times K$ 维的阵列流形矩阵；f 为 $K\times 1$ 维的约束矢量。利用拉格朗日乘子法求解式（5.38），可得

$$\boldsymbol{w}_{\mathrm{opt}}=\boldsymbol{R}_{XX}^{-1}\boldsymbol{C}(\boldsymbol{C}^{\mathrm{H}}\boldsymbol{R}_{XX}^{-1}\boldsymbol{C})^{-1}\boldsymbol{f} \tag{5.39}$$

采用式（5.39）得到的权值对阵列接收信号进行加权，可得到空域 LCMV

波束形成后的接收信号。

仿真设置阵元位置为[0, 0.15, 0.37, 0.65, 1]m，信号波长为0.5m。期望信号入射方向为5°，信噪比为0dB，两个干扰入射方向分别为-20°、40°，信噪比分别为10dB、20dB，数据快拍数为200。仿真可得CBF和LCMV的波束方向图如图5.21所示。

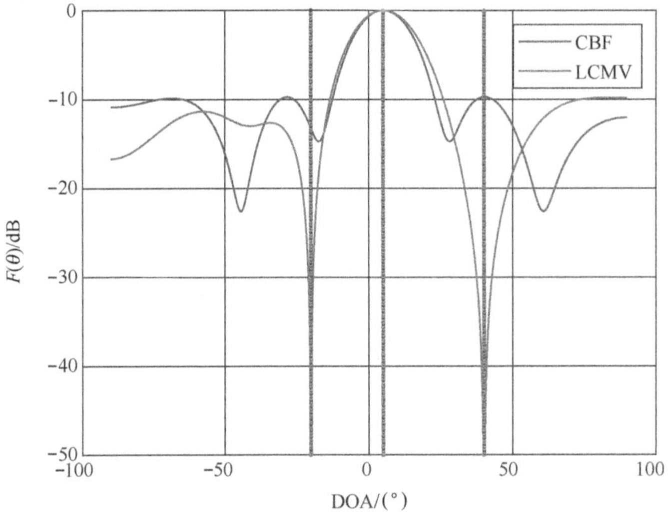

图5.21 CBF和LCMV的波束方向图

从图5.21可以看出，CBF主瓣可对准期望信号方向。因为CBF未考虑接收信号中的干扰成分，所以CBF无法对干扰进行抑制。LCMV不仅能使主瓣对准期望信号，还可以在干扰信号方向上自适应地形成零陷。

5.4 空时联合杂波和干扰抑制技术

近年来，为了实现地面动目标检测和合成孔径雷达成像，基于移动平台（例如汽车、舰艇和飞机）的多通道无源雷达引起了学者们的普遍关注[1-6]。一方面，现有小型化和低成本的硬件水平大大促进了移动平台多通道无源雷达技术的发展。另一方面，与地基无源雷达技术的成熟度相比，移动平台的外辐射源雷达技术正处于起步阶段，许多理论问题和实际问题亟需解决。

与地基外辐射源雷达相比，由于多径干扰的大大减少，机载外辐射源雷达可以获得更加纯净的参考信号，从而得到更高质量的距离压缩结果。但是，载机的相对运动导致地面静止目标（所谓的杂波）具有非零多普勒频率。对于慢速动目标，多普勒展宽的杂波将在多普勒频率域和空间频率域同时掩盖动目标，使得传统一维多普勒滤波方法[7,8]失效。针对此，学者们将传统上用于机载有源雷达的偏置相位中心（Displaced Phase Center Antenna，DPCA）技术和空时自适应处理（Space-Time Adaptive Processing，STAP）技术应用于机载外辐射源雷达之中[9,10]。与 STAP 方法相比，DPCA 方法更容易实现且成本较低；同时，数据传输速度的限制也使得 DPCA 方法相对 STAP 方法更具有优势。但是，理论上，STAP 方法往往具有更好的杂波抑制和目标检测性能[11]。

尽管 STAP 技术特别是与外辐射源雷达更相关的双基 STAP 技术已有几十年的发展，但是非合作波形、复杂空间几何和强直达波干扰对 STAP 在机载外辐射源雷达中的应用造成了更多的问题和挑战。非合作广播或通信发射源的天线辐射方向图，尤其是决定了外辐射源雷达俯仰向覆盖区域的俯仰向辐射方向图，也对机载外辐射源雷达造成了一定的影响。此外，与传统有源雷达相比，由于所用信号的带宽较小，机载外辐射源雷达的距离分辨率较低。因此，独立同分布的训练样本更加难以获得[12]，特别是在非理想杂波环境中，这一问题将更加突出。这是影响 STAP 方法在机载外辐射源雷达中应用的重要因素。虽然一些典型的次最优 STAP 方法，例如降维 STAP 方法[13]或者降秩 STAP 方法[14]，可以减少对训练样本的需求。但是，在严重非均匀环境中，例如城市地区，杂波特性会快速剧烈变化，即使是较少的训练样本也往往难以获得[15]。近年来，稀疏恢复（Sparse Recovery，SR）理论和压缩感知理论[16,17]的快速发展使得雷达信号处理领域的学者们关注于研究信号的内在稀疏性。利用杂波在空时域的稀疏性，可以将基于 SR 的 STAP（SR-STAP）方法[18,19]应用于机载外辐射源雷达之中，从而大大降低对训练样本的需求。

通常情况下，SR-STAP 方法通过求解一个一维最优化问题来估计杂波协方差矩阵（Clutter Covariance Matrix，CCM）。其中，凸优化算法[20]、贝叶斯算法[21]和贪婪算法[22,23]是最常用的三种求解方法。相对于其他算法，贪婪算法具有更小的运算量，且更容易实施。在贪婪算法中，OMP 算法[22]被广泛使用，使用多个训练样本可以获得比使用单训练样本更好的性能[24,25]。除了所采用的稀疏重构算法，另一个影响 SR-STAP 方法性能的主要因素是所设计的稀疏字典的准确性。一般情况下，学者们通过离散化多普勒频率和空间频率来构造稀疏字典。但是，在实际应用中，由于稀疏字典中原子与实际张成杂波子空间的原子之间的差别，杂波不可能被这些离散的原子精确地表示。这就是 SR 和压缩感知理论中所谓的网格失配或基失配问题[26,27]。在这种情况下，杂波在所设计的稀疏字典中并不完全稀疏，从而造成 SR-STAP 方法性能的下降。对于离散化引起的问题，一个简单的解决办法是减少网格大小，但是这样将会引起稀疏字典的强相干性，不利于稀疏重构。此外，减少网格大小将增加字典的维数，从而增大重构的计算量。为了减轻网格失配问题的影响，学者们提出了一些 OMP 算法的改进算法[28-30]，例如文献［28］中的扰动 OMP 算法、文献［29］中的支撑限制 OMP 算法和文献［30］中的参数搜索 OMP 算法。

5.4.1 传统 STAP 方法

考虑以数字电视信号为发射源的机载外辐射源雷达，飞行高度为 H，速度为 V，如图 5.22 所示。系统包括一个参考天线和一个由 M 个预警天线组成的间隔为 d 的均匀线性阵列（Uniformly Linear Array，ULA）。

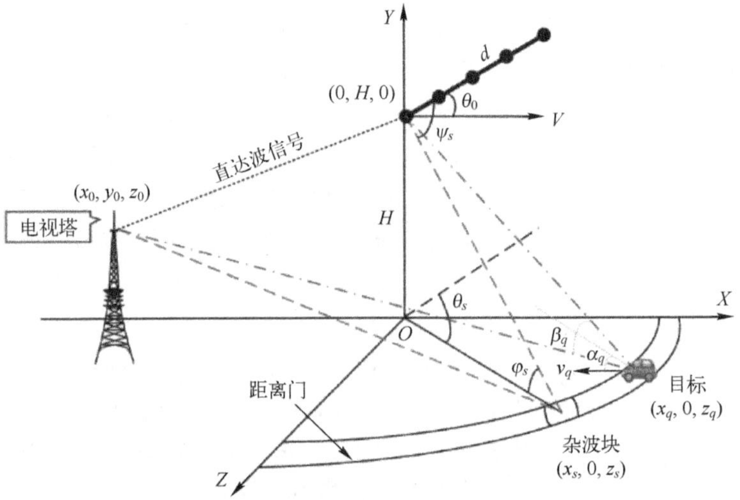

图 5.22 机载外辐射源 ULA 雷达的几何结构

通过直接使参考天线面向电视信号发射源，可以得到参考信号为

$$S_{\mathrm{Ref}}(t)=A_{\mathrm{Ref}}s_0(t-\tau_{\mathrm{Ref}})\mathrm{e}^{\mathrm{j}2\pi f_{\mathrm{Ref}}t}+N_{\mathrm{Ref}}(t),t\in[0,T_{\mathrm{int}}] \tag{5.40}$$

式中：A_{Ref}为参考信号复幅度，为便于分析，设其为 1；$s_0(t)$为发射信号；τ_{Ref}为信号从电视塔至参考天线的传播时间；f_{Ref}为由平台运动造成的多普勒频移；$N_{\mathrm{Ref}}(t)$为加性噪声；T_{int}为相干处理时间。

同理，第 $m(m=1,2,\cdots,M)$个预警天线接收到的信号可以表示为

$$\begin{aligned}S_{\mathrm{Surv}}(m,t)&=A_D s_0(t-\tau_D^m)\mathrm{e}^{\mathrm{j}2\pi f_D t}+\sum_{o=1}^{O}a_o s_0(t-\tau_o^m)\mathrm{e}^{\mathrm{j}2\pi f_o t}+\sum_{p=1}^{P}a_p s_0(t-\tau_p^m)\mathrm{e}^{\mathrm{j}2\pi f_p t}+N_{\mathrm{Surv}}^m(t)\\&=S_D(m,t)+S_C(m,t)+S_P(m,t)+S_N(m,t)\end{aligned} \tag{5.41}$$

$$\tau_D^m = R_D^m / c$$
$$\tau_o^m = R_o^m / c$$
$$\tau_p^m = R_p^m / c$$

式中：A_D 为直达波信号的复幅度；τ_D^m 为直达波信号的时延；f_D 为直达波信号的多普勒频移，由于假设参考天线与预警天线共址，因此 $f_D = f_{\text{Ref}}$；a_o，τ_o^m 和 f_o 分别为第 O 个杂波块的幅度、时延和多普勒频率；a_p，τ_p^m 和 f_p 分别为第 p 个动目标的幅度、时延和多普勒频率；$N_{\text{Surv}}^m(t)$ 为第 m 个预警通道内的加性噪声。

为了模拟传统脉冲多普勒雷达，将接收到的连续波信号划分为多个短时信号段，其中短时信号段的持续时间为 $T = T_{\text{int}}/N$，N 为短时信号段的个数。在每一个短时信号段内，可以认为多普勒频移造成的信号相位变化为常数。基于上述假设，可得

$$S_{\text{Ref}}(n,t') = s_0(t' + (n-1)T - \tau_{\text{Ref}})\mathrm{e}^{\mathrm{j}2\pi f_{\text{Ref}}(n-1)T} + N_{\text{Ref}}(t' + (n-1)T) \tag{5.42}$$

$$\begin{aligned} S_{\text{Surv}}(m,n,t') = {} & A_D s_0(t' + (n-1)T - \tau_D^m)\mathrm{e}^{\mathrm{j}2\pi f_D(n-1)T} + \sum_{o=1}^{O} a_o s_0(t' + (n-1)T - \tau_o^m)\mathrm{e}^{\mathrm{j}2\pi f_o(n-1)T} + \\ & \sum_{p=1}^{P} a_p s_0(t' + (n-1)T - \tau_p^m)\mathrm{e}^{\mathrm{j}2\pi f_p(n-1)T} + N_{\text{Surv}}^m(t' + (n-1)T) \end{aligned} \tag{5.43}$$

其中，$n = 1,2,\cdots,N$，$t' \in [0,T)$ 表示为 $t' = T[0,1,\cdots,L-1]/L$，其中 $L = f_s T$ 为距离单元数，f_s 为系统采样频率，假设系统采样频率等于信号基带带宽。

对于第 n 个短时信号段，距离压缩可以通过互相关操作来实现，可表示为

$$\chi(m,n,\tau) = \int_0^T s_{\text{Surv}}(m,n,t') s_{\text{Ref}}^*(n,t' - \tau)\mathrm{d}t \tag{5.44}$$

式中：τ 为处理时延；$(\cdot)^*$ 为共轭操作。互相关可以通过 FFT 来实现，即

$$\boldsymbol{\chi}(m,n) = \boldsymbol{\Phi}^{\mathrm{H}} \boldsymbol{s}(m,n,\boldsymbol{f}) = \boldsymbol{\Phi}^{\mathrm{H}}[\boldsymbol{s}_{\text{Surv}}(m,n,\boldsymbol{f}) \odot \boldsymbol{s}_{\text{Ref}}^*(n,\boldsymbol{f})] \tag{5.45}$$

式中：$\boldsymbol{\Phi}$ 为傅里叶变换矩阵；$\odot$ 为 Hadamard 积；$(\cdot)^{\mathrm{H}}$ 为共轭转置操作。

为了减少非合作波形对距离压缩造成的影响[1]，可以采用倒数滤波技术来改进式（5.45），从而可得

$$\begin{aligned} \boldsymbol{\chi}(m,n) &= \boldsymbol{\Phi}^{\mathrm{H}}[\boldsymbol{s}(m,n,\boldsymbol{f}) / |\boldsymbol{s}_{\text{Ref}}(n,\boldsymbol{f})|^2] \\ &= \boldsymbol{\chi}_D(m,n) + \chi_C(m,n) + \chi_P(m,n) + \chi_N(m,n) \end{aligned} \tag{5.46}$$

式中：

$$
\begin{cases}
\boldsymbol{\chi}_D(m,n,t') = A_D G[t' - (\tau_D^m - \tau_{\text{Ref}})] \mathrm{e}^{-\mathrm{j}2\pi(R_D^m - R_{\text{Ref}})/\lambda} \\
\boldsymbol{\chi}_C(m,n,t') = \sum_{o=1}^{O} a_o G[t' - (\tau_o^m - \tau_{\text{Ref}})] \mathrm{e}^{-\mathrm{j}2\pi(R_o^m - R_{\text{Ref}})/\lambda} \mathrm{e}^{\mathrm{j}2\pi(f_o - f_{\text{Ref}})(n-1)T} \\
\boldsymbol{\chi}_P(m,n,t') = \sum_{p=1}^{P} a_p G[t' - (\tau_p^m - \tau_{\text{Ref}})] \mathrm{e}^{-\mathrm{j}2\pi(R_p^m - R_{\text{Ref}})/\lambda} \mathrm{e}^{\mathrm{j}2\pi(f_p - f_{\text{Ref}})(n-1)T}
\end{cases}
\tag{5.47}
$$

式中：$G(t')$为匹配滤波输出函数，它在理想情况下为一个 sinc 函数。

以第一个预警通道为参考，可得

$$
\begin{cases}
R_D^m \simeq R_D - (m-1)d\cos\psi_D = R_D - (m-1)g_D\lambda \\
R_o^m \simeq R_o - (m-1)d\cos\psi_o = R_o - (m-1)g_o\lambda \\
R_p^m \simeq R_p - (m-1)d\cos\psi_p = R_p - (m-1)g_p\lambda
\end{cases}
\tag{5.48}
$$

式中：ψ_D，ψ_o 和 ψ_p 分别为直达波信号、第 o 个杂波块和第 p 个目标的空间锥角；g_D，g_o 和 g_p 分别为对应的空间频率。

对于一个较短长度的 ULA，不同预警通道的距离压缩信号在同一个距离单元内的幅度可以认为是相等的[4]，只需考虑它们之间的相位差别。基于这个假设，式（5.47）可以被近似为

$$
\begin{cases}
\boldsymbol{\chi}_D(m,n,t') = \widetilde{A}_D G[t'] \mathrm{e}^{\mathrm{j}2\pi(m-1)g_D} \\
\boldsymbol{\chi}_C(m,n,t') = \sum_{o=1}^{O} \widetilde{a}_o G[t' - (\tau_o - \tau_{\text{Ref}})] \mathrm{e}^{\mathrm{j}2\pi(m-1)g_o} \mathrm{e}^{\mathrm{j}2\pi(n-1)h_o} \\
\boldsymbol{\chi}_P(m,n,t') = \sum_{p=1}^{P} \widetilde{a}_p G[t' - (\tau_p - \tau_{\text{Ref}})] \mathrm{e}^{\mathrm{j}2\pi(m-1)g_p} \mathrm{e}^{\mathrm{j}2\pi(n-1)h_p}
\end{cases}
\tag{5.49}
$$

其中：

$$
\begin{cases}
\widetilde{A}_D = A_D \exp\{-\mathrm{j}2\pi(R_D - R_{\text{Ref}})/\lambda\} = A_D \\
\widetilde{a}_o = a_o \exp\{-\mathrm{j}2\pi(R_o - R_{\text{Ref}})/\lambda\} \\
\widetilde{a}_p = a_p \exp\{-\mathrm{j}2\pi(R_p - R_{\text{Ref}})/\lambda\} \\
h_o = (f_o - f_{\text{Ref}})T,\ h_p = (f_p - f_{\text{Ref}})T
\end{cases}
\tag{5.50}
$$

考虑仅仅包含杂波分量、目标分量和噪声分量的第 l 个距离单元，其中直达波信号可以通过经典的 LS 滤除，或者由于待测距离单元处于远距离，直达波分量的影响可以忽略不计，可得

$$
\begin{aligned}
\boldsymbol{\chi}^l &= \boldsymbol{\chi}_C^l + \boldsymbol{\chi}_P^l + \boldsymbol{\chi}_N^l \\
&= \sum_{s=1}^{S} \widetilde{a}_s \boldsymbol{x}_s + \sum_{q=1}^{Q} \widetilde{a}_q \boldsymbol{x}_q + \boldsymbol{\chi}_N^l
\end{aligned}
\tag{5.51}
$$

$$\begin{cases}\boldsymbol{x}_s=[1,e^{j2\pi h_s},\cdots,e^{j2\pi(N-1)h_s}]^T\otimes[1,e^{j2\pi g_s},\cdots,e^{j2\pi(M-1)g_s}]^T\\ \boldsymbol{x}_q=[1,e^{j2\pi h_q},\cdots,e^{j2\pi(N-1)h_q}]^T\otimes[1,e^{j2\pi g_q},\cdots,e^{j2\pi(M-1)g_q}]^T\end{cases}\tag{5.52}$$

$$\begin{cases}g_s=d\cos\psi_s/\lambda=d\cos\varphi_s\cos\theta_s/\lambda\\ g_q=d\cos\psi_q/\lambda=d\cos\varphi_q\cos\theta_q/\lambda\end{cases}\tag{5.53}$$

$$\begin{cases}h_s=(f_s-f_{\mathrm{Ref}})T\\ h_q=(f_q-f_{\mathrm{Ref}})T\end{cases}\tag{5.54}$$

式中：$\boldsymbol{x}_s\in C^{MN\times1}$和$\boldsymbol{x}_q\in C^{MN\times1}$分别为第 l 个距离单元的第 s 个杂波块和第 q 个目标的空时导向矢量；g_s 和 g_q 分别为归一化的空间频率；h_s 和 h_q 分别为归一化的多普勒频率。

需要注意的是，与有源雷达相比，杂波和目标的多普勒频率是相对于参考信号的相对多普勒频率，这是由系统几何决定的。此外，外辐射源雷达的距离单元指的是双基距离单元，即 R R_{Ref}。为了便于理解，使用与传统 STAP 相同的描述。

根据文献［3］和文献［11］，杂波块的多普勒频率可以表示为

$$f_s=V\cos\varphi_s\cos(\theta_s-\theta_0)/\lambda\tag{5.55}$$

而目标的多普勒频率可以表示为

$$f_q=[V\cos\varphi_q\cos(\theta_q-\theta_0)+2v_q\cos\alpha_q\cos(\beta_q/2)]/\lambda\tag{5.56}$$

式中：θ_0 为阵列与载机飞行方向的夹角；v_q 为目标速度；α_q 为目标速度与双基角平分线之间的夹角；β_q 为双基角。

由式（5.55）可以了解到，对于机载外辐射源雷达，杂波具有非零多普勒频率，从而使得慢速目标在多普勒域和空间频率域均被杂波淹没。因此，需要设计一个空时二维滤波器来抑制杂波、检测目标。假设不同杂波块之间相互独立，第 l 个距离单元（待测距离单元）的 CCM 可以表示为

$$\boldsymbol{R}_C=E[\boldsymbol{\chi}_C^l(\boldsymbol{\chi}_C^l)^H]=\sum_{s=1}^{S}E(|\tilde{a}_s|^2)\boldsymbol{x}_s(\boldsymbol{x}_s)^H\tag{5.57}$$

式中：$E[\cdot]$为求期望操作。

此外，假设热噪声分量是一个协方差矩阵为$\boldsymbol{R}_N=\sigma^2\boldsymbol{I}_{NK}$的零均值复高斯信号，且其与杂波块不相关，待测距离单元的 CNCM 可表示为

$$\boldsymbol{R}_I=\boldsymbol{R}_C+\sigma^2\boldsymbol{I}_{MN}\tag{5.58}$$

式中：σ^2 为噪声功率；$\boldsymbol{I}_{MN}$为一个 $MN\times MN$ 的单位矩阵。

STAP 的目标是寻找输入信号的线性组合使得输出 SCNR 最大。这可以通过最小化输入信号的协方差矩阵同时保持目标响应为 1 来实现，即

$$\min\boldsymbol{w}^H\boldsymbol{R}_I\boldsymbol{w},\quad \mathrm{s.t.}\ \boldsymbol{w}^H\boldsymbol{x}_q=1\tag{5.59}$$

式中：w 为 STAP 处理器的空时权矢量。式（5.59）的解就是最小方差无畸变响应波束形成器，其可以表示为

$$\boldsymbol{w}=\boldsymbol{R}_I^{-1}\boldsymbol{x}_q/[(\boldsymbol{x}_q)^{\mathrm{H}}\boldsymbol{R}_I^{-1}\boldsymbol{x}_q] \tag{5.60}$$

式中：$(\cdot)^{-1}$为矩阵求逆操作。

实际中，待测距离单元的 CNCM 是未知的，需要通过训练样本来估计。如果 Z 个不含目标的训练样本的杂波信号与待测距离单元的杂波信号独立同分布，则 CNCM 可以通过采样矩阵求逆（Sample Matrix Inversion，SMI）方法估计得到[31,32]，即

$$\widetilde{\boldsymbol{R}}_I=(1/Z)\sum_{z=1}^{Z}\boldsymbol{\chi}^z(\boldsymbol{\chi}^z)^{\mathrm{H}}+\sigma^2\boldsymbol{I}_{MN} \tag{5.61}$$

式中：$z=1,2,\cdots,Z$；$\boldsymbol{\chi}^z$ 为第 z 个训练样本的信号。

但是，通过 SMI 方法来估计 CNCM 的收敛速度比较慢，通常需要多于 $2MN$ 个独立同分布训练样本来获得次优性能，这在实际中是很难保证的。因此，需要寻找先进的方法来减少所需独立同分布训练样本的数量。此外，在实际应用中，目标的信息也是不能预知的，即式（5.59）中的 $\boldsymbol{x}_q$是未知的。因此，需要估计目标的多普勒频率和空间频率，这可以通过在空时平面内搜索得到，即

$$\widetilde{\boldsymbol{x}}\leftarrow\operatorname{argmax}|(\widetilde{\boldsymbol{R}}_I^{-1}\boldsymbol{x}_{i,j})^{\mathrm{H}}\boldsymbol{\chi}^l|^2 \tag{5.62}$$

其中，在将空间频率域和多普勒频率域分别划分为 I 和 J 个网格后，$\boldsymbol{x}_{i,j}$为第 i 个空间频率和第 j 个多普勒频率所对应的空时导向矢量，可以表示为

$$\begin{cases}\boldsymbol{x}_{i,j}=\boldsymbol{\phi}_T^j\otimes\boldsymbol{\phi}_S^i\\ \boldsymbol{\phi}_T^j=[1,\mathrm{e}^{\mathrm{j}2\pi h_j},\cdots,\mathrm{e}^{\mathrm{j}2\pi(N-1)h_j}]^{\mathrm{T}}\\ \boldsymbol{\phi}_S^i=[1,\mathrm{e}^{\mathrm{j}2\pi g_i},\cdots,\mathrm{e}^{\mathrm{j}2\pi(M-1)g_i}]^{\mathrm{T}}\end{cases} \tag{5.63}$$

在得到 CNCM 和目标信息的估计后，空时权矢量可以通过式（5.64）计算得到。

$$\widetilde{\boldsymbol{w}}=\widetilde{\boldsymbol{R}}_I^{-1}\widetilde{\boldsymbol{x}}/[(\widetilde{\boldsymbol{x}})^{\mathrm{H}}\widetilde{\boldsymbol{R}}_I^{-1}\widetilde{\boldsymbol{x}}] \tag{5.64}$$

5.4.2 SR-STAP 方法

为了得到接近于理想 STAP 空时权矢量的性能，SMI-STAP 方法需要大量的独立同分布训练样本来估计 CNCM。基于杂波的稀疏性，SR-STAP 方法能够有效减少所需训练样本的数量。对于 SR-STAP 方法，第 z 个不包含目标的训练样本的信号矢量被近似表示为

$$\begin{aligned}\boldsymbol{\chi}^{z} &= \boldsymbol{\chi}_{C}^{z} + \boldsymbol{\chi}_{N}^{z} \\ &\simeq \sum_{i=1}^{I}\sum_{j=1}^{J} a_{i,j}^{z}\boldsymbol{x}_{i,j} + \boldsymbol{\chi}_{N}^{z} \\ &= \boldsymbol{\Phi}\boldsymbol{a}^{z} + \boldsymbol{\chi}_{N}^{z}\end{aligned} \tag{5.65}$$

式中：$\boldsymbol{\Phi}=[\boldsymbol{x}_{1,1},\boldsymbol{x}_{2,1},\cdots,\boldsymbol{x}_{I,J}]$为所设计的空时稀疏字典；$\boldsymbol{a}^{z}=[a_{1,1}^{z},a_{2,1}^{z},\cdots,a_{I,J}^{z}]^{\mathrm{T}}$为杂波复幅度矢量。需要注意的是，为了得到较高的分辨率进而得到较准确的估计，空间频率域和多普勒频率域的划分网格个数需分别大于ULA的天线个数和短时信号段的个数，即$I\gg M$，$J\gg N$。

当Z个训练样本可用时，利用多重测量向量（MMV）模型，信号矩阵可表示为

$$\boldsymbol{\chi} \simeq \boldsymbol{\Phi}\boldsymbol{A}+\boldsymbol{\chi}_{N} \tag{5.66}$$

式中：$\boldsymbol{\chi}=[\boldsymbol{\chi}_{1},\boldsymbol{\chi}_{2},\cdots,\boldsymbol{\chi}_{Z}]$为所有训练样本对应的数据矩阵；$\boldsymbol{A}=[\boldsymbol{a}^{1},\boldsymbol{a}^{2},\cdots,\boldsymbol{a}^{Z}]$为杂波的复幅度矩阵，其每一行对应一个特定的杂波块；$\boldsymbol{\chi}_{N}$为热噪声矩阵。

假设矩阵$\boldsymbol{A}$的每一列中非零项的位置是相同的（所谓的联合稀疏性），可以通过求解以下问题来同时估计不同训练样本的杂波复幅度矢量[24]，即

$$\widetilde{\boldsymbol{A}}=\min\|\boldsymbol{A}\|_{2,0}, \quad \text{s. t.} \quad \|\boldsymbol{\chi}-\boldsymbol{\Phi}\boldsymbol{A}\|_{F}^{2}\leqslant Z\varepsilon \tag{5.67}$$

式中：$\|\cdot\|_{F}$为矩阵的费罗贝尼乌斯(Frobenius）范数；$\|\cdot\|_{2,0}$为矩阵的混合范数，定义为矩阵的每一行矢量的L_2范数组成的列矢量中非零元素的个数；ε为噪声电平。

如果仅有1个训练样本，$Z=1$，式（5.67）将退化为

$$\widetilde{\boldsymbol{a}}^{z}=\min\|\boldsymbol{a}^{z}\|_{0}, \quad \text{s. t.} \quad \|\boldsymbol{\chi}^{z}-\boldsymbol{\Phi}\boldsymbol{a}^{z}\|_{2}^{2}\leqslant \varepsilon \tag{5.68}$$

式中：$\|\cdot\|_{2}$为向量的L_2范数；$\|\cdot\|_{0}$为向量的L_0范数。

由于利用多个训练样本往往可以获得比利用单训练样本更稳健、更准确的估计结果[24,25]，本节将会关注于式（5.67），而不是式（5.68）。通过求解式（5.67）得到矩阵$\boldsymbol{A}$的估计$\widetilde{\boldsymbol{A}}$后，基于SR-STAP方法计算CNCM，有

$$\widetilde{\boldsymbol{R}}_{I}^{SR}=(1/Z)\sum_{z=1}^{Z}\sum_{I=1}^{I}\sum_{j=1}^{j}|\widetilde{A}_{i,j}^{z}|^{2}\boldsymbol{x}_{i,j}(\boldsymbol{x}_{i,j})^{\mathrm{H}}+\sigma^{2}\boldsymbol{I}_{MN} \tag{5.69}$$

式中：$\widetilde{A}_{i,j}^{z}$为矩阵$\widetilde{\boldsymbol{A}}$第$z$列的第$(i,j)$个元素。

从式（5.67）可以看出，SR-STAP方法通过预先设计的空时稀疏字典$\boldsymbol{\Phi}$中最少的原子来表示杂波。由于杂波的稀疏性被充分利用，SR-STAP方法可

以大大减少对独立同分布训练样本的需求。但是，同时需要注意到，相对于 SMI 算法，尽管学者们提出了一些快速稀疏重构算法，例如 MOMP 算法，式（5.67）的求解往往需要较高的运算量，这限制了 SR-STAP 方法在实际中的应用。此外，高维度的稀疏字典 $\boldsymbol{\Phi}$ 造成较大的内存消耗。为了解决这些问题，基于克洛内克（Kronecker）积的性质，有文献提出了一种联合稀疏矩阵恢复模型来进行 CNCM 的估计[25]，其中，第 z 个训练样本的信号矩阵被近似表示为

$$\begin{aligned}\boldsymbol{X}^z &\simeq \sum_{i=1}^{I}\sum_{j=1}^{J} a_{i,j}^z \boldsymbol{X}_{i,j} + \boldsymbol{X}_N^z \\ &= \boldsymbol{\Phi}_S \boldsymbol{A}^z \boldsymbol{\Phi}_T^{\mathrm{T}} + \boldsymbol{X}_N^z\end{aligned} \tag{5.70}$$

$$\boldsymbol{X}^z = \mathrm{Mat}(\boldsymbol{\chi}^z),\ \boldsymbol{X}_N^z = \mathrm{Mat}(\boldsymbol{\chi}_N^z),\ \boldsymbol{A}^z = \mathrm{Mat}(\boldsymbol{a}^z),\ \boldsymbol{X}_{i,j} = \mathrm{Mat}(\boldsymbol{x}_{i,j})$$

式中：$\mathrm{Mat}(\cdot)$为矩阵化操作；$\boldsymbol{\Phi}_S$ 为空域稀疏字典；$\boldsymbol{\Phi}_T$ 为时域稀疏字典。

与传统一维 SR-STAP 方法类似，利用杂波的稀疏性来限制式（5.70）的解，可得

$$\widetilde{\boldsymbol{A}}^z = \min \left\| \sum_{z=1}^{Z} |\boldsymbol{A}^z|^2 \right\|_0 \quad \text{s. t. } \|\boldsymbol{X}^z - \boldsymbol{\Phi}_S \boldsymbol{A}^z \boldsymbol{\Phi}_T^{\mathrm{T}}\|_F^2 \leqslant \varepsilon,\ z = 1,2,\cdots,Z \tag{5.71}$$

联合稀疏模型认为不同的 $\boldsymbol{A}^z$ 中的非零元素的位置是相同的，但是这些元素的值是不同的，这符合独立同分布假设和不同的训练样本具有相同的杂波子空间这个条件。在求解式（5.71）后，待测距离单元的 CNCM 可以基于式（5.69）来计算，其中$\widetilde{\boldsymbol{A}} = [\mathrm{vec}(\widetilde{\boldsymbol{A}}^1),\cdots,\mathrm{vec}(\widetilde{\boldsymbol{A}}^z)]$，目标的空时导向矢量可以通过式（5.64）进行估计，其中$\widetilde{\boldsymbol{R}}_I = \widetilde{\boldsymbol{R}}_I^{SR}$。与求解式（5.67）相比，求解式（5.71）可以大大减少运算量和内存需求。

5.4.3 参数搜索 MOMP 方法

表 5.3 给出了 MOMP 算法的详细过程。在每次迭代时，稀疏字典 $\boldsymbol{\Phi}$ 中的一个与信号矩阵$\boldsymbol{\chi}$ 的余量最相关的原子将会被挑选出来。然后所有被挑选出的原子对信号矩阵$\boldsymbol{\chi}$ 的贡献将会通过正交投影的方法被去除。当达到最大迭代次数 K 时，MOMP 算法将停止运行。输出$\widetilde{\boldsymbol{A}}$在 $\boldsymbol{L}_K$ 对应的位置具有非零值，且等于$\boldsymbol{\chi} = \boldsymbol{\Psi}_K \boldsymbol{A}_K$ 的最小二乘解。对于 OMP 类算法，最耗时的步骤为原子挑选，其他步骤的运算量可以忽略不计[22]。K 次迭代对应的原子挑选的运算量为 $O(KMNIJZ)$。此外，稀疏字典 $\boldsymbol{\Phi}$ 的维度为 $MN \times IJ$。如果 I 和 J 较大，那么 MOMP 算法的运算量和内存消耗都会较大。

表 5.3　MOMP 算法

输入：$\boldsymbol{\chi}$，$\boldsymbol{\Phi}$ 和最大迭代次数 K。
步骤： (1) 初始化：$\boldsymbol{R}_0=\boldsymbol{\chi}$，$L=\varnothing$，$\boldsymbol{\Psi}_0=\varnothing$，$k=1$。 (2) 原子挑选：$\lambda_k \leftarrow \mathrm{argmax}\,\Vert \boldsymbol{\Phi}^{\mathrm{H}}\boldsymbol{R}_{k-1}\Vert_2^2$，其中 $\Vert \boldsymbol{Y}\Vert_2$ 表示一个由矩阵 $\boldsymbol{Y}$ 的每一行矢量的 L_2 范数得到的列向量。 (3) 矩阵扩展：$\boldsymbol{L}_k=\boldsymbol{L}_{k-1}\cup\{\lambda_k\}$，$\boldsymbol{\Psi}_k=\boldsymbol{\Psi}_{k-1}\cup\boldsymbol{\phi}_{\lambda_k}$，其中 $\boldsymbol{\phi}_{\lambda_k}$ 是矩阵 $\boldsymbol{\Phi}$ 的第 λ_k 列。 (4) 估计：$\boldsymbol{A}_k=(\boldsymbol{\Psi}_k^{\mathrm{H}}\boldsymbol{\Psi}_k)^{-1}\boldsymbol{\Psi}_k^{\mathrm{H}}\boldsymbol{\chi}$。 (5) 更新：$\boldsymbol{R}_k=\boldsymbol{\chi}-\boldsymbol{\Psi}_k\boldsymbol{A}_k$。 (6) 迭代：$k=k+1$，如果 $k\leqslant K$，返回 (2)；否则，停止。
输出：$\widetilde{\boldsymbol{A}}(\boldsymbol{L}_K,:)=\boldsymbol{A}_K$。

将 MOMP 算法扩展到二维形式来求解式 (5.71)。表 5.4 给出了二维 MOMP 算法的详细过程。可以看到，二维 MOMP 算法与一维 MOMP 算法的基本结构和思想是一致的，其中最大的不同在于占据最大运算量的原子挑选步骤。在每次迭代时，与所有信号矩阵 $\boldsymbol{\chi}^z(z=1,2,\cdots,Z)$ 的余量最相关的两个原子将分别从空域稀疏字典 $\boldsymbol{\Phi}_S$ 和时域稀疏字典 $\boldsymbol{\Phi}_T$ 中选出。这一步的运算量由两个维度分别为 $(I\times M)\times(M\times N)$ 和 $(I\times N)\times(N\times J)$ 的矩阵-矩阵乘积决定。因此，K 次迭代对应的总运算量为 $O(KMNIZ)+O(KNIJZ)$，与运算量为 $O(KMNIJZ)$ 的一维 MOMP 算法相比，运算量将大大减少。由于 OMP 类算法中其他步骤的运算量可以忽略不计，可以采用与一维 MOMP 算法类似的处理方法。

表 5.4　二维 MOMP 算法

输入：$\boldsymbol{X}^z,z=1,2,\cdots,Z$，$\boldsymbol{\Phi}_S$，$\boldsymbol{\Phi}_T$ 和最大迭代次数 K。
步骤： (1) 初始化：$\boldsymbol{R}_0^z=\boldsymbol{X}^z$，$\boldsymbol{U}=\boldsymbol{V}=\varnothing$，$\boldsymbol{C}_0=\boldsymbol{D}_0=\varnothing$，$\boldsymbol{\Psi}_0=\varnothing$，$k=1$。 (2) 原子挑选：$[\lambda_k,\beta_k]\leftarrow \mathrm{argmax}\sum_{z=1}^{Z}\vert \boldsymbol{\Phi}_S^{\mathrm{H}}\boldsymbol{R}_{k-1}^z\boldsymbol{\Phi}_T^*\vert^2/Z$。 (3) 矩阵扩展：$\boldsymbol{U}_k=\boldsymbol{U}_{k-1}\cup\{\lambda_k\}$，$\boldsymbol{V}_k=\boldsymbol{V}_{k-1}\cup\{\beta_k\}$，$\boldsymbol{C}_k=\boldsymbol{C}_{k-1}\cup\boldsymbol{\phi}_S^{\lambda_k}$，$\boldsymbol{D}_k=\boldsymbol{D}_{k-1}\cup\boldsymbol{\phi}_T^{\beta_k}$，$\boldsymbol{\Psi}_k=\boldsymbol{D}_k\otimes\boldsymbol{C}_k$，其中 $\boldsymbol{\phi}_S^{\lambda_k}$ 为 $\boldsymbol{\Phi}_S$ 的第 λ_k 列，$\boldsymbol{\phi}_T^{\beta_k}$ 为 $\boldsymbol{\Phi}_T$ 的第 β_k 列。 (4) 估计：$\boldsymbol{a}_k^z=(\boldsymbol{\Psi}_k^{\mathrm{H}}\boldsymbol{\Psi}_k)^{-1}\boldsymbol{\Psi}_k^{\mathrm{H}}\mathrm{vec}(\boldsymbol{X}^z),z=1,2,\cdots,Z$。 (5) 更新：$\boldsymbol{R}_k^z=Mat(Vec(\boldsymbol{X}^z)-\boldsymbol{\Psi}_k\boldsymbol{a}_k^z)$。 (6) 迭代：$k=k+1$，如果 $k\leqslant K$，返回 (2)；否则，停止。
输出：$\widetilde{\boldsymbol{A}}^z(\boldsymbol{U}_K,\boldsymbol{V}_K)=\mathrm{Mat}(\boldsymbol{a}_K^z)$。

可以看到，利用 MOMP 算法的 SR-STAP 方法是基于模型式（5.71）的，而在式（5.71）中稀疏字典是由划分空间频率域和多普勒频率域得到的。但是，杂波并不能通过预先定义的空时导向矢量来精确地表示，导致了 SR-STAP 方法的网格失配问题。在所设计的字典中，输入信号并不完全稀疏，导致无法得到杂波协方差矩阵的准确估计。对于特定的归一化空间频率 g_0 和归一化多普勒频率 h_0，空域导向矢量为 $\boldsymbol{\phi}_S^0=[1,\mathrm{e}^{\mathrm{j}2\pi g_0},\cdots,\mathrm{e}^{\mathrm{j}2\pi(M-1)g_0}]^{\mathrm{T}}$，时域导向矢量为 $\boldsymbol{\phi}_T^0=[1,\mathrm{e}^{\mathrm{j}2\pi h_0},\cdots,\mathrm{e}^{\mathrm{j}2\pi(M-1)h_0}]^{\mathrm{T}}$。因此，对于第 z 个训练样本，(g_0,h_0) 产生的信号为 $\boldsymbol{X}^z(g_0,h_0)=a_0^z\boldsymbol{\phi}_S^0(\boldsymbol{\phi}_T^0)^{\mathrm{T}}$。假设预设空域稀疏字典 $\boldsymbol{\Phi}_S$ 和时域稀疏字典 $\boldsymbol{\Phi}_T$ 分别包含了 $\boldsymbol{\phi}_S^0$ 和 $\boldsymbol{\phi}_T^0$，那么在第 k 次迭代时，根据 $\sum\limits_{z=1}^{Z}|(\boldsymbol{\phi}_S^0)^{\mathrm{H}}\boldsymbol{R}_{k-1}^z(\boldsymbol{\phi}_T^0)^*|^2/Z$ 最大化原则，$\boldsymbol{\phi}_S^0$ 和 $\boldsymbol{\phi}_T^0$ 将同时被挑选出来，即

$$\sum_{z=1}^{Z}|(\boldsymbol{\phi}_S^0)^{\mathrm{H}}\boldsymbol{X}^z(g_0,h_0)(\boldsymbol{\phi}_T^0)^*|^2/Z=\sum_{z=1}^{Z}|MNa_0^z|^2/Z \tag{5.72}$$

但是，由于 $\boldsymbol{\phi}_S^0$ 和 $\boldsymbol{\phi}_T^0$ 是未知的，因此不会包含在预设的稀疏字典中，那么，根据 $\underset{i,j}{\operatorname{argmax}}|(\boldsymbol{\phi}_T^j\otimes\boldsymbol{\phi}_S^i)^{\mathrm{H}}(\boldsymbol{\phi}_T^0\otimes\boldsymbol{\phi}_S^0)|$，与 $\boldsymbol{\phi}_S^0$ 和 $\boldsymbol{\phi}_T^0$ 最接近的两个导向矢量将会被挑选出来，即由 g_i 导出的 $\boldsymbol{\phi}_S^i$ 和由 h_j 导出的 $\boldsymbol{\phi}_T^j$。因此，可得

$$g_0=g_i+\xi\Delta g,\quad h_0=h_j+\eta\Delta h \tag{5.73}$$

其中，$|\xi|<0.5$，$|\eta|<0.5$，Δg 表示空域网格大小，Δh 表示时域网格大小。根据挑选出的 $\boldsymbol{\phi}_S^i$ 和 $\boldsymbol{\phi}_T^j$，可以通过求解式（5.74）的最优化问题来估计 g_0 和 h_0，即估计 ξ 和 η。

$$\{\xi,\eta\}\leftarrow\underset{|\xi|<0.5,|\eta|<0.5}{\operatorname{argmax}}|(\boldsymbol{\phi}_T^j(\eta)\otimes\boldsymbol{\phi}_S^i(\xi))^{\mathrm{H}}(\boldsymbol{\phi}_T^0\otimes\boldsymbol{\phi}_S^0)|^2 \tag{5.74}$$

式中：$\boldsymbol{\phi}_S^i(\xi)$ 和 $\boldsymbol{\phi}_T^j(\eta)$ 为扰动原子，可分别表示为 $g_i(\xi)=g_i+\xi\Delta g$ 和 $h_j(\eta)=h_j+\eta\Delta h$。

但是，由于式（5.74）中 $\boldsymbol{\phi}_S^0$ 和 $\boldsymbol{\phi}_T^0$ 是未知的，求解式（5.74）是不现实的。由上面的分析可知，$\boldsymbol{\phi}_S^0$ 和 $\boldsymbol{\phi}_T^0$ 将会最大化 $\sum\limits_{z=1}^{Z}|(\boldsymbol{\phi}_S^0)^{\mathrm{H}}\boldsymbol{R}_{k-1}^z(\boldsymbol{\phi}_T^0)^*|^2/Z$，因此，可以求解式（5.75）来得到 ξ 和 η 的估计[30]。

$$\{\xi,\eta\}\leftarrow\underset{|\xi|<0.5,|\eta|<0.5}{\operatorname{argmin}}-\sum_{z=1}^{Z}|(\boldsymbol{\phi}_S^i(\xi))^{\mathrm{H}}\boldsymbol{R}_{k-1}^z(\boldsymbol{\phi}_T^j(\eta))^*|^2/Z \tag{5.75}$$

最速下降算法是求解无约束优化问题的常用算法，每一次迭代，最速下降算法沿着梯度相反的方向移动一个步长，通过数次迭代，可以得到解。对于约束优化问题，最速下降算法的拓展算法，即投影梯度算法，可以限制问题的解[33]。以 $F(\xi,\eta)=-\sum\limits_{z=1}^{Z}|(\boldsymbol{\phi}_S^i(\xi))^{\mathrm{H}}\boldsymbol{R}_{k-1}^z(\boldsymbol{\phi}_T^j(\eta))^*|^2/Z$ 为目标函数，可以得

到相对于 ξ 和 η 的梯度为

$$\frac{\partial F(\xi,\eta)}{\partial \xi}=-2\sum_{z=1}^{Z}\mathrm{Re}\left(\left[\frac{\partial\,(\boldsymbol{\phi}_S^i(\xi))^{\mathrm{T}}}{\partial \xi}(\boldsymbol{R}_{k-1}^z)^*\boldsymbol{\phi}_T^j(\eta)\right]\cdot[(\boldsymbol{\phi}_S^i(\xi))^{\mathrm{H}}\boldsymbol{R}_{k-1}^z(\boldsymbol{\phi}_T^j(\eta))^*]\right)/Z \tag{5.76}$$

$$\frac{\partial F(\xi,\eta)}{\partial \eta}=-2\sum_{z=1}^{Z}\mathrm{Re}\left(\left[(\boldsymbol{\phi}_S^i(\xi))^{\mathrm{T}}(\boldsymbol{R}_{k-1}^z)^*\frac{\partial\,\boldsymbol{\phi}_T^j(\eta)}{\partial \eta}\right]\cdot[(\boldsymbol{\phi}_S^i(\xi))^{\mathrm{H}}\boldsymbol{R}_{k-1}^z(\boldsymbol{\phi}_T^j(\eta))^*]\right)/Z \tag{5.77}$$

$$\frac{\partial\,(\boldsymbol{\phi}_S^i(\xi))}{\partial \xi}=\mathrm{j}2\pi\Delta g\boldsymbol{\phi}_S^i(\xi)\odot[0,1,\cdots,M-1]^{\mathrm{T}} \tag{5.78}$$

$$\frac{\partial\,\boldsymbol{\phi}_T^j(\eta)}{\partial \eta}=\mathrm{j}2\pi\Delta h\boldsymbol{\phi}_T^j(\eta)\odot[0,1,\cdots,N-1]^{\mathrm{T}} \tag{5.79}$$

在通过投影梯度算法得到 ξ 和 η 之后，准确的归一化空间频率和多普勒频率可以通过式（5.73）计算得到。接着，使用 $\boldsymbol{\phi}_S^i(\xi)$ 和 $\boldsymbol{\phi}_T^j(\eta)$ 来替代空域稀疏字典和时域稀疏字典中的原子 $\boldsymbol{\phi}_S^i$ 和 $\boldsymbol{\phi}_T^j$，就可以得到参数搜索二维 MOMP 算法，如表 5.5 所列。需要注意的是，与二维 MOMP 算法相比，该算法将同时输出 $\widetilde{\boldsymbol{\Phi}}_S$ 和 $\widetilde{\boldsymbol{\Phi}}_T$，这是为了方便后续 CNCM 的计算。

表 5.5　参数搜索二维 MOMP 算法

输入：$\boldsymbol{X}^z$，$z=1,2,\cdots,Z$，$\boldsymbol{\Phi}_S$，$\boldsymbol{\Phi}_T$ 和最大迭代次数 K。
步骤： 第（1）步和第（2）步与表 5.4 中二维 MOMP 算法的第（1）和第（2）步相同。 （3）以 $\boldsymbol{\Phi}_S$ 的第 λ_k 列 $\boldsymbol{\varphi}_S^{\lambda_k}$ 和 $\boldsymbol{\Phi}_T$ 的第 β_k 列 $\boldsymbol{\varphi}_T^{\beta_k}$ 为输入，使用投影梯度算法求解式（5.75），并以求解得出的 $\boldsymbol{\varphi}_S^{\lambda_k}(\xi)$ 和 $\boldsymbol{\varphi}_T^{\beta_k}(\eta)$ 来替代 $\boldsymbol{\varphi}_S^{\lambda_k}$ 和 $\boldsymbol{\varphi}_T^{\beta_k}$，得到新的字典 $\widetilde{\boldsymbol{\Phi}}_S$ 和 $\widetilde{\boldsymbol{\Phi}}_T$。 第（4）步到第（7）步与表 5.4 中二维 MOMP 算法的第（3）步到第（6）步相同。
输出：$\widetilde{\boldsymbol{A}}^z(\boldsymbol{U}_K,\boldsymbol{V}_K)=\mathrm{Mat}(\boldsymbol{a}_k^z),z=1,2,\cdots,Z$，$\widetilde{\boldsymbol{\Phi}}_S$ 和 $\widetilde{\boldsymbol{\Phi}}_T$。

通过参数搜索二维 MOMP 算法求解式（5.71）后，CNCM 可以通过式（5.80）计算得到。

$$\widetilde{\boldsymbol{R}}_I^{Pro}=\widetilde{\boldsymbol{\Phi}}\mathrm{diag}\left\{\sum_{z=1}^{Z}|\widetilde{\boldsymbol{A}}^z|^2/Z\right\}\widetilde{\boldsymbol{\Phi}}^{\mathrm{H}}+\sigma^2\boldsymbol{I}_{MN} \tag{5.80}$$

式中：$\widetilde{\boldsymbol{\Phi}}=\widetilde{\boldsymbol{\Phi}}_T\otimes\widetilde{\boldsymbol{\Phi}}_S$ 为重新定义的稀疏字典。

5.4.4 仿真实验

仿真采用中心频率为509MHz，带宽为2.048MHz的数字电视信号作为外辐射源信号。相干处理时间为$T_{\text{int}}=16\text{ms}$，短时信号段个数为8。ULA中天线间距为半波长，天线个数$N=8$。阵列与载机飞行方向的夹角为0，飞机所在位置为(0,1,0)km，沿x轴正向飞行，速度$V=d/T\approx147.30\text{m/s}$。杂波在方位向$[0,\pi]$间均匀分布，杂波块的个数为181。共仿真133个距离单元的数据，其中包括$2MN=128$个训练样本数据，4个保护样本和1个待测距离单元数据。待测距离单元的双基距离为62.84km，其中包含一个沿z轴反向移动的动目标，其速度为$v_q=10\text{m/s}$，方位角为$\theta_q=0$。假设热噪声是均值为0、方差为1的复高斯信号。每一个杂波块的幅度服从复高斯分布，且杂噪比（Clutter-to-Noise Ratio，CNR）为60dB。此外，信噪比（Signal-to-Noise Ratio，SNR）设为40dB。

分析可知，与机载有源雷达相比，非合作波形、复杂空间几何和监测通道中的强直达波干扰对机载外辐射源雷达造成了一些必须解决的问题。由文献[1]可知，式（5.46）中的倒数滤波器可有效减少非合作波形造成的影响。此外，可以使用汉宁窗来降低距离向旁瓣水平，从而减少强直达波干扰的影响。由于待测距离单元和训练样本均处于远场，因此强直达波的距离向旁瓣的影响较小。需要注意的是，对于近程应用，需要通过最小二乘方法在距离压缩之前抑制直达波[7]。对于系统几何的影响，本节仿真了电视塔位于不同位置的两种情况。由于机载雷达系统的参数并未发生变化，不同的电视塔位置将导致不同的等距离环和不同的参考信号多普勒频率。

为了得到参考信号和监测信号，仿真的第一步是找到地面上对应于不同双基距离的等距离环。与机载有源雷达不同，机载外辐射源雷达的等距离环为不同椭球体与x-o-z平面的相交曲线。例如，对于待测距离单元62.84km，如果电视塔位于(0,0.2,-10)km或者(-10,0.2,-10)km，可以得到两个不同的等距离环，如图5.23所示。此外，参考信号的多普勒频率也会根据电视塔的位置变化而变化。例如，电视塔位于(0,0.2,-10)km，那么f_{Ref}为0；电视塔位于(-10,0.2,-10)km，f_{Ref}将变为-176.49Hz。

在得到仿真信号之后，根据式（5.46），对每一个监测通道的每一短时信号段做距离压缩。接着，对于每一个距离单元，沿着短时信号段方向做傅里叶变换，可以得到每个监测通道的距离多普勒谱。例如，图5.24给出了第一个监测通道对应的杂波和目标的距离多普勒谱。可以看出，载机运动使得地面静止杂波具有非零多普勒频率，且展宽至整个多普勒域，因此传统一维多普勒域滤波方法不能有效抑制杂波、检测目标。

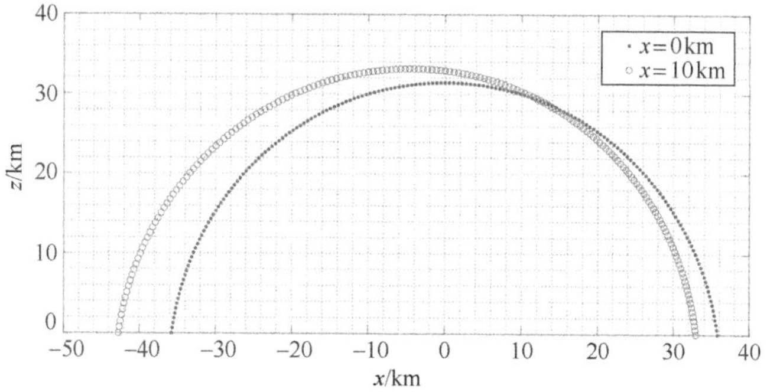

图5.23　电视塔位于(0,0.2,−10)km和(−10,0.2,−10)km时的不同等距离环

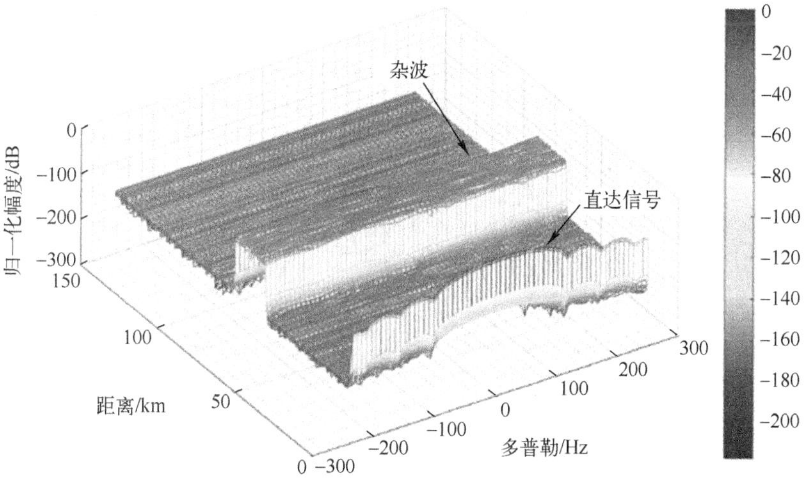

图5.24　电视塔位于(−10,0.2,−10)km时的第一个预警通道对应的距离多普勒谱

为了更清楚地描述上述现象，对于包含目标的待测距离单元，图5.25给出了杂波和目标的空时二维谱。需要注意的是，为了使得目标能够被分辨出来，此时的SNR与CNR相同。但是，对于后续处理，仍然设定SNR为40dB，即低于CNR。从图5.25可以看出，目标在空间频率域和多普勒频率域均被杂波所掩盖。此外，不同的电视塔位置将导致不同的杂波分布。由于目标的多普勒频率是相对参考信号而言的，两种情况下目标的归一化多普勒频率也是不同的。

因此，对于机载外辐射源雷达，与地基外辐射源雷达不同，需要使用空时二维滤波器来抑制杂波。根据SMI−STAP的原理，通过式（5.61）来估计

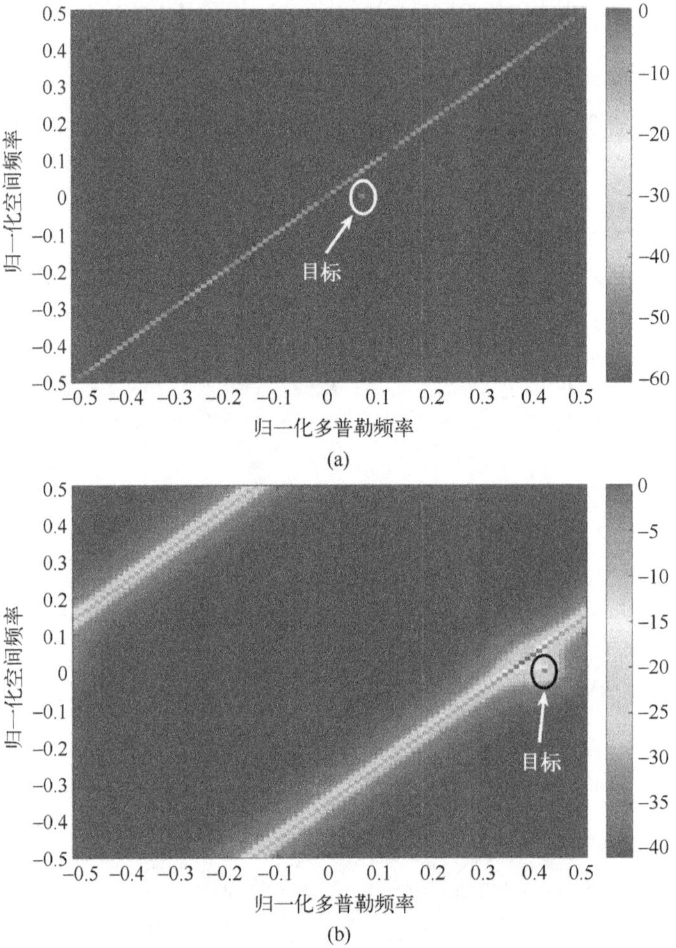

图 5.25 待测距离单元的空时谱

(a) 电视塔位于(0,0.2,-10)km；(b) 电视塔位于(-10,0.2,-10)km。

CNCM，然后通过式（5.62）来估计目标的多普勒频率和空间频率，如图 5.26 所示。可以看出，由于在空时平面内目标非常接近于杂波分量，因此，式（5.62）只能粗略地估计目标信息，而不能得到精确的估计。但是，这种估计往往已经足够，且随着目标速度的增大，即目标在空时平面上远离杂波分量，估计的精度将大幅提高。根据估计得到的 CNCM 和目标导向矢量，可以通过式（5.64）来计算空时权矢量。然后，利用计算得到的空时权矢量，对每个距离单元进行加权，可以得到如图 5.27 所示的距离向输出结果。可以看出，目标所在距离单元可以得到准确的估计。

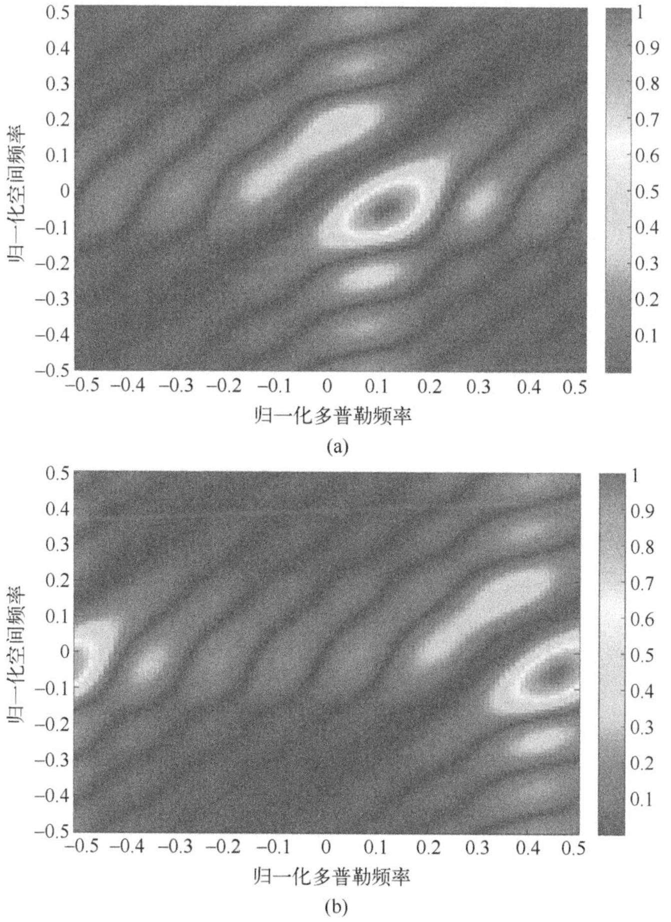

图 5.26　基于 SMI-STAP 方法得到的目标信息估计

(a) 电视塔位于(0,0.2,−10)km；(b) 电视塔位于(−10,0.2,−10)km。

由于 SMI-STAP 方法需要大量独立同分布训练样本来实现 CNCM 的估计，在实际中往往难以应用。如果使用少量的训练样本，SMI-STAP 方法的性能将会大幅下降。因此，可以使用 SR-STAP 方法来减少对训练样本的需求。可以看出，杂波分布在一个斜率为 VT/d 的脊上，只占了整个空时平面的很少一部分。此外，对 CNCM 做特征值分解，可以得到如图 5.28 所示的杂波特征谱。可以发现，CNCM 仅有$(M+N-1)$个显著特征值，即杂波可以通过$(M+N-1)$个特征矢量表示，相比信号维度 $M\times N$ 很小。因此，可以得出结论：杂波具有空时稀疏性，且基于 MOMP 算法的 SR-STAP 方法仅需 $K=M+N-1=15$ 次迭代即可得到杂波表示。

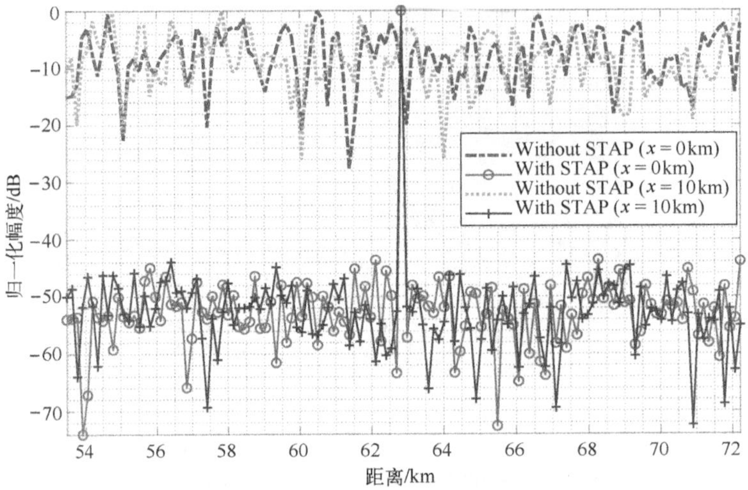

图 5.27 基于 SMI-STAP 方法得到的距离向输出结果

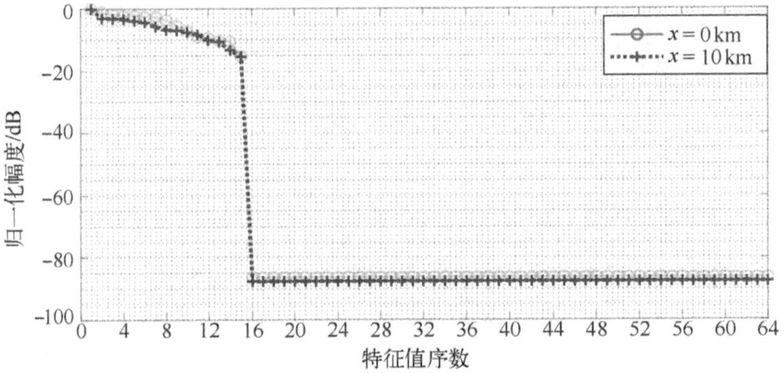

图 5.28 CNCM 特征谱

将空时平面划分为 101×101 个网格，仅使用 8 个训练样本，参数搜索二维 MOMP 算法得到的杂波空时谱如图 5.29 所示。在参数搜索二维 MOMP 算法中，投影梯度算法的终止条件为：梯度小于 10^{-4} 或者达到最大迭代次数 500。对比图 5.25 和图 5.29，可以看出，该方法可以准确估计杂波空时谱，且所需训练样本数量远远小于 SMI-STAP 方法。

此外，使用改善因子作为指标衡量所提方法的杂波抑制性能。改善因子定义为输出 SCNR 和输入 SCNR 的比值，可以表示为

$$\mathrm{IF}=\frac{\mathrm{SCNR}_{\mathrm{out}}}{\mathrm{SCNR}_{\mathrm{in}}}=\frac{|\boldsymbol{w}^{\mathrm{H}}\boldsymbol{x}_q|^2\mathrm{tr}(\boldsymbol{R}_{\mathrm{I}})}{MN(\boldsymbol{w}^{\mathrm{H}}\boldsymbol{R}_{\mathrm{I}}\boldsymbol{w})} \tag{5.81}$$

当目标的归一化空间频率为 0 时，改善因子随归一化多普勒频率的变化曲线如图 5.30 所示。可以看出，参数搜索二维 MOMP 算法可以在杂波对应的位

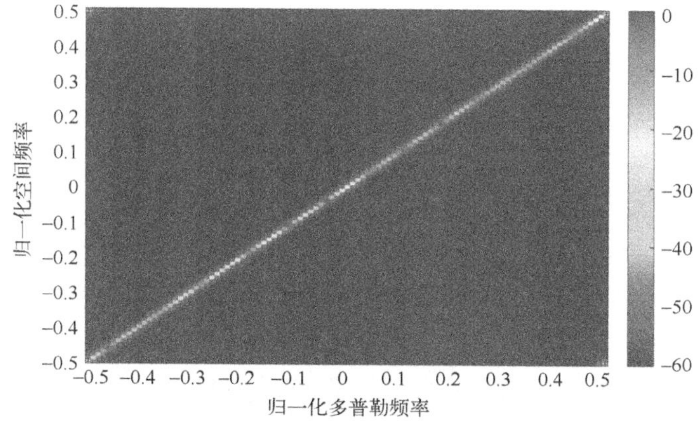

(a)

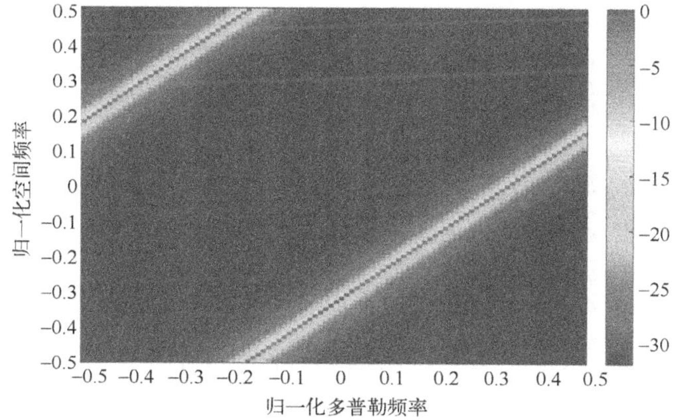

(b)

图 5.29　参数搜索二维 MOMP 算法估计得到的杂波空时谱

(a) 电视塔位于(0,0.2,−10)km；(b) 电视塔位于(−10,0.2,−10)km。

置产生较深的凹口，说明杂波可以被有效地抑制。

与上一节的处理相同，使用参数搜索二维 MOMP 算法，目标的多普勒频率和空间频率估计如图 5.31 所示，距离向输出如图 5.32 所示。可以看出，该方法可以获得目标多普勒频率、空间频率和双基距离的有效估计。与 SMI-STAP 方法得到的结果图 5.26 和图 5.27 相比，性能有所下降，即杂波分量有所剩余。但是，考虑到参数搜索二维 MOMP 算法使用的训练样本数仅为 SMI 方法的 1/16，性能损失是可以接受的。

为了验证补偿网格失配的必要性，即验证所提参数搜索二维 MOMP 算法相较二维 MOMP 算法的优势，本节使用二维 MOMP 算法作相同的处理，如图 5.33 和图 5.34 所示。从图 5.33 可以看出，所估计的杂波空时谱并不严格分布在杂波脊上，估计结果有一些异常值。这些异常值将导致不准确的杂波协方差矩阵

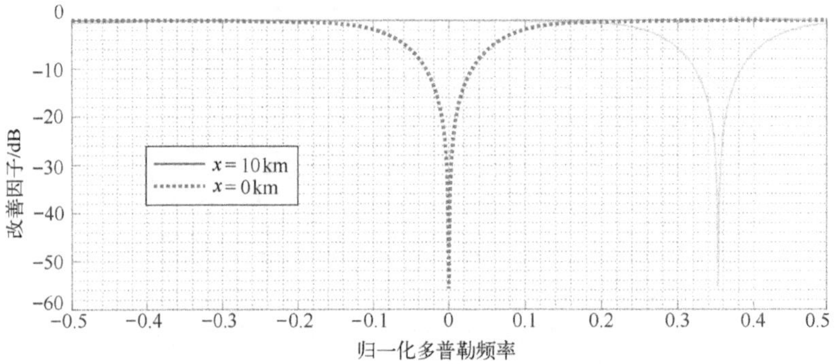

图 5.30 改善因子随归一化多普勒频率的变化曲线

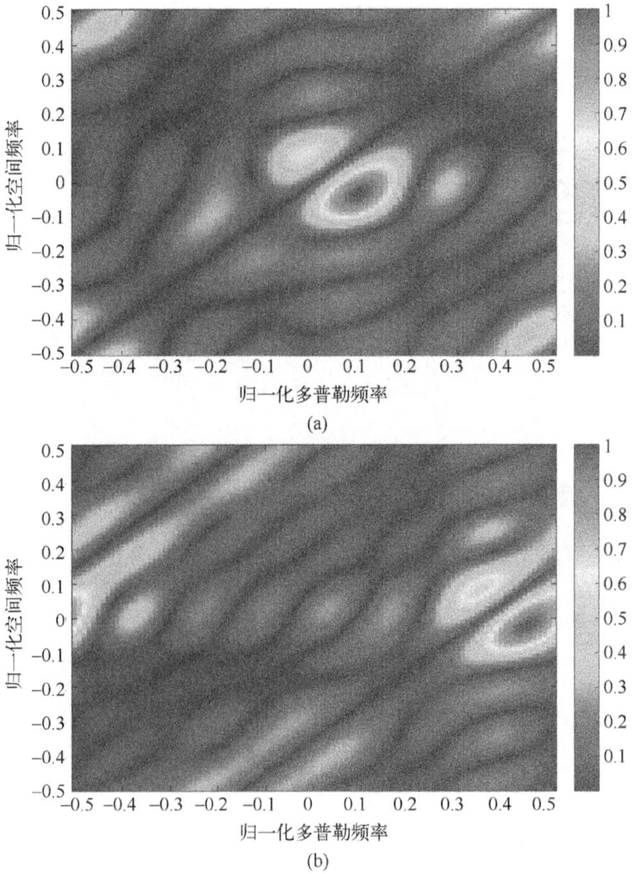

图 5.31 参数搜索二维 MOMP 算法得到的目标信息估计

(a) 电视塔位于(0,0.2,-10)km；(b) 电视塔位于(-10,0.2,-10)km。

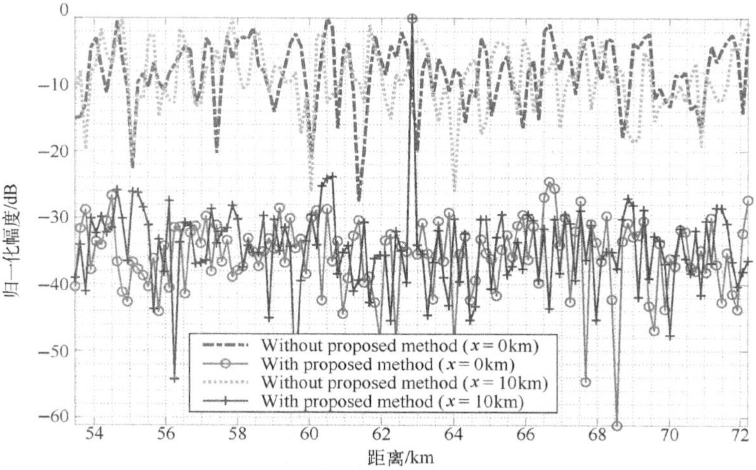

图 5.32　参数搜索二维 MOMP 算法得到的距离向输出结果

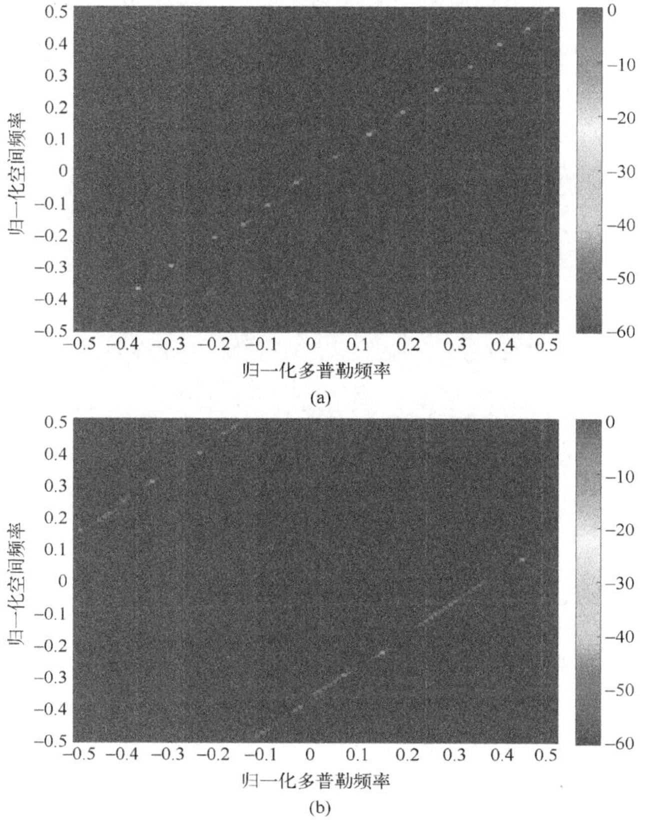

图 5.33　二维 MOMP 算法估计得到的杂波空时谱

(a) 电视塔位于(0,0.2,-10)km；(b) 电视塔位于(-10,0.2,-10)km。

估计，从而导致显著的杂波抑制性能损失。从图 5.34 可以看出，基于二维 MOMP 算法的 SR-STAP 方法无法有效抑制杂波，目标信息无法得到准确的估计。需要注意的是，由于一维 MOMP 算法会得到与二维 MOMP 算法相同结果，这里仅给出二维 MOMP 算法的结果。此外，由于无法准确估计目标多普勒频率和空间频率，目标的双基距离也无法确定。

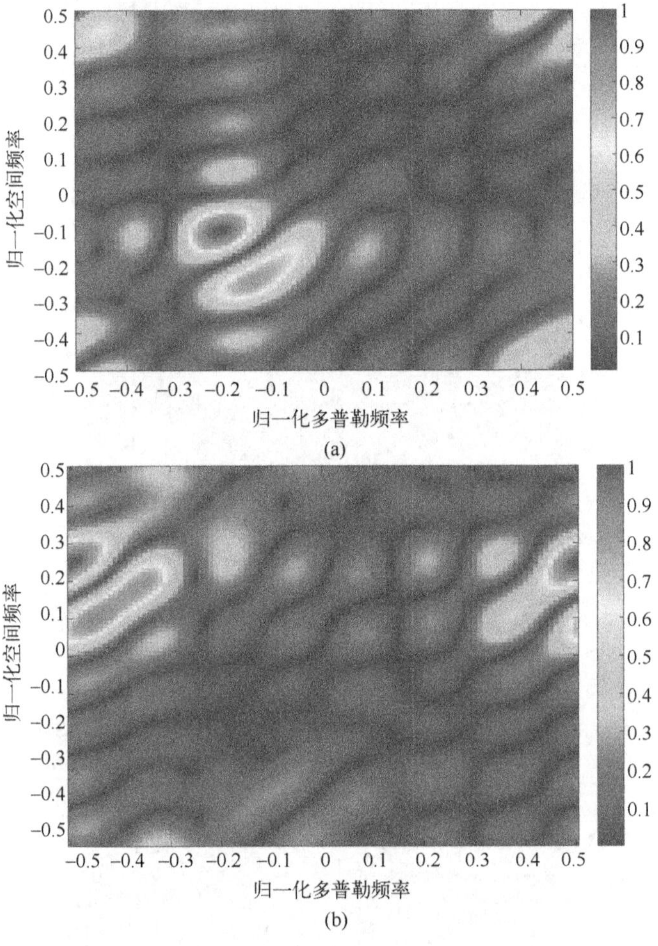

图 5.34 基于二维 MOMP 算法得到的目标信息估计

(a) 电视塔位于(0,0.2,-10)km；(b) 电视塔位于(-10,0.2,-10)km。

最后，比较一维 MOMP 算法、一维参数搜索 MOMP 算法（PMOMP）、二维 MOMP 算法和参数搜索二维 MOMP 算法的运算量。利用 MATLAB 仿真软件中 TIC 和 TOC 指令来衡量 4 种 SR-STAP 方法的计算量，其中 TIC 和 TOC 指令通常用来计算一个算法的运行时间。仿真过程在装有 MATLAB 2015b 的 Core i5，2.5GHz，8GB RAM 的个人笔记本电脑上进行，所有结果都是 50 次蒙特卡洛试验的平均结果。图 5.35 给出了不同方法的计算时间随短时信号段个数的变化曲线，这里假设 $M=N$，即 M 和 N 同时变化，其他的仿真参数保持不变。可以看出，二维算法的运算量远远低于相对应的一维算法。由投影梯度算法带来的附加运算量使得所提算法相对二维 MOMP 算法计算时间增加。但是，所提算法仍然比传统一维算法更加快速。考虑准确性和效率，参数搜索二维 MOMP 算法可以获得更好的综合性能。

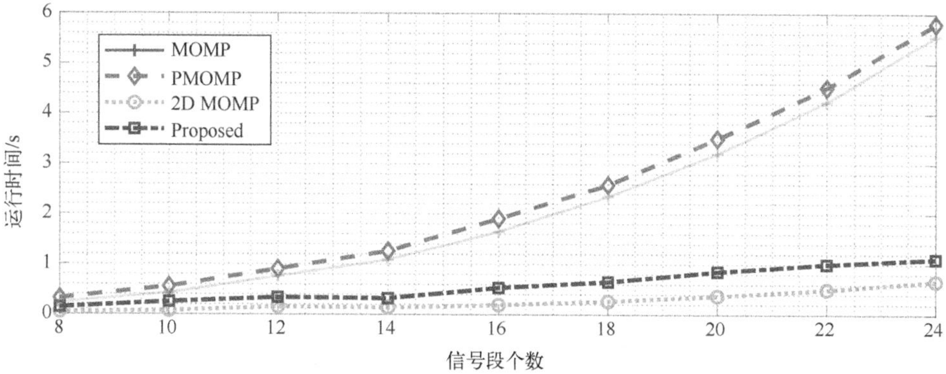

图 5.35　计算时间随短时信号段个数的变化曲线

参考文献

[1] P WOJACZEK, F COLONE, D CRISTALLINI, et al. Reciprocal Filter-based STAP for Passive Radar on moving platforms [J]. IEEE Trans. Aerosp. Electron. Syst., 2018, 55 (2): 967-988.

[2] D K P TAN, M LESTURGIE, H SUN, et al. Space-time interference analysis and suppression for airborne passive radar using transmissions of opportunity [J]. IET radar, sonar & navigation, 2014, 8 (2): 142-152.

[3] P YANG, X LYU, Z CHAI, et al. Clutter cancellation along the clutter ridge for airborne passive radar [J]. IEEE Geosci. Remote Sens. Lett., 2017, 14 (6): 951-955.

[4] B DAWIDOWICZ, P SAMCZYNSKI, M MALANOWSKI, et al. Detection of moving targets with multichannel airborne passive radar [J]. IEEE Aerospace and Electronic Systems Magazine, 2012, 27 (11): 42-49.

[5] D GROMEK, K KULPA, P SAMCZY'NSKI. Experimental results of passive SAR imaging using DVB-T illuminators of opportunity [J]. IEEE Geosci. Remote Sens. Lett., 2016, 13 (8): 1124-1128.

[6] I WALTERSCHEID, P WOJACZEK, D CRISTALLINI, et al. Challenges and first results of an airborne passive SAR experiment using a DVB-T transmitter [C]. 12th European Conference on Synthetic Aperture Radar, 2018: 1-4.

[7] J L GARRY, C J BAKER, G E SMITH. Evaluation of direct signal suppression for passive radar [J]. IEEE Trans. Geosci. Remote Sens., 2017, 55 (7): 3786-3799.

[8] F COLONE, D W O'HAGAN, P LOMBARDO. A multistage processing algorithm for disturbance removal and target detection in passive bistatic radar [J]. IEEE Trans. Aerosp. Electron. Syst., 2009, 45 (2): 698-722.

[9] B DAWIDOWICZ, K S KULPA, M MALANOWSKI, et al. DPCA detection of moving targets in airborne passive radar [J]. IEEE Trans. Aerosp. Electron. Syst., 2012, 48 (2): 1347-1357.

[10] X NEXT, J RAOUT, M KUBICA, et al. Feasibility of STAP for passive GSM-based radar [C]. IEEE Conference on Radar, 2006.

[11] J R GUERCI. Space-time adaptive processing [M]. Artech House, 2014.

[12] Q WU, Y D ZHANG, M G AMIN, et al. Space-time adaptive processing and motion parameter estimation in multistatic passive radar using sparse Bayesian learning [J]. IEEE Trans. Geosci. Remote Sens., 2016, 54 (2): 944-957.

[13] W ZHANG, Z HE, J LI. A method for finding best channels in beamspace post-Doppler reduced-dimension STAP [J]. IEEE Trans. Aerosp. Electron. Syst., 2013, 50 (1): 254-264.

[14] R C dE LAMARE, L WANG, R FA. Adaptive reduced-rank LCMV beamforming algorithms based on joint iterative optimization of filters: design and analysis [J]. Signal Process, 2010, 90: 640-652.

[15] Y GUO, G LIAO, W FENG. Sparse representation based algorithm for airborne radar in beam-space post-Doppler reduced-dimension space-time adaptive processing [J]. IEEE Access, 2017, 5: 5896-5903.

[16] D L DONOHO, M ELAD, V N TEMLYAKOV. Stable recovery of sparse overcomplete representations in the presence of noise [J]. IEEE Trans. Inf. Theory, 2006, 52 (1): 6-18.

[17] E J CANDÈS, M B WAKIN. An introduction to compressive sampling [J]. IEEE Signal Process. Mag., 2008, 25 (2): 21-30.

[18] S HAN, C FAN, X HUANG. A novel STAP based on spectrum-aided reduced-dimension clutter sparse recovery [J]. IEEE Geosci. Remote Sens. Lett., 2017, 14 (2): 213-217.

[19] W FENG, Y GUO, Y ZHANG, et al. Airborne radar space time adaptive processing based on atomic norm minimization [J]. Signal Process, 2018, 148: 31-40.

[20] E CANDÈS, J ROMBERG, T TAO. Robust uncertainty principles: exact signal reconstruction from highly incomplete frequency information [J]. IEEE Trans. Inf. Theory, 2006, 52 (2): 489-509.

[21] S D BABACAN, R MOLINA, A K KATSAGGELOS. Bayesian compressive sensing using Laplace priors [J]. IEEE Trans. Image Process, 2010, 19 (1): 53-63.

[22] J TROPP, A GILBERT. Signal recovery from random measurements via orthogonal matching pursuit [J]. IEEE Trans. Inf. Theory, 2007, 53 (12): 4655-4666.

[23] W DAI, O MILENKOVIC. Subspace pursuit for compressive sensing signal reconstruction [J]. IEEE Trans. Inf. Theory, 2009, 55 (5): 2230-2249.

[24] K DUAN, Z WANG, W XIE. Sparsity-based STAP algorithm with multiple measurement vectors via sparse Bayesian learning strategy for airborne radar [J]. IET Signal Processing, 2017, 11 (5): 544-553.

[25] W FENG, Y GUO, X HE, et al. Jointly iterative adaptive approach based space time adaptive processing using MIMO radar [J]. IEEE Access, 2018, 6: 26605-26616.

[26] Y CHI, L SCHARF, A PEZESHKI, et al. Sensitivity of basis mismatch to compressed sensing [J]. IEEE Trans. Signal Process, 2011, 59 (5): 2182-2195.

[27] M HERMAN, T STROHMER. General deviants: an analysis of perturbations in compressed sensing [J]. IEEE J. Sel. Topics Signal Process, 2010, 4 (2): 342-349.

[28] O TEKE, A C GURBUZ, O ARIKAN. Perturbed orthogonal matching pursuit [J]. IEEE Trans. Signal Process, 2013, 61 (24): 6220-6231.

[29] A FANNJIANG, H C TSENG. Compressive radar with off-grid targets: a perturbation approach [J]. Inverse Problems, 2013, 29 (5): 054008.

[30] G BAI, R TAO, J ZHAO, et al. Parameter-searched OMP method for eliminating basis mismatch in space-time spectrum estimation [J]. Signal Process, 2017, 138: 11-15.

[31] L E BRENNAN, L S REED. Theory of adaptive radar [J]. IEEE Trans. Aerosp. Electron. Syst., 1973, 9 (2): 237-252.

[32] I S REED, J D MALLETT, L E BRENNAN. Rapid convergence rate in adaptive arrays [J]. IEEE Trans. Aerosp. Electron. Syst, 1974, 10 (6): 853-863.

[33] C T KELLEY. Iterative methods for optimization [J]. Society for Industrial and Applied Mathematics, Philadelphia, 1999, 5: 87-99.

第 6 章　目标回波信号相干积累技术

6.1　距离-多普勒相干处理

经过直达波和杂波对消后，监测通道中仍然会有部分杂波信号剩余，并且背景噪声很高，导致目标回波被掩盖。为了减少杂波和噪声对目标检测的影响，需要进行无源相关处理以提高目标回波增益，也就是将参考通道的提纯处理后的参考信号 $\tilde{S}_{\mathrm{Drt}}$ 与监测通道对消后的信号 $\hat{S}_{\mathrm{Ech}}$ 进行距离-多普勒二维相关[1,2]。

在脉冲多普勒雷达中，实现一个相干时间内多个脉冲匹配处理主要包含两个步骤：首先对每个脉冲的回波进行脉冲压缩处理；其次根据不同脉冲间运动目标具有不同响应的特点，在时间维度采用 FFT 处理实现对不同速度目标的检测。因此可以借鉴脉冲雷达的处理思路，将外辐射源雷达接收到的连续波信号进行分段处理以等效为脉冲串信号，之后再进行匹配滤波及多普勒处理[3]。

以 DTMB 外辐射源雷达为例，假设相干累积时间为 T_c，基带采样率为 f_c，则在相干积累时间内系统总采样信号点数 $N=T_c f_c$。之后，将参考信号及对消后的回波信号分别进行分段，根据 DTMB 信号特点，一般按照不同信号模式对应的信号帧长度 L 进行分段。分段相关处理图如图 6.1 所示。

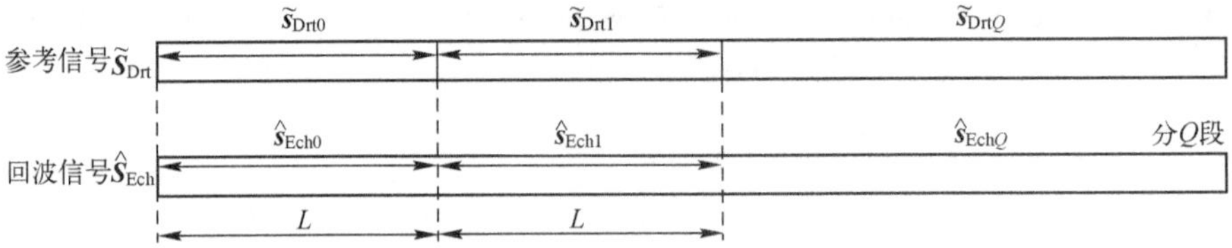

图 6.1　数据分段相关处理图

二维相关积累算法首先将 $\tilde{s}_{\mathrm{Drt}q}$ 与 $\hat{s}_{\mathrm{Ech}q}$ 做脉冲压缩处理。之后，在频域进行处理可以得到各个距离单元数据匹配滤波的输出，即

$$\bar{s}_{cq}=\mathrm{IFFT}[\mathrm{FFT}(\tilde{s}_{\mathrm{Drt}q})\times \mathrm{conj}(\mathrm{FFT}(\hat{s}_{\mathrm{Ech}q}))],\quad q=1,2,\cdots,Q \tag{6.1}$$

$\bar{s}_{cq}$ 构成匹配滤波后的距离-多普勒二维数据矩阵 $[\bar{s}_{c1}\quad \bar{s}_{c2}\quad \cdots\quad \bar{s}_{cQ}]$，如图 6.2 所示。矩阵中每列所有数据都表示相同距离单元的数值，对相同距离单

元的数据按列进行谱分析，可得到距离-多普勒二维平面的相应回波。通过距离-多普勒二维相干处理后，获得目标回波的时延-多普勒二维谱，之后通过恒虚警检测，可以得到目标的距离-速度信息。

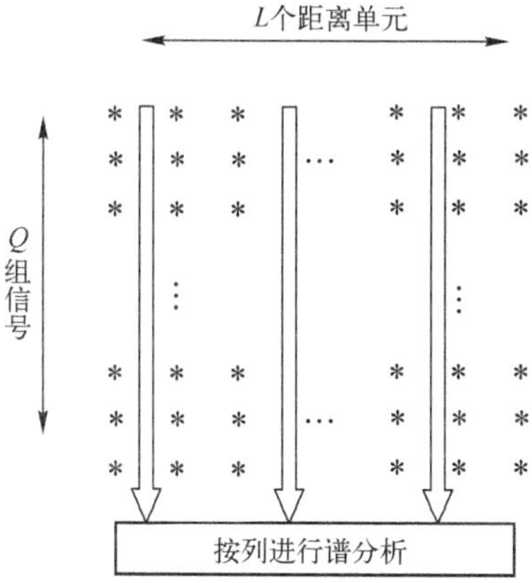

图 6.2　距离-多普勒维 FFT 滤波

采用 DTMB 信号进行仿真实验。仿真设置目标回波 SNR 为-15dB，目标多普勒频率 210Hz，距离 2800m，信号长度为 200 帧。通过仿真实验，得到积累后的距离-多普勒三维图如图 6.3 和图 6.4 所示。

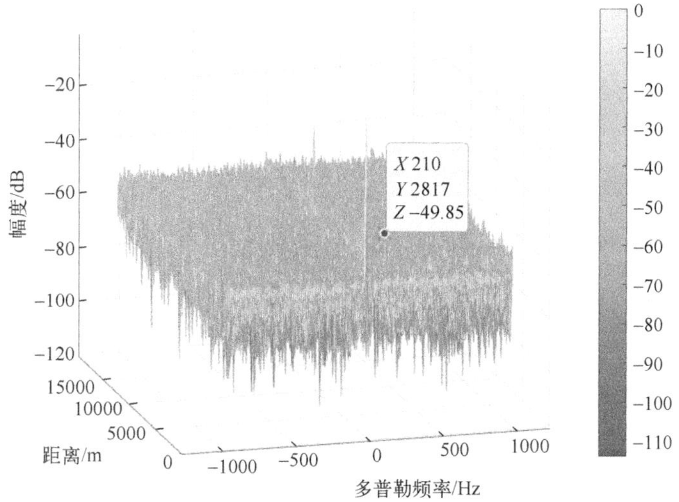

图 6.3　二维相干积累后距离-多普勒三维图

采用实测数据，将对消后数据进行二维相关处理，积累时长为 1.25s，得到距离-多普勒三维图如图 6.5 所示。

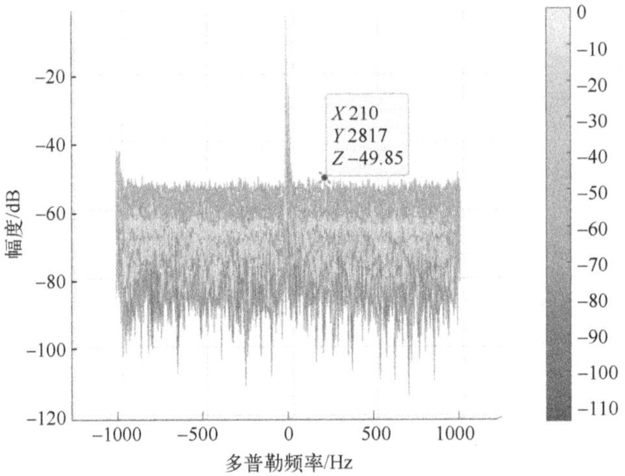

图 6.4　二维相干后多普勒剖面图

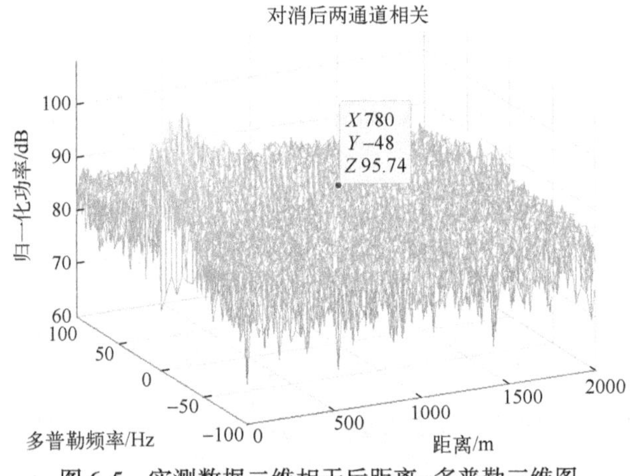

图 6.5　实测数据二维相干后距离-多普勒三维图

6.2　回波距离走动校正

传统的雷达检测系统对于小型机动目标进行检测，会存在目标淹没在噪声中而无法检测的情况，因此在接收到目标反射回波时，需要对目标回波进行长时间积累以提高 SNR 使得目标凸显从而能被检测到。但与之俱来的问题是在长时间积累的处理中，机动目标存在一定的速度，因此长时间积累将会出现机动目标距离走动的现象，表现在积累中就是距离快时间维对时延和距离的估计峰不在同一个距离门中，导致能量无法有效聚集，积累性能下降。因此对这种距离走动的现象进行抑制是非常有必要的[4-7]。

6.2.1　基于 sinc 插值的距离走动校正

在信号由连续信号变为离散信号的采样过程，其频域表现为原连续信号频谱以采样周期 T_s 进行周期性的延拓。设有连续信号 $s(t)$，其最高频率为 f_m，若以采样频率 $F_s>2f_m$ 对 $s(t)$ 进行采样，得到的离散信号为

$$\begin{aligned} s_s(t) &= s(t)\sum_{-\infty}^{+\infty}\delta(t-nT_s) \\ &= \sum_{-\infty}^{+\infty}s(nT_s)\delta(t-nT_s) \end{aligned} \tag{6.2}$$

则它们的频谱变化过程如图 6.6 所示。

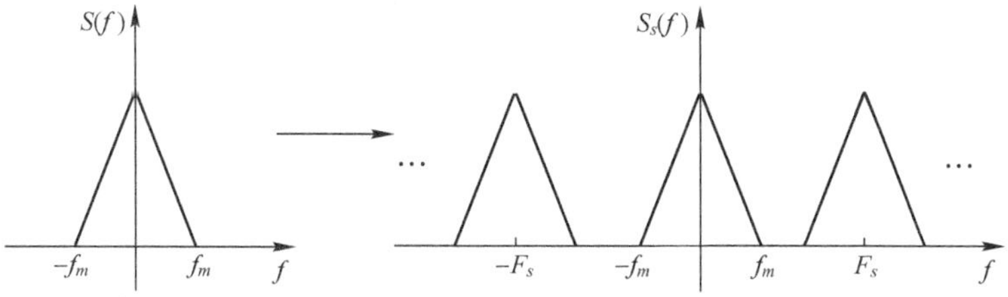

图 6.6　采样信号的频谱变化

根据奈奎斯特采样定理，若采样频率大于信号的带宽的两倍时，可以用采样信号重构出原来的连续信号。重构的过程就是将离散信号经过一个低通滤波器，这个低通滤波器的冲击响应为

$$h(t)=\mathrm{sinc}\left(\frac{t}{T_s}\right) \tag{6.3}$$

它的频谱为

$$H(f)=\begin{cases} T_s & |f|\leqslant F_s/2 \\ 0 & |f|>F_s/2 \end{cases} \tag{6.4}$$

频谱图如图 6.7 所示。

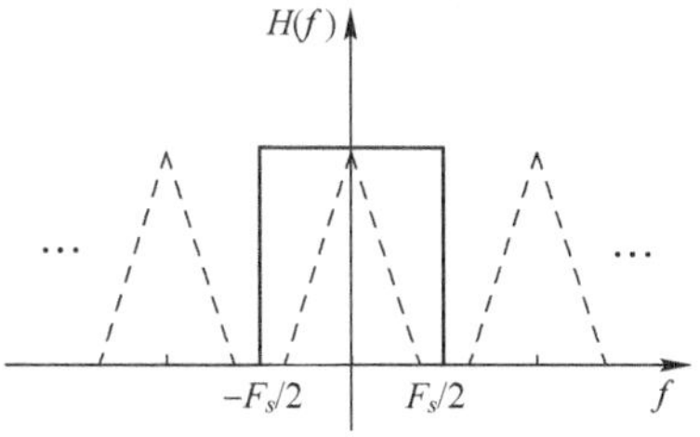

图 6.7　低通滤波器频谱图

由图 6.7 可以看到，当采样信号经过低通滤波器之后，就可以恢复出原始信号，用公式可以表示为

$$\begin{aligned} s(t) &= \sum_{-\infty}^{+\infty} s(nT_s)\delta(t-nT_s) \otimes \mathrm{IFFT}(H(f)) \\ &= \sum_{-\infty}^{+\infty} s(nT_s)\delta(t-nT_s) \otimes \mathrm{sinc}\left(\frac{t}{T_s}\right) \\ &= \sum_{-\infty}^{+\infty} s(nT_s)\,\mathrm{sinc}\left(\frac{t}{T_s}-n\right) \end{aligned} \tag{6.5}$$

也就是说，对于雷达回波信号，可以通过 $Y(f,m)$ 重构出 $Y_r(f,t)$，即

$$Y_r(f,t) = \sum_{m=0}^{M-1} Y(f,m)\,\mathrm{sinc}\left(\frac{1}{T_r}t - m\right) \tag{6.6}$$

由于 $Y_{r\mathrm{key}}(f,t) = Y_r\left(f, \frac{f_0}{f_0+f}t\right)$，$Y_{\mathrm{key}}(f,m)$ 可以看作是将 $Y_r(f,t)$ 以采样周期为 $T_s = \frac{f_0}{f_0+f}T_r$ 采样后的离散信号，即

$$\begin{aligned} Y_{\mathrm{key}}(f,n) &= Y_r\left(f, \frac{f_0}{f_0+f}nT_r\right) \\ &= \sum_{m=0}^{M-1} Y(f,m)\,\mathrm{sinc}\left(\frac{f_0}{f_0+f}n - m\right) \quad n=0,1,\cdots,M-1 \end{aligned} \tag{6.7}$$

当存在速度模糊时，sinc 插值可以更正为

$$Y_{\mathrm{key}}(f,n) = \mathrm{e}^{\pm \mathrm{j}2\pi nKF_r\frac{f_0}{f_0+f}} \sum_{m=0}^{M-1} Y_r(f,t_m)\,\mathrm{sinc}\left(\frac{f_0}{f+f_0}n - m\right) \quad n=0,1,\cdots,M-1 \tag{6.8}$$

6.2.2 基于 Chirp-z 变换的距离校正

假设单个周期发射信号为

$$s_0(t) = p(t)\mathrm{e}^{\mathrm{j}2\pi f_0 t} \tag{6.9}$$

式中：$p(t)$ 为基带信号；f_0 为载频中心频率。若一个超帧发射的传输帧数为 M，每个传输帧周期为 T_r，则发射信号可以表示为

$$\begin{aligned} s(t) &= \sum_{m=0}^{M-1} s_0(t-mT_r) \\ &= \sum_{m=0}^{M-1} p(t-mT)\mathrm{e}^{\mathrm{j}2\pi f_0(t-mT_r)} \end{aligned} \tag{6.10}$$

所以接收信号可以表示为

$$s_r(t)=s(t-\tau(t))=\sum_{m=0}^{M-1}s_0(t-mT_r-\tau(t)) \tag{6.11}$$

目标的回波延时可以表示为

$$\tau(t)=\frac{2R(t)}{c}=2\left(R_0-vt+\frac{1}{2}at^2\right)/c \tag{6.12}$$

式中：R_0 为初始目标位置与雷达的径向距离；v 为目标的径向速度；a 为目标的径向加速度。

令 $\tilde{t}=t-mT_r$，$m=0,1,\cdots,M-1$ 表示单个传输帧的快时间，其中 $0\leqslant\tilde{t}<T_r$，令 $t_m=mT_r$ 表示不同脉冲周期的慢时间，将接收信号变换到快-慢时间维后，其可以表示为

$$s_r(\tilde{t},t_m)=p(\tilde{t}-\tau_m)\mathrm{e}^{\mathrm{j}2\pi f_0(\tilde{t}-\tau_m)} \tag{6.13}$$

$$\tau_m=2R_m/c=2\left[R_0-vt_m+\frac{1}{2}at_m^2\right]/c \tag{6.14}$$

接收信号进行下变频处理后，可以表示为

$$u_r(\tilde{t},t_m)=p(\tilde{t}-\tau_m)\mathrm{e}^{-\mathrm{j}2\pi f_0\tau_m}\quad m=1,2,\cdots,M \tag{6.15}$$

对接收信号在快时间维进行傅里叶变换可得

$$Y_r(f,t_m)=P(f)\mathrm{e}^{-\mathrm{j}2\pi(f+f_0)\frac{2R_0}{c}}=P(f)\mathrm{e}^{-\mathrm{j}\frac{4\pi R_0}{c}(f+f_0)}\mathrm{e}^{-\mathrm{j}\frac{4\pi v}{c}(f+f_0)t_m}\mathrm{e}^{-\mathrm{j}\frac{2\pi a}{c}(f+f_0)t_m^2} \tag{6.16}$$

在频域，慢时间维产生的多普勒频率不仅和运动目标径向速度、径向加速度和信号载频有关，还与快时间维的频率有关，这种关系反映在距离-多普勒处理过程中就产生了距离走动[8]。

Keystone 变换[9,10]进行距离走动抑制的原理是利用尺度变换，将慢时间维中与快时间维频率解耦合。令

$$t_m=\frac{f_0}{f_0+f}t_{om} \tag{6.17}$$

则信号在快时间维傅里叶变换结果可以表示为

$$\begin{aligned}Y_{r\mathrm{key}}(f,t_{om})&=Y_r\left(f,\frac{f_0}{f_0+f}t_{om}\right)\\&=P(f)\mathrm{e}^{-\mathrm{j}\frac{4\pi R_0}{c}(f+f_0)}\mathrm{e}^{-\mathrm{j}\frac{4\pi v}{c}f_0t_{om}}\mathrm{e}^{-\mathrm{j}\frac{2\pi a}{c}f_0t_{om}^2\frac{f_0}{f_0+f}}\\&\approx P(f)\mathrm{e}^{-\mathrm{j}\frac{4\pi R_0}{c}(f+f_0)}\mathrm{e}^{-\mathrm{j}\frac{4\pi v}{c}f_0t_{om}}\mathrm{e}^{-\mathrm{j}\frac{2\pi a}{c}f_0t_{om}^2}\end{aligned} \tag{6.18}$$

进行尺度变换后，t_{om} 为新尺度下的慢时间。可以发现此时慢时间维的多普勒频率项已经消除了快时间维频率 f 项，距离走动的现象就被抑制了。

Keystone 变换的实质是一种尺度变换，而尺度变换是傅里叶变换的基本性质之一，它可以描述为：若存在傅里叶变换对 $x[n]\leftrightarrow X[k]$，则式（6.19）所

示的傅里叶变换对也是成立的。

$$x[\alpha n] \leftrightarrow \frac{1}{|\alpha|} X\left[\frac{k}{\alpha}\right] \tag{6.19}$$

由式（6.19）可知，$x[\alpha n]$可以通过 $X\left[\frac{k}{\alpha}\right]$进行离散傅里叶逆变换得到。因此，可以先对 $Y(f,m)$进行变尺度的 DFT，其可以表示为

$$X\left(f,\frac{k}{\alpha}\right) = \sum_{m=0}^{M-1} Y(f,m)\,\mathrm{e}^{-\mathrm{j}2\pi km/\alpha M} \quad k = 0,1,\cdots,M \tag{6.20}$$

$$\alpha = \frac{f_c}{f+f_c}$$

之后，再对$\frac{1}{\alpha}X\left(f,\frac{k}{\alpha}\right)$进行离散傅里叶逆变换，可得

$$Y_{\mathrm{key}}(f,n) = Y(f,\alpha m) = \frac{1}{\alpha M}\sum_{k=0}^{M-1} X\left(f,\frac{k}{\alpha}\right)\mathrm{e}^{\mathrm{j}2\pi km/M} \tag{6.21}$$

式中，由于 $X\left(f,\frac{k}{\alpha}\right)$是变尺度的傅里叶变换，不能通过快速算法实现，而 $Y(f,\alpha m)$ 可以通过快速傅里叶逆变换（IFFT）实现，所以该算法也称为 DFT-IFFT 算法。

针对 DFT-IFFT 算法中存在 DFT 不能通过快速算法得到的弊端，可以利用 Chirp-Z 变换[11]来改进以减小计算量。对于序列 $x[n]$，其 z 变换可以表示为

$$X(z) = \sum_{n=0}^{N-1} x[n] z^{-n} \tag{6.22}$$

沿 Z 平面上的一段螺线做等分角抽样，抽样点记为

$$z_k = AW^{-k}, \quad k=0,1,\cdots,M-1 \tag{6.23}$$

$$A = A_0\mathrm{e}^{\mathrm{j}\theta_0}$$

$$W = W_0\mathrm{e}^{-\mathrm{j}\phi_0}$$

式中：M 为待分析的复频谱点数，不一定为序列长度 N；A_0 为起始抽样点 z_0 的矢量半径长度；θ_0 为起始抽样点 z_0 的相角；W_0 为螺线的伸展率；ϕ_0 为两相邻抽样点之间的角度差。当 $M=N$，$A=A_0\mathrm{e}^{\mathrm{j}\theta_0}=1$ 及 $W=W_0\mathrm{e}^{-\mathrm{j}\phi_0}=\mathrm{e}^{-\mathrm{j}2\pi/N}$时，各抽样点 z_k 间隔均匀地分布在单位圆上，也就是求序列的 DFT。

令 $A=1$，$W=\mathrm{e}^{-\mathrm{j}\frac{2\pi}{\alpha N}}$，可得

$$X(z_k) = \sum_{n=0}^{N-1} x(n)A^{-n}W^{kn} = \sum_{n=0}^{N-1} x(n)\,\mathrm{e}^{-\mathrm{j}\frac{2\pi kn}{\alpha N}} \tag{6.24}$$

式中：$X(z_k)$为变尺度的 DFT 运算。其进一步可以表示为

$$X(z_k) = \sum_{n=0}^{N-1} x[n]A^{-n}W^{kn} = W^{\frac{k^2}{2}} g(k) * h(k) \tag{6.25}$$

$$g(n) = x[n]A^{-n}W^{\frac{n^2}{2}}$$

$$h(n) = W^{-\frac{n^2}{2}}$$

式中：* 为卷积运算。

上述变换即 Chirp-z 变换（简称为 CZT）。它可以将变尺度的 DFT 和 IDFT 运算变成了卷积运算，其可以转换到频域使用 FFT 实现，从而大大减少了运算量。其算法变换算法流程图如图 6.8 所示。

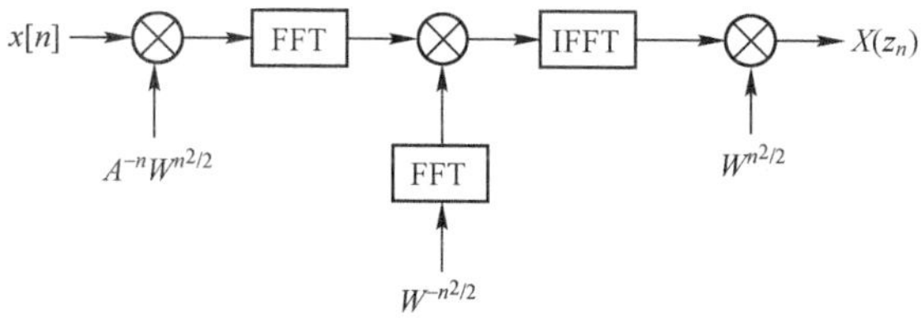

图 6.8　Chirp-z 变换算法流程图

仿真以观测站为 *XOY* 坐标系原点，外辐射源在 *X* 轴正半轴 5km 处，目标从 *Y* 轴正半轴 5km 处以 600m/s，加速度 -1000m/s^2 沿观测站径向运动（此处参数设置仅为模拟走动效果，积累时间不长。实际目标速度比较小，积累更长的时间会出现同样的走动效果）。仿真信号采用 DTMB 信号，积累帧数 450 帧，积累时间 0.25s。假设参考信号已提纯，参考信号和回波信号 SNR 分别为 15dB，-10dB。若未作距离走动矫正，距离-多普勒二维相关图如图 6.9 所示。

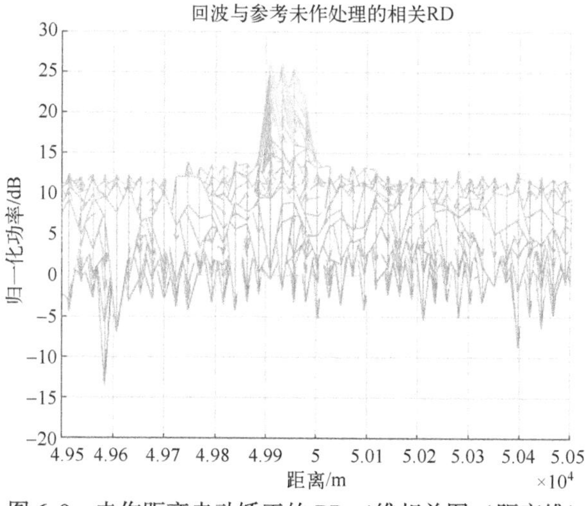

图 6.9　未作距离走动矫正的 RD 二维相关图（距离维）

进行距离走动矫正处理后，距离-多普勒走动二维相关图如图 6.10 所示。

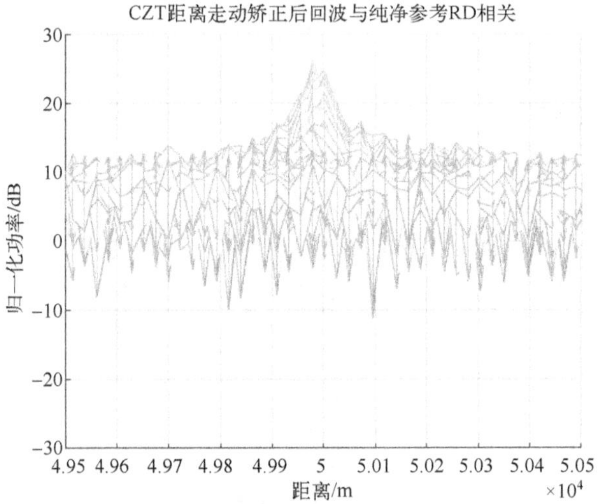

图 6.10 距离矫正后的 RD 走动二维相关图（距离维）

可以看到距离矫正前后，距离维相关峰的扩散走动有了明显改善，距离走动现象被矫正。观察每一帧即每一多普勒（速度）分辨单元距离相关的位置如图 6.11、图 6.12 所示，可以更直观地看到距离走动现象得到矫正。

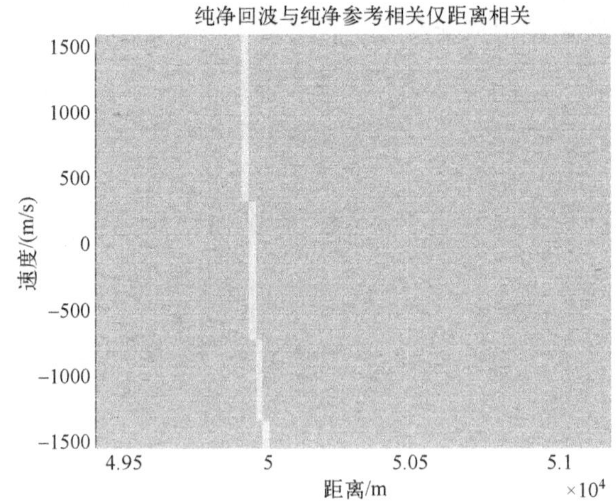

图 6.11 距离矫正前每一帧距离相关峰位置

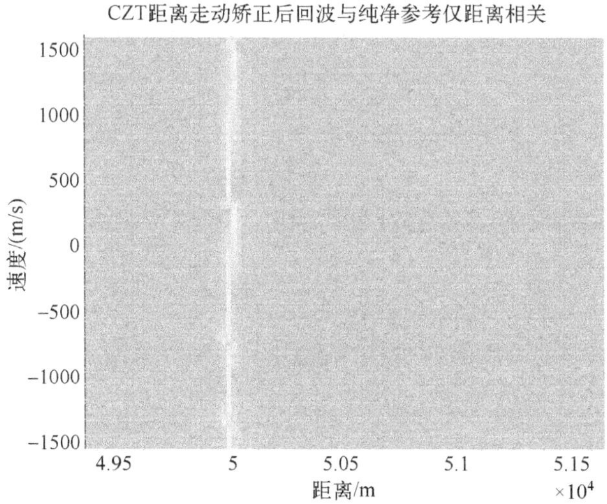

图 6.12　距离矫正后每一帧距离相关峰位置

6.3　回波多普勒走动校正

在经过 Keystone 变换[10]后，接收信号可以表示为

$$Y_{r\mathrm{key}}(f,t_{om}) = P(f)\,\mathrm{e}^{-\mathrm{j}\frac{4\pi R_0}{c}(f+f_0)}\,\mathrm{e}^{-\mathrm{j}\frac{4\pi v}{c}f_0 t_{om}}\,\mathrm{e}^{-\mathrm{j}\frac{2\pi a}{c}f_0 t_{om}^2\frac{f_0}{f_0+f}} \tag{6.26}$$

可以发现二次项的慢时间维并没有完全解耦合，通常由于 $f_c \gg f$，故式（6.26）可以近似表示为

$$Y_{r\mathrm{key}}(f,t_{om}) = P(f)\,\mathrm{e}^{-\mathrm{j}\frac{4\pi R_0}{c}(f+f_0)}\,\mathrm{e}^{-\mathrm{j}\frac{4\pi v}{c}f_0 t_{om}}\,\mathrm{e}^{-\mathrm{j}\frac{2\pi a}{c}f_0 t_{om}^2} \tag{6.27}$$

观察近似后的信号形式，在慢时间维度，信号呈现出线性调频信号的特征，因此可以利用时频分析的方法解决多普勒走动问题。分析可知，式（6.27）中二次项中的径向加速度 a 是导致多普勒峰走动的原因。

典型的解决多普勒走动问题的方法为 Dechrip 解线调法，其原理是对线性调频信号的一阶二阶相位项同时做匹配滤波，其可以表示为

$$Y(f_1,f_2) = \int_{-\infty}^{+\infty} Y_{r\mathrm{key}}(f,t_{om})\exp[-\mathrm{j}(2\pi f_1 t_{om} + \pi f_2 t_{om}^2)]\,\mathrm{d}t_{om} \tag{6.28}$$

当 $Y_{r\mathrm{key}}(f,t_{om})$ 的一阶和二阶相位项与 f_1 和 f_2 完全匹配时，进行积分处理会出现能量聚集。然而二维积分的处理运算量较大，为了简化运算，式（6.28）可以转化为

$$Y(f_1,f_2)=\int_{-\infty}^{+\infty}Y_{\text{rkey}}(f,f_2)\exp[-\text{j}(2\pi f_1 t_{om})]\text{d}t_{om} \tag{6.29}$$

$$Y_{\text{rkey}}(f,f_2)=Y_{\text{rkey}}(f,t_{om})\exp(-\text{j}\pi f_2 t_{om}^2)$$

因此可以构造一个二阶相位项,即

$$H(k)=\exp(\text{j}2\pi k t_{om}^2) \tag{6.30}$$

通过对 k 进行遍历，可以得到对应的谱峰。综上所述，多普勒走动矫正方法如下。

步骤 1：遍历 k，构建二阶相位项 $H(k)$。

步骤 2：将快时间频域维进行匹配滤波后的信号与 $H(k)$ 相乘，之后在慢时间维做 IFFT。

步骤 3：找出谱峰对应的 $\hat{k}$，重新构造 $H(\hat{k})$ 进行补偿。

仿真场景设置目标同时存在距离和多普勒走动，图 6.13 和图 6.14 分别给出了未进行矫正和仅进行距离矫正后的距离-多普勒谱图，可以观察到距离矫正并没有对多普勒走动的现象进行改善。

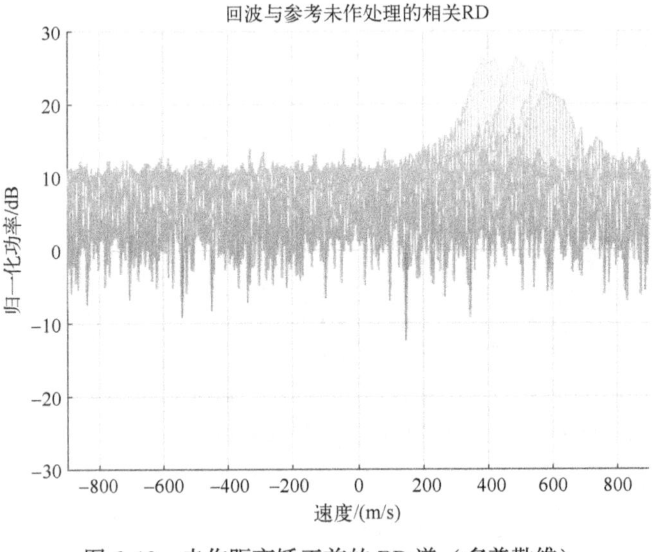

图 6.13　未作距离矫正前的 RD 谱（多普勒维）

图 6.15 和图 6.16 给出了进行分别进行距离矫正和多普勒矫正后的距离-多普勒谱图。可以发现，在进行距离矫正和多普勒矫正级联后，距离走动和多普勒走动的现象均得到了矫正，二维多普勒的能量聚集性能也发生了改善。

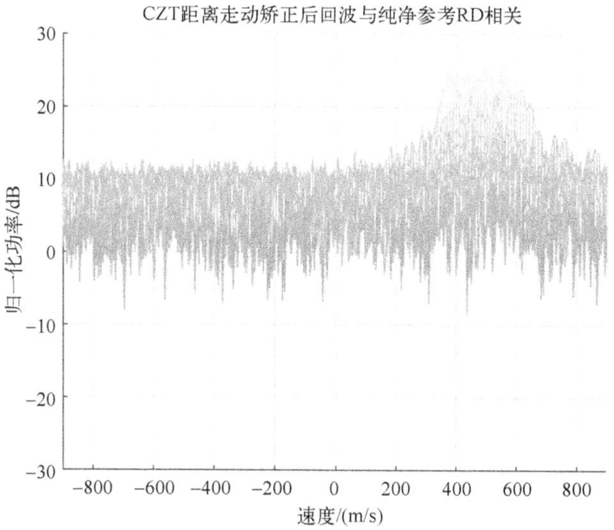

图 6.14　距离矫正后 RD 谱（多普勒维）

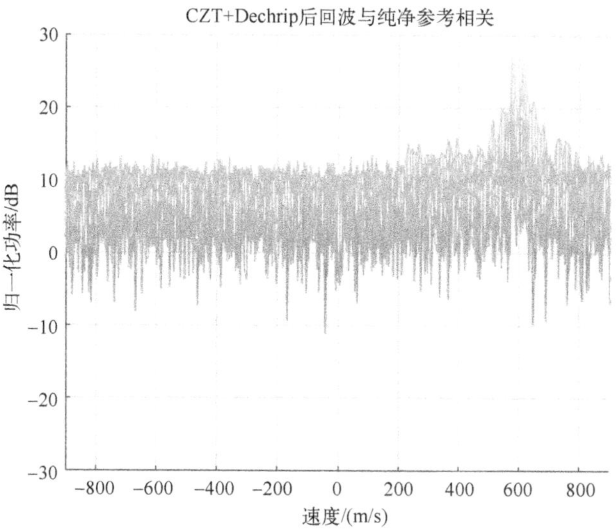

图 6.15　距离矫正+多普勒矫正后 RD 谱（多普勒维）

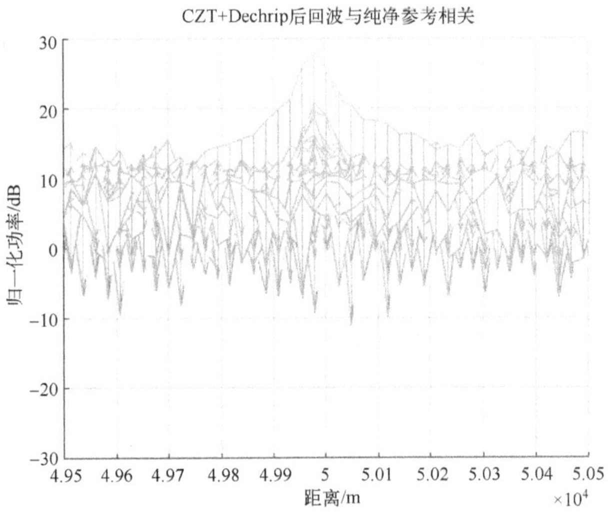

图 6.16 距离矫正+多普勒矫正后 RD 谱（距离维）

参考文献

[1] 饶云华，聂文洋，周健康．外辐射源雷达模糊函数的快速算法与硬件实现［J］．系统工程与电子技术，2020，42（09）：1953-1960.

[2] 蒋柏峰，吕晓德，赵耀东，等．一种基于 DTTB 信号的无源相干雷达模糊函数快速算法［J］．电子与信息学报，2013，35（03）：589-594.

[3] 高志文，陶然，单涛．外辐射源雷达互模糊函数的两种快速算法［J］．电子学报，2009，37（03）：669-672.

[4] 张丹，吕晓德，杨鹏程，等．外辐射源雷达多普勒徙动补偿新方法［J］．雷达科学与技术，2017，15（04）：375-380.

[5] 钱李昌，许稼，胡国旭．非合作无源双基地雷达弱目标长时间积累技术［J］．雷达学报，2017，6（03）：259-266.

[6] 杨金禄，单涛，陶然．外辐射源雷达高速加速微弱目标检测研究［J］．现代雷达，2011，33（05）：30-35.

[7] 许稼，彭应宁，夏香根，等．空时频检测前聚焦雷达信号处理方法［J］．雷达学报，2014，3（02）：129-141.

[8] 王迪．天基外辐射源雷达相参性分析［D］．西安电子科技大学，2021.

[9] 冀文帅．基于分段处理的雷达机动目标回波积累算法［D］．电子科技大学，2021.

[10] 王娟，赵永波．一种改进的 Keystone 变换算法及其在微弱信号检测中的应用［J］．航空兵器，2011，（05）：3-6.

[11] 王宁，周明，刘国庆，等．基于 Chirp Z 变换的海面目标帧间非相参积累技术［J］．系统工程与电子技术，2021，43（02）：383-389.

第 7 章　目标角度测量经典技术

目标角度估计是目标定位的一项关键因素，其通过空间不同位置的天线单元来完成对空间信源的空域采样，之后经过对快拍数据的分析处理来实现对空间信源高精度和高分辨的方位估计。由于空域内的方位信息与时域内的频谱信息相对应，通常也将目标角度估计称为现代空间谱估计。经典的目标角度估计方法主要包括比幅测角方法、比相测角方法及线性预测测角方法。

7.1　比幅测角方法

比幅测角方法是指利用幅度与角度之间的关系，雷达连续不断地比较波束回波的幅度，以确定目标位置偏离跟踪轴的角度。如图 7.1 所示，检测通道天线形成两个互相重叠的波束，此时，目标处于两个波束都能探测的范围内。

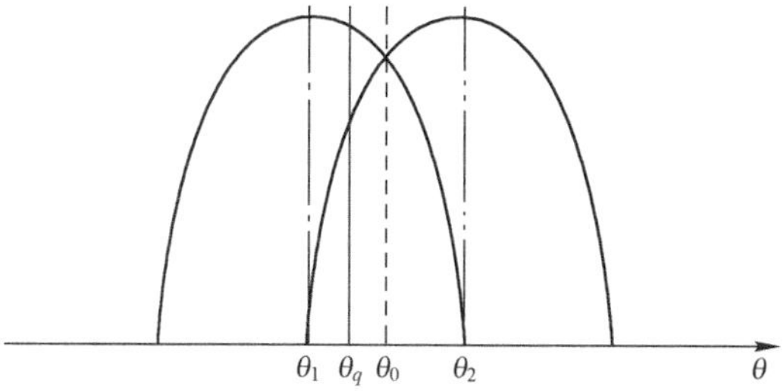

图 7.1　比幅测角方法示意图

设天线方向图为 $F(\theta)$，两个波束的中心指向分别为 θ_1 与 θ_2，其交点位于 θ_0 处，目标位于 θ_q 处。当目标在$[\theta_1,\theta_2]$范围内变动时，两个波束的增益趋势是不同的，此时两个波束输出信号幅度的比值是一个单调函数，并且与目标相互对应。其比值可以表示为

$$R_a=\frac{F(\theta_q-\theta_1)}{F(\theta_q-\theta_2)} \tag{7.1}$$

因此，可以利用此对应关系，建立输出信号幅度比值与角度关系曲线实现测角。

在实际的测量过程中，可以预先测量天线的方向图，这样能够减小接收通道、阵元位置等因素带来的误差影响。根据测量得到的方向图，预先将比值曲线制成表格进行存储，在实际应用中可以直接通过查表得方式获得目标偏离 θ_0 得角度值。

7.2 比相测角方法

相位法测向就是根据测向天线对不同到达方向电磁波的相位响应来测量辐射源的方向。常用的相位法测向技术有数字式相位干涉仪测向技术和线性相位多模圆阵测向技术。从原理上分析，相位干涉仪能够实现对单个脉冲的测向，故又称为相位单脉冲测向。最简单的单基线相位干涉仪由两个信道组成，如图 7.2 所示。

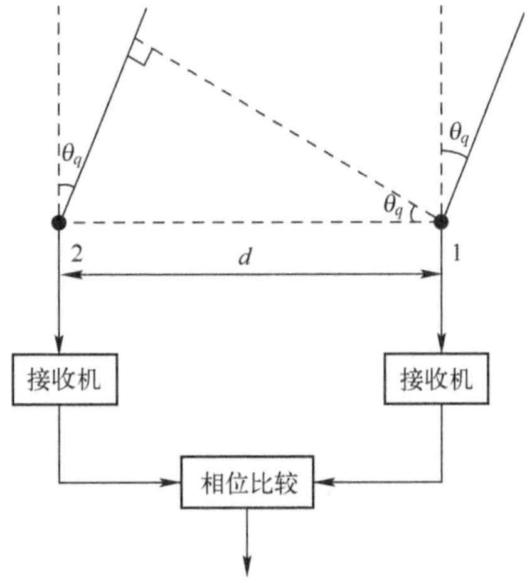

图 7.2 一维单基线相位干涉仪测向原理

若有一平面电磁波从与天线视轴夹角为 θ 的方向到达测向天线，则两天线收到信号的相位差 φ 可以表示为

$$\varphi=\frac{2\pi l}{\lambda}\sin\theta \tag{7.2}$$

式中：λ 为信号波长；l 为两天线间距。如果两个信道的相位响应完全一致，则由接收机输出信号的相位差仍为 φ，经过鉴相器取出相位差信息，即

$$\begin{cases}U_c=K\cos\varphi\\U_s=K\sin\varphi\end{cases} \tag{7.3}$$

式中：K 为系统增益。对其进行角度变换，求得雷达信号相位差 φ 和目标到达方向 θ 可以分别表示为

$$\begin{cases} \varphi = \arctan \dfrac{U_s}{U_c} \\ \theta = \arcsin \dfrac{\varphi\lambda}{2\pi l} \end{cases} \tag{7.4}$$

由于鉴相器无模糊的相位检测范围仅为$[-\pi,\pi)$，所以单基线相位干涉仪最大无模糊测角范围$[-\theta_{\max},\theta_{\max})$为

$$\theta_{\max} = \arcsin \frac{\lambda}{2l} \tag{7.5}$$

对于固定天线，l 是常量。对式（7.2）中的其他变量求全微分，分析各项误差的相互影响，可以表示为

$$\begin{cases} \Delta\varphi = \dfrac{2\pi l}{\lambda}\cos\theta\Delta\theta + \dfrac{2\pi l}{\lambda^2}\sin\theta\Delta\lambda \\ \Delta\theta = \dfrac{\Delta\varphi}{\dfrac{2\pi l}{\lambda}\cos\theta} + \dfrac{\Delta\lambda}{\lambda}\tan\theta \end{cases} \tag{7.6}$$

从式（7.6）可以看出，测角误差主要来源于相位误差 $\Delta\varphi$ 和信号频率不稳误差 $\Delta\lambda$。误差大小与 θ 有关，在天线视轴方向（$\theta=0$）误差最小，在基线方向（$\theta=\pi/2$）误差非常大，以至无法测向。因此，一般将单基线测角的范围限定在$[-\pi/3,\pi/3]$之内。相位误差 $\Delta\varphi$ 包括信道相位失衡误差 $\Delta\varphi_c$、相位测量误差 $\Delta\varphi_q$ 和系统噪声引起的相位误差 $\Delta\varphi_n$，即

$$\Delta\varphi = \Delta\varphi_c + \Delta\varphi_q + \Delta\varphi_n \tag{7.7}$$

相位误差 $\Delta\varphi$ 对测向误差的影响与 l/λ 成反比。要获得高的测向精度，必须尽可能提高 l/λ。但是，l/λ 越大，无模糊测角的范围就越小。

7.3 线性预测测角方法

线性预测（LP）是时间序列分析中常用的一种方法，它利用一系列已知的静态离散随机过程的采样数据，预测将来或过去的数据。预测将来的数据通常称为前向预测，而预测过去的数据通常称为后向预测。1967 年 Burg[1] 成功地将 LP 算法应用到谱估计领域，进而被推广到空域以估计信号的入射方向，这就是著名的最大熵算法（MEM）。由于 MEM 算法成功地突破了瑞利限的限制，从而进一步吸引了广大学者对这一问题进行深入而广泛的研究，如 Kay 和

Marple[2]进一步提出了 AR 算法，文献［3，4］介绍了双向线性预测的算法，文献［5-8］中介绍了基于线性预测的最小模算法，文献［9-11］介绍了利用信号循环平稳特性的线性预测算法，文献［12］介绍了利用神经网络来实现线性预测算法，线性预测算法的其他参考文献见文献［13-25］。

7.3.1 线性预测的基本原理

线性预测就是根据已知时间序列估计将来或过去的时间序列方法，它是借助于预测滤波器和预测误差滤波器来实现的。预测滤波器的作用是预测所需要的时间序列的值，预测误差滤波器的作用是根据实际值与预测值之间的误差来调节预测滤波器的权值。图 7.3 是一个一阶前向预测器及预测误差滤波器的系统框图。

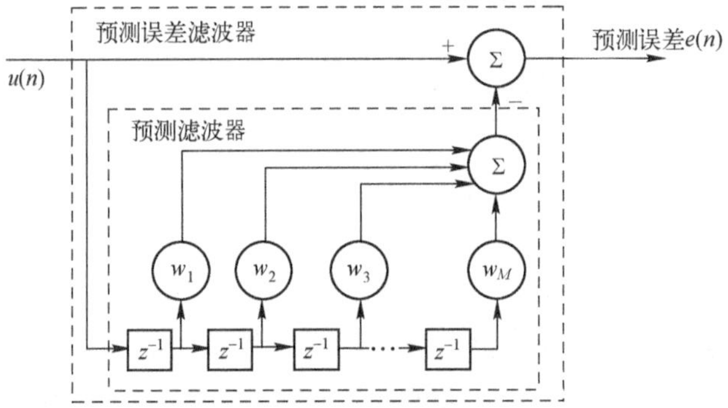

图 7.3 预测滤波器与预测误差滤波器的系统框图

对于一个 $M+1$ 点时间序列 $\boldsymbol{u}=[u(n),u(n-1),\cdots,u(n-M+1),u(n-M)]^{\mathrm{T}}$ 的 $(M+1)\times 1$ 维向量，如果利用 $\boldsymbol{u}$ 的后 M 点已知数据估计 $u(n)$，就是前向预测，预测值设为 $\hat{u}(n)$；反之，如果利用 $\boldsymbol{u}$ 的前 M 点已知数据估计 $u(n-M)$，就是后向预测，预测值设为 $\hat{u}(n-M)$。另外，假设前向预测的 $M\times 1$ 维权矢量为 $\boldsymbol{w}_f$，后向预测的 $M\times 1$ 维权矢量为 $\boldsymbol{w}_b$，则对于前向预测有

$$\hat{u}(n)=\sum_{k=1}^{M} w_{f,k}^{*}u(n-k)=\boldsymbol{w}_f^{\mathrm{H}}\boldsymbol{u}_f \tag{7.8}$$

$$\boldsymbol{u}_f=[u(n-1),u(n-2),\cdots,u(n-M)]^{\mathrm{T}}$$

而对于后向预测有

$$\hat{u}(n-M)=\sum_{k=1}^{M} w_{b,k}^{*}u(n-k+1)=\boldsymbol{w}_b^{\mathrm{H}}\boldsymbol{u}_b \tag{7.9}$$

$$\boldsymbol{u}_b=[u(n),u(n-1),\cdots,u(n-M+1)]^{\mathrm{T}}$$

由文献［26］可知，可以用 Yule-Walker 方程求解权矢量 $\boldsymbol{w}_f$ 和 $\boldsymbol{w}_b$，即

$$\boldsymbol{R}_f\boldsymbol{w}_f=\boldsymbol{r}_f \tag{7.10}$$

$$\boldsymbol{R}_b\boldsymbol{w}_b=\boldsymbol{r}_b \tag{7.11}$$

其中，数据的自相关矩阵互相关矢量分别为

$$\boldsymbol{R}_f=\boldsymbol{u}_f\boldsymbol{u}_f^{\mathrm{H}}=\begin{bmatrix} r(0) & r(1) & \cdots & r(M-1) \\ r^*(1) & r(0) & \cdots & r(M-2) \\ \vdots & \vdots & \ddots & \vdots \\ r^*(M-1) & r^*(M-2) & \cdots & r(0) \end{bmatrix} \tag{7.12}$$

$$\boldsymbol{R}_b=\boldsymbol{u}_b\boldsymbol{u}_b^{\mathrm{H}}=\boldsymbol{R}_f \tag{7.13}$$

$$\boldsymbol{r}_f=\boldsymbol{u}_f u^*(n)=\begin{bmatrix} r^*(1) \\ r^*(2) \\ \vdots \\ r^*(M) \end{bmatrix}=\begin{bmatrix} r(-1) \\ r(-2) \\ \vdots \\ r(-M) \end{bmatrix} \tag{7.14}$$

$$\boldsymbol{r}_b=\boldsymbol{u}_b u^*(n-M)=\begin{bmatrix} r(M) \\ r(M-1) \\ \vdots \\ r(1) \end{bmatrix} \tag{7.15}$$

由式（7.14）与式（7.15）可知

$$\boldsymbol{J}_M\boldsymbol{r}_b^*=\boldsymbol{r}_f \tag{7.16}$$

式中：$\boldsymbol{J}_M$ 为 M 阶交换矩阵。令 $\boldsymbol{w}_b^B=\boldsymbol{J}_M\boldsymbol{w}_b$，即

$$\boldsymbol{w}_b^B=\boldsymbol{J}_M\boldsymbol{w}_b=\begin{bmatrix} w_{b,M} \\ w_{b,M-1} \\ \vdots \\ w_{b,1} \end{bmatrix} \tag{7.17}$$

则可以由式（7.10）与（7.11）推出权矢量 $\boldsymbol{w}_f$ 和 $\boldsymbol{w}_b$ 之间的关系为

$$\boldsymbol{J}_M\boldsymbol{R}^*\boldsymbol{J}_M(\boldsymbol{w}_b^B)^*=\boldsymbol{J}\boldsymbol{r}_b^*=\boldsymbol{r}_f=\boldsymbol{R}\boldsymbol{w}_f \tag{7.18}$$

因为 $\boldsymbol{R}$ 是一个共轭对称的 Toeplitz 矩阵，所以满足 $\boldsymbol{J}_M\boldsymbol{R}^*\boldsymbol{J}_M=\boldsymbol{R}$。这也说明由式（7.18）可以直接得出前向预测权矢量与后向预测权矢量的关系为

$$(\boldsymbol{w}_b^B)^*=\boldsymbol{w}_f=\boldsymbol{J}_M(\boldsymbol{w}_b^*) \tag{7.19}$$

另外，由式（7.8）与（7.9）可知前后向的预测误差分别为

$$e_f(n)=u(n)-\hat{u}(n) \tag{7.20}$$

$$e_b(n)=u(n-M)-\hat{u}(n-M) \tag{7.21}$$

即可得预测误差的功率为

$$\begin{aligned}P_f&=E[\,|e_f(n)|^2]=(u(n)-\hat{u}(n))(u(n)-\hat{u}(n))^{\mathrm{H}}\\&=(u(n)-\boldsymbol{w}_f^{\mathrm{H}}\boldsymbol{u}_f)(u(n)-\boldsymbol{w}_f^{\mathrm{H}}\boldsymbol{u}_f)^{\mathrm{H}}\\&=r(0)-\boldsymbol{w}_f^{\mathrm{H}}\boldsymbol{u}_f u^{\mathrm{H}}(n)-u(n)\boldsymbol{u}_f^{\mathrm{H}}\boldsymbol{w}_f+\boldsymbol{w}_f^{\mathrm{H}}\boldsymbol{u}_f\boldsymbol{u}_f^{\mathrm{H}}\boldsymbol{w}_f\\&=r(0)-\boldsymbol{w}_f^{\mathrm{H}}\boldsymbol{r}_f-\boldsymbol{r}_f^{\mathrm{H}}\boldsymbol{w}_f+\boldsymbol{w}_f^{\mathrm{H}}\boldsymbol{R}\boldsymbol{w}_f\\&=r(0)-\boldsymbol{w}_f^{\mathrm{H}}\boldsymbol{r}_f-\boldsymbol{r}_f^{\mathrm{H}}\boldsymbol{w}_f+\boldsymbol{w}_f^{\mathrm{H}}\boldsymbol{r}_f\\&=r(0)-\boldsymbol{r}_f^{\mathrm{H}}\boldsymbol{w}_f\end{aligned}\tag{7.22}$$

同理可得

$$P_b=E[\,|e_b(n)|^2]=r(0)-\boldsymbol{r}_b^{\mathrm{H}}\boldsymbol{w}_b\tag{7.23}$$

将式（7.22）和式（7.23）再结合式（7.10）与（7.11）可以得到如下两个等式，即

$$\begin{bmatrix}r(0)&\boldsymbol{r}_f^{\mathrm{H}}\\\boldsymbol{r}_f&\boldsymbol{R}\end{bmatrix}\begin{bmatrix}1\\-\boldsymbol{w}_f\end{bmatrix}=\begin{bmatrix}P_f\\\boldsymbol{0}\end{bmatrix}\tag{7.24}$$

$$\begin{bmatrix}\boldsymbol{R}&\boldsymbol{r}_b^{\mathrm{H}}\\\boldsymbol{r}_b&r(0)\end{bmatrix}\begin{bmatrix}-\boldsymbol{w}_b\\1\end{bmatrix}=\begin{bmatrix}\boldsymbol{0}\\P_b\end{bmatrix}\tag{7.25}$$

式中：$\boldsymbol{0}$ 为 $M\times1$ 维由 0 组成的矢量。显然可以用 Levinson-Durbin 算法对上两式进行求解，从而得到预测滤波器的权矢量。式（7.24）也表明，对于前向预测算法而言，其权矢量可变为

$$\boldsymbol{W}=\begin{bmatrix}1\\-\boldsymbol{w}_f\end{bmatrix}\tag{7.26}$$

上式表明，矩阵 $\boldsymbol{R}$ 预测矩阵 $\begin{bmatrix}r(0)&\boldsymbol{r}_f^{\mathrm{H}}\\\boldsymbol{r}_f&\boldsymbol{R}\end{bmatrix}$ 的权矢量为 $\boldsymbol{W}$，其第一个元素为 1，而其他元素为 $-\boldsymbol{w}_f$。

同理对于后向预测算法而言，其权矢量可变为

$$\boldsymbol{W}=\begin{bmatrix}-\boldsymbol{w}_b\\1\end{bmatrix}\tag{7.27}$$

从上面的分析可知，线性预测是一个有关求权值的问题，这显然就涉及这样一个问题：怎么得到最优权。空间谱估计是空域处理算法，所以下面不讨论有关时域的最优权，而是根据空时的等效性来讨论一下空域的最优权——空域波束形成的最佳权向量。

前面已提到线性预测是一个有关求权值的问题，而空间各阵元可对应预测滤波器中的各延迟节点，各点间的延迟对应空域中两相邻阵元的间距，因此空域中线性预测的方向图可以表示为

$$G_{LP}=\boldsymbol{a}^{\mathrm{H}}(\theta)\boldsymbol{W} \tag{7.28}$$

定义一个方向函数，即

$$P_{LP}(\theta)=\frac{1}{|G_{LP}|^2}=\frac{1}{|\boldsymbol{a}^{\mathrm{H}}(\theta)\boldsymbol{W}|^2}=\frac{1}{\left|\boldsymbol{a}^{\mathrm{H}}(\theta)\begin{bmatrix}1\\-\boldsymbol{W}'\end{bmatrix}\right|^2} \tag{7.29}$$

式（7.29）中的权矢量也可以构成一个多项式，即

$$D(Z)=w_1-w_2Z^{-1}-w_3Z^{-2}-\cdots-w_NZ^{-(N-1)} \tag{7.30}$$

对于线性预测，式（7.30）中的 $w_1=1$。对于 DOA 估计，除了用谱峰搜索外，还可以用求根算法来计算，它有 M 个根，其中有 N 个根位于单位圆上，即信号零点，其余的落在单位圆内。将线性预测算法应用到空间谱估计中，其实质就是估计权值 $\boldsymbol{W}$。

7.3.2　前向预测算法

由上节中的知识可知，前向预测是利用 $\boldsymbol{u}_f=[u(n-1),u(n-2),\cdots,u(n-M)]^{\mathrm{T}}$ 来估计 $\hat{u}(n)$，前面已经提到时域中的延迟节点与空间的阵元存在一一对应，即对于空间某有 M 个阵元的均匀线阵，空域中的前向预测就是利用前 $M-1$ 个阵元的数据来估计第 M 个阵元，假设第 i 个阵元的输出数据矢量为

$$x_i(t)=\sum_{k=1}^{N}x_k(t)\mathrm{e}^{\mathrm{j}(i-1)\beta_k} \tag{7.31}$$

式中：$\beta_k=\dfrac{2\pi d}{\lambda}\sin\theta_k$，另假设由 L 次快拍数据组成的数据矢量表示为 $\boldsymbol{X}_i$，即

$$\boldsymbol{X}_i^{\mathrm{T}}=[x_i(1),x_i(2),\cdots,x_i(L)]^{\mathrm{T}} \tag{7.32}$$

利用前向线性预测的方法可得

$$[\boldsymbol{X}_{M-1}^{\mathrm{T}}\quad \boldsymbol{X}_{M-2}^{\mathrm{T}}\quad \cdots\quad \boldsymbol{X}_1^{\mathrm{T}}]\begin{bmatrix}w_{M-1}\\w_{M-2}\\\vdots\\w_1\end{bmatrix}=\boldsymbol{X}_M^{\mathrm{T}} \tag{7.33}$$

式（7.33）简记 $\boldsymbol{X}_F^{\mathrm{T}}=[\boldsymbol{X}_{M-1}^{\mathrm{T}}\quad \boldsymbol{X}_{M-2}^{\mathrm{T}}\quad \cdots\quad \boldsymbol{X}_1^{\mathrm{T}}]$，则式（7.33）可以简化为

$$\boldsymbol{X}_F^{\mathrm{T}}\boldsymbol{W}_{\mathrm{FLP}}=\boldsymbol{X}_M^{\mathrm{T}} \tag{7.34}$$

两边取共轭，然后用 $\boldsymbol{X}_F$ 左乘可得

$$\boldsymbol{X}_F\boldsymbol{X}_F^{\mathrm{H}}(\boldsymbol{W}_{\mathrm{FLP}})^*=\boldsymbol{X}_F\boldsymbol{X}_M^{\mathrm{H}} \tag{7.35}$$

令 $\boldsymbol{R}_F=\boldsymbol{X}_F\boldsymbol{X}_F^{\mathrm{H}}/L$，$\boldsymbol{r}_F=\boldsymbol{X}_F\boldsymbol{X}_M^{\mathrm{H}}/L$，则对上式进一步简化可得

$$\boldsymbol{R}_F\ (\boldsymbol{W}_{\mathrm{FLP}})^*=\boldsymbol{r}_F \tag{7.36}$$

由式（7.36）可得前向预测的权矢量

$$\boldsymbol{W}_{\mathrm{FLP}}=(\boldsymbol{R}_F^{-1}\boldsymbol{r}_F)^* \tag{7.37}$$

根据式（7.37）得到的前向预测权矢量，可以方便地得到前向预测的空间谱估计算法为

$$P_{\mathrm{FLP}}(\theta)=\frac{1}{\left|\boldsymbol{a}^{\mathrm{H}}(\theta)\begin{bmatrix}1\\-\boldsymbol{W}_{\mathrm{FLP}}\end{bmatrix}\right|^2} \tag{7.38}$$

7.3.3 后向预测算法

后向预测是利用 $\boldsymbol{u}_b=[u(n),u(n-1),\cdots,u(n-M+1)]^{\mathrm{T}}$ 来估计 $\hat{u}(n-M)$，同样将空域与时域中前向预测的关系应用到空域中的后向预测，可得空域中的后向预测就是利用 M 个空域阵元中后 $M-1$ 个阵元数据来估计第 1 个阵元，则可得

$$[\boldsymbol{X}_2^{\mathrm{T}}\quad \boldsymbol{X}_3^{\mathrm{T}}\quad \cdots\quad \boldsymbol{X}_M^{\mathrm{T}}]\begin{bmatrix}w_2\\w_3\\\vdots\\w_M\end{bmatrix}=\boldsymbol{X}_1^{\mathrm{T}} \tag{7.39}$$

同样令 $\boldsymbol{X}_B^{\mathrm{T}}=[\boldsymbol{X}_2^{\mathrm{T}}\quad \boldsymbol{X}_3^{\mathrm{T}}\quad \cdots\quad \boldsymbol{X}_M^{\mathrm{T}}]$，则式（7.39）可以简化为

$$\boldsymbol{X}_B^{\mathrm{T}}\boldsymbol{W}_{\mathrm{BLP}}=\boldsymbol{X}_1^{\mathrm{T}} \tag{7.40}$$

两边取共轭，然后用 $\boldsymbol{X}_B$ 左乘可得

$$\boldsymbol{X}_B\boldsymbol{X}_B^{\mathrm{H}}\ (\boldsymbol{W}_{\mathrm{BLP}})^*=\boldsymbol{X}_B\boldsymbol{X}_1^{\mathrm{H}} \tag{7.41}$$

令 $\boldsymbol{R}_B=\boldsymbol{X}_B\boldsymbol{X}_B^{\mathrm{H}}/L$，$\boldsymbol{r}_B=\boldsymbol{X}_B\boldsymbol{X}_1^{\mathrm{H}}/L$，则对上式进一步简化可得

$$\boldsymbol{R}_B\ (\boldsymbol{W}_{\mathrm{BLP}})^*=\boldsymbol{r}_B \tag{7.42}$$

由式（7.42）可得后向预测的权矢量，即

$$\boldsymbol{W}_{\mathrm{BLP}}=(\boldsymbol{R}_B^{-1}\boldsymbol{r}_B)^* \tag{7.43}$$

根据式（7.43）得到的后向预测权矢量，可以方便地得到后向预测的空间谱估计算法为

$$P_{\mathrm{BLP}}(\theta)=\frac{1}{\left|\boldsymbol{a}^{\mathrm{H}}(\theta)\begin{bmatrix}1\\-\boldsymbol{W}_{\mathrm{BLP}}\end{bmatrix}\right|^2} \tag{7.44}$$

参考文献

[1] J P BURG. Maximum entropy spectral analysis [C]//Proc. of the 37th meeting of the Annual Int. SEG Meeting, Oklahoma City, OK. 1967.

[2] S M KAY, S L MARPLE. Spectrum analysis - a modern perspective [J]. Proc. of the IEEE, 1981, 11.

[3] D W TUFTS, R KUMARESAN. Estimation of frequencies of multiple sinusoids: making linear prediction performance like maximum likelihood [J]. IEEE Proceeding, 1982, 70 (9): 975-989.

[4] YUAN-HWANG CHEN, CHING-TAI CHIANG. Kalman-based spatial domain forward-backward linear predictor for DOA estimation [J]. IEEE Transactions on Aerospace and Electronic Systems, 1995, 31 (6): 474-479.

[5] B P NG. Constraints for linear predictive and minimum-norm methods in bearing estimation [J]. IEE Proc., F, 1990, 137 (3): 187-192.

[6] D H JOHNSON, S R DEGRAAF. Improving the resolution of bearing in passive sonar arrays by eigenvalue analysis [J]. IEEE Trans., on ASSP, 1982, 30 (4): 638-647.

[7] R KUMARESAN, D W TUFTS. Estimating the angles of arrival of multiple plane waves [J]. IEEE Trans., on AES, 1983, 19 (1): 134-139.

[8] F LI, R J VACCARO, D W TUFTS. Min-norm linear prediction for arbitrary sensor arrays [C]. 1989 International Conference on Acoustics, Speech, and Signal Processing, Glasgow, UK, 1989: 2613-2616.

[9] H TSUJI, J XIN, S YOSHIMOTO, et al. New approach for finding DOA in array antennas using cyclostationarity [C]. Wireless Communications Conference, Boulder, CO, USA, 1997: 73-78.

[10] J XIN, H TSUJI, S YOSHIMOTO, et al. Minimum MSE-based detection of cyclostationary signals in array processing [C]. 1997 First IEEE Signal Processing Workshop on Signal Processing Advances in Wireless Communications, Paris, France, 1997: 169-172.

[11] J XIN, A SANO. Linear prediction approach to direction estimation of cyclostationary signals in multipath environment [J]. IEEE Transactions on signal processing, 2001, 49 (4): 710-720.

[12] W H YANG, K K CHAN, P R CHANG. Complex-valued neural network for direction of arrival estimation [J]. Electronics Letters, 1994, 5 (30): 574-575.

[13] J G WORMS. Superresolution methods and model errors [C]. Nation Radar'94, 1994: 454-459.

[14] R F COLARES, A LOPES. Improving DOA estimation methods using a priori knowledge about the sources location [C]. 42nd Midwest Symposium on Circuits and Systems, Las

Cruces, NM, USA, 1999: 989-992.

[15] Y YOGANANDAM, V U REDDY, C UMA. Modified linear prediction method for directions of arrival estimation of narrow-band plane waves [J]. IEEE Transactions on Antennas and Propagation, 1989, 4: 480-488.

[16] D H SHAU, A T ADAMS, T K SARKAR. A study of the effects of mutual coupling on the direction-finding performance of a linear array using the methods of moments [C]. Antennas and Propagation Society International Symposium, Syracuse, NY, USA, 1988: 1384.

[17] A TUNCAY KOC, E SEN, Y TANIK. Direction finding with a circularly rotated antenna [C]. 2000 IEEE International Conference on Acoustics, Speech, and Signal Processing, Istanbul, Turkey, 2000: 3077-3080.

[18] E M DOWLING, R D DEGROAT, D A LINEBARER, et al. Reduced polynomial order linear prediction [J]. IEEE Signal Processing Letter, 1996, 3 (3): 92-94.

[19] J XIN, A SANO. MSE-based regularization approach to direction estimation of coherent narrowband signals using linear prediction [J]. IEEE Transactions on signal processing, 2001, 49 (11): 2481-2497.

[20] T ABDELLATIF, P LARZABAL, J P BARDOT, et al. On high resolution bearing estimation for scattered sources [C]. 1999 2nd IEEE Workshop on Signal Processing Advances in Wireless Communications, SPAWC'99. Annapolis, MD, USA, 1999: 366-369.

[21] R L KIRLIN, D WEIXIU. Improvement on the estimation of covariance matrices by incorporating cross-correlations [C]. Fifth ASSP Workshop on Spectrum Estimation and Modeling, Rochester, NY, USA, 1990: 317-321.

[22] K ABED-MERAIM, YINGBO HUA BELOUCHRANI. Second-order near-field source localization: algorithm and performance analysis [C]. 1996 Conference Record of the Thirtieth Asilomar Conference on Signals, Systems and Computers, Pacific Grove, CA, USA, 1996: 723-727.

[23] L DENEIRE, D T M SLOCK. Linear prediction and subspace fitting blind channel identification based on cyclic statistics [C]. 13th International Conference on Digital Signal Processing Proceedings, Santorini, Greece, 1997: 103-106.

[24] W C LEE, S T PARK, I W CHA, et al. Adaptive spatial domain forward-backward predictors for bearing estimation [J]. IEEE Transactions on Acoustics, Speech, and Signal Processing, 1990, 38 (7): 1105-1109.

[25] V SHAHMIRIAN, S KESLER. Bias and resolution of the vector space methods in the presence of coherent planewaves [C]. ICASSP, 1987: 2520-2523.

[26] SIMON HAYKIN. Adaptive filter theory [M]. Prentice-Hall, 1996: 241-274.

第8章　目标角度超分辨估计技术

8.1　基于伪协方差矩阵构造的目标DOA估计

外辐射源雷达利用参考信号和目标回波信号的互模糊函数实现距离、多普勒频率的二维匹配滤波。假设空间中两阵元接收的目标回波信号分别为 $\boldsymbol{S}_{\mathrm{Ech1}}(t)$ 与 $\boldsymbol{S}_{\mathrm{Ech2}}(t)$，阵元之间目标回波信号相位相差 $\Delta\varphi_{12}$，则两阵元接收信号存在 $\boldsymbol{S}_{\mathrm{Ech1}}(t)=\boldsymbol{S}_{\mathrm{Ech2}}(t)\mathrm{e}^{\mathrm{j}\Delta\varphi_{12}}$ 的关系。故回波信号与参考信号相关后的互模糊函数存在如下关系，即

$$\boldsymbol{X}_1(\tau,f_d)=\mathrm{e}^{\mathrm{j}\Delta\varphi_{12}}\boldsymbol{X}_2(\tau,f_d) \tag{8.1}$$

式中：τ，f_d 分别为目标回波的延迟和多普勒频率。由式（8.1）可知，两信号的互模糊函数之间存在固定的空间相位差信息。因此，目标回波信号与参考信号的互模糊函数并不影响阵元之间空间相位差特性。在整个互模糊函数平面上，都可以用来提取空间相位差信息。但是在多个目标的情况下，目标回波信号与参考信号的互模糊函数输出是多个目标互模糊函数的叠加。

设目标回波信号和参考信号的互相关函数表示为 $\boldsymbol{X}(l,k)$，$l=0,1,\cdots,L$；$k=-K,\cdots,K$ 分别为时延和多普勒频率离散化表示，L 和 K 为离散化时延和多普勒频率范围。

考虑有 Q 个目标同时位于一个距离多普勒单元$[l_g,k_g]$内，此时回波信号可以表示为

$$\boldsymbol{Y}=\begin{bmatrix}\mathbf{a}(\theta_1)\\ \mathbf{a}(\theta_2)\\ \vdots\\ \mathbf{a}(\theta_Q)\end{bmatrix}^{\mathrm{T}}\begin{bmatrix}X_1(l_g,k_g)\\ X_2(l_g,k_g)\\ \vdots\\ X_Q(l_g,k_g)\end{bmatrix}+\begin{bmatrix}N_1(l_g,k_g)\\ N_2(l_g,k_g)\\ \vdots\\ N_M(l_g,k_g)\end{bmatrix}=\boldsymbol{AX}+\boldsymbol{N} \tag{8.2}$$

$$\boldsymbol{A}\in\mathbb{C}^{Q\times M},\quad \boldsymbol{X}\in\mathbb{C}^{Q\times 1},\quad \boldsymbol{N}\in\mathbb{C}^{M\times 1}$$

$$\boldsymbol{a}(\theta_q)=[1,\mathrm{e}^{\mathrm{j}2\pi d_2\sin\theta_q/\lambda},\cdots,\mathrm{e}^{\mathrm{j}2\pi d_{M-1}\sin\theta_q/\lambda}]\in\mathbb{C}^{1\times M} \tag{8.3}$$

式中：$X_q(l_g,k_g)$为第 q 个目标在$[l_g,k_g]$距离-多普勒单元的复包络，$q=1,2,\cdots,Q$；M 为天线总阵元数；$\boldsymbol{a}(\theta_q)$为第 q 个目标的导向矢量。

8.1.1 相关数据域伪协方差矩阵构造

假设阵列为 ULA，阵元间距为半波长，第 m 个通道的目标回波信号 $\tilde{x}_m$ 可以表示为

$$\tilde{x}_m = \sum_{q=1}^{Q} \mathrm{e}^{\mathrm{j}[\varphi_q+(m-1)\Delta\varphi_q]} s_q + n_m \tag{8.4}$$

式中：s_q 为目标信号；$\Delta\varphi_q$ 为第 q 个目标的空间相位差，由目标角度决定；φ_q 为选择的相位参考点的基础固定相位差，其与参考天线的选取有关；n_m 为接收通道包含的噪声信号。

基于相关数据域构造的伪协方差矩阵可以表示为

$$\boldsymbol{R}_{\mathrm{w}} = \begin{bmatrix} \chi(0) & \chi^*(1) & \cdots & \chi^*(K-1) \\ \chi(1) & \chi(0) & \cdots & \chi^*(K-2) \\ \vdots & \vdots & \ddots & \vdots \\ \chi(K-1) & \chi(K-2) & \cdots & \chi(0) \end{bmatrix} \tag{8.5}$$

$$\chi(i) = \frac{1}{M-i} \sum_{m=1}^{M-i} x_{m+i} x_m^* \tag{8.6}$$

式中：K 为协方差矩阵维度，$K>Q$。

假设以第一根天线为参考天线，设 $\varphi_q=0$。在不考虑噪声的影响下，将式（8.4）代入式（8.6）中，可得

$$\begin{aligned} \chi(i) &= \frac{1}{M-i} \sum_{m=1}^{M-i} x_{m+i} x_m^* \\ &= \frac{1}{M-i} \sum_{m=1}^{M-i} \sum_{q=1}^{Q} \mathrm{e}^{\mathrm{j}(m+i-1)\Delta\varphi_q} s_q \sum_{p=1}^{Q} \mathrm{e}^{-\mathrm{j}(m-1)\Delta\varphi_p} s_p^* \\ &= \sum_{q=1}^{Q} s_q \mathrm{e}^{\mathrm{j}i\Delta\varphi_q} \sum_{p=1}^{Q} s_p^* \frac{1}{M-i} \sum_{m=1}^{M-i} \mathrm{e}^{\mathrm{j}[(m-1)(\Delta\varphi_q-\Delta\varphi_p)]} \end{aligned} \tag{8.7}$$

式（8.7）后半部分模值可以表示为

$$\left| \frac{1}{M-i} \sum_{m=1}^{M-i} \mathrm{e}^{\mathrm{j}[(m-1)(\Delta\varphi_q-\Delta\varphi_p)]} \right| = \left| \frac{1}{M-i} \frac{\sin\left[\dfrac{(M-i)(\Delta\varphi_q-\Delta\varphi_p)}{2}\right]}{\sin\left[\dfrac{(\Delta\varphi_q-\Delta\varphi_p)}{2}\right]} \right| \tag{8.8}$$

当 $M-i$ 取值较大时，并且 $q \neq p$ 时，则式（8.8）趋近于 0；若 $q=p$，则式（8.8）为 1。故式（8.7）可以表示为

$$\chi(i) = \sum_{q=1}^{Q} \mathrm{e}^{\mathrm{j}i\Delta\varphi_q} \left| s_q \right|^2 \tag{8.9}$$

将式（8.9）代入式（8.5），伪协方差矩阵 $\boldsymbol{R}_w$ 可以表示为

$$\boldsymbol{R}_w=\widetilde{\boldsymbol{A}}\boldsymbol{D}\widetilde{\boldsymbol{A}}^{\mathrm{H}} \tag{8.10}$$

式中：$\widetilde{\boldsymbol{A}}$为 $K\times Q$ 维阵列流行矩阵；$\boldsymbol{D}$ 为 $|s_q|^2$ 组成的对角阵。分析式（8.10）可得，利用相关数据域构造得到的伪协方差矩阵的秩等于目标个数，其可以解决单快拍下协方差矩阵的秩等于 1 的问题。

8.1.2　直接数据域伪协方差矩阵构造

与相关数据域构造的方法不同，直接数据域构造的方法是直接利用接收到的单快拍信号对伪协方差矩阵进行构造。构造的方法可以表示为

$$\boldsymbol{R}_z=\begin{bmatrix} x_L & x_{L-1} & \cdots & x_1 \\ x_{L+1} & x_L & \cdots & x_2 \\ \vdots & \vdots & \ddots & \vdots \\ x_M & x_{M-1} & \cdots & x_L \end{bmatrix} \tag{8.11}$$

式中：L 为构造的伪协方差矩阵的维度。当阵元数量 M 为奇数时，有 $L=\dfrac{M+1}{2}$。

在不考虑噪声的影响下，可以验证式（8.11）的伪协方差矩阵可以表示为 $\boldsymbol{R}_z=\widetilde{\boldsymbol{A}}\boldsymbol{D}\widetilde{\boldsymbol{A}}^{\mathrm{H}}$ 的形式，其秩与目标数量相等。

可以看出，式（8.11）构造伪协方差矩阵的方法在阵元数量为奇数的情况下可以得到最大维度的协方差矩阵，但是当阵元数量为偶数时，此时会导致接收数据的浪费。针对这一问题，文献［1］对此进行深入研究，提出了一种直接数据域伪协方差矩阵的构造方式。

假设期望得到的协方差矩阵为

$$\hat{\boldsymbol{R}}_z=\hat{\boldsymbol{A}}(\theta)\boldsymbol{D}\hat{\boldsymbol{A}}^{\mathrm{H}}(\theta) \tag{8.12}$$

式中：$\hat{\boldsymbol{A}}(\theta)$为 $L\times Q$ 维阵列流行矩阵；$\boldsymbol{D}$ 为 $Q\times Q$ 维满秩矩阵。

矩阵$\hat{\boldsymbol{R}}_z$ 中元素可以表示为

$$\hat{\boldsymbol{R}}_z(k_1,k_2)=\sum_{q=1}^{Q}\sum_{p=1}^{Q}\mathrm{e}^{\mathrm{j}[\varphi_q+(k_1-1)\Delta\varphi_q]}\mathrm{e}^{-\mathrm{j}[\varphi_p+(k_2-1)\Delta\varphi_p]}d_{qp},\quad k_1,k_2=1,2,\cdots,L \tag{8.13}$$

式中：d_{qp}为矩阵 $\boldsymbol{D}$ 的元素。

采用 8.1.1 节中式（8.4）直接构造式（8.13）的方式是将$\hat{\boldsymbol{R}}_z(k_1,k_2)$写为 $\widetilde{x}_q\widetilde{x}_p^*$。但此时相当于 $\boldsymbol{D}=\boldsymbol{S}\boldsymbol{S}^{\mathrm{H}}$，伪协方差矩阵的秩为 1，不满足构造的需求。式（8.13）中涉及 p 和 q 两个变量的求和，而目标角度决定了 $\Delta\varphi_q$ 与 $\Delta\varphi_p$ 值

的大小。在一般情况下，$p\neq q$ 时有 $\Delta\varphi_p\neq\Delta\varphi_q$，为避免这一情况，可令 $p=q$，此时 $\boldsymbol{D}$ 为对角阵，式（8.13）可以表示为

$$\hat{\boldsymbol{R}}_z(k_1,k_2)=\sum_{q=1}^{Q}\mathrm{e}^{\mathrm{j}[(k_1-k_2)\Delta\varphi_q]}d_{qq},\quad k_1,k_2=1,2,\cdots,L \tag{8.14}$$

分析式（8.14）可知，只需要矩阵 $\boldsymbol{D}$ 中得对角线元素 $d_{qq}\neq 0$，则其满秩。此时构造的伪协方差矩阵 $\hat{\boldsymbol{R}}_z$ 的秩为 Q，其可以表示为 $\hat{\boldsymbol{R}}_z=\hat{\boldsymbol{A}}(\theta)\boldsymbol{D}\hat{\boldsymbol{A}}^{\mathrm{H}}(\theta)$。

比较式（8.4）和式（8.14）可知，可用的信息与需要构造的伪协方差矩阵主要区别在求和项相位的取值上。当 $(M-1)\Delta\varphi_q=(2L-2)\Delta\varphi_q$ 时，则 $L_{\max}=(M+1)/2$，可以看出当阵元数 M 为奇数时，伪协方差矩阵可以利用所有接收的单快拍数据。但当阵元数量为偶数时，此时 $L_{\max}=M/2$，此时会浪费掉一个阵元的单快拍数据。

当阵元数量为奇数时，设 $L=(M+1)/2$，$\varphi_q=-(M-1)\Delta\varphi_q/2$，$d_{qq}=s_q$，则可以得到式（8.11）的构造方法。可以发现，$d_{qq}$ 是 q 的函数，调整 φ_q 和 d_{qq} 值的大小，可以得到同样的构造效果，如 $\varphi_q=0$，$d_{qq}=\mathrm{e}^{\mathrm{j}(L-1)\Delta\varphi_q}s_q$。

当阵元数目为偶数时，此时伪协方差矩阵的最大维度 $L_{\max}=M/2$。此时，若设 $\varphi_q=\dfrac{-(M-2)\Delta\varphi_q}{2}$，则 $d_{qq}=s_q$，即利用数据 $x_m(m=1,2,\cdots,M-2)$ 构造伪协方差矩阵；若设 $\varphi_q=\dfrac{-(M-2)\Delta\varphi_q}{2}$，则 $d_{qq}=s_q\mathrm{e}^{-\mathrm{j}\Delta\varphi_q}$，即利用数据 $x_m(m=2,3,\cdots,M-1)$ 构造伪协方差矩阵；若设 $\varphi_q=\dfrac{-(M+2)\Delta\varphi_q}{2}$，则 $d_{qq}=s_q\mathrm{e}^{-2\mathrm{j}\Delta\varphi_q}$，即利用数据 $x_m(m=3,4,\cdots,M)$ 构造伪协方差矩阵。

8.1.3 奇异值分解伪协方差矩阵构造

相关数据域构造方法与直接数据域的构造方法得到的伪协方差矩阵都是方阵，这主要拘泥于理想协方差矩阵的结构特征。但是，构造伪协方差矩阵的实质是得到噪声子空间，进而采用空间谱估计算法解决单快拍、多目标的角度估计问题。

假设存在一个 $L_1\times L_2$ 维矩阵 $\boldsymbol{R}_z$，其表示为

$$\boldsymbol{R}_z=\boldsymbol{B}\widetilde{\boldsymbol{A}}^{\mathrm{H}} \tag{8.15}$$

式中：$\boldsymbol{B}$ 为 $L_1\times Q$ 维满秩矩阵，且有 $L_1\geqslant Q$；$\widetilde{\boldsymbol{A}}$ 为 $L_2\times Q$ 维阵列流型矩阵，且有 $L_2\geqslant Q$。

由矩阵奇异值分解性质可知，对 $\boldsymbol{R}_z$ 进行奇异值分解，则可以得到维度为

$L_2\times(L_2-Q)$ 的噪声子空间，即等效的协方差矩阵维度为 L_2。以下对该结论进行证明。

对 $\boldsymbol{R}_z$ 进行奇异值分解，可得

$$\boldsymbol{R}_z=\boldsymbol{B}\widetilde{\boldsymbol{A}}^{\mathrm{H}}=\boldsymbol{U}\boldsymbol{\Sigma}\boldsymbol{V}^{\mathrm{H}} \tag{8.16}$$

式中：$\boldsymbol{U}$ 为左奇异向量矩阵；$\boldsymbol{V}$ 为右奇异向量矩阵；$\boldsymbol{\Sigma}$ 为由奇异值组成的对角矩阵。

根据奇异值分解的性质可知，$\boldsymbol{V}$ 的后 L_2-Q 列构成 $\boldsymbol{R}_z$ 的零空间的基，即

$$\boldsymbol{R}_z\boldsymbol{v}_j=\boldsymbol{B}\widetilde{\boldsymbol{A}}^{\mathrm{H}}\boldsymbol{v}_j=0,\quad j=Q+1,Q+2,\cdots,L_2 \tag{8.17}$$

式中：$\boldsymbol{v}_j$ 为 $\boldsymbol{V}$ 的第 j 列。根据噪声子空间的性质可知，$\boldsymbol{V}$ 的后 L_2-Q 行构成噪声子空间。

经过上述分析可知，伪协方差矩阵[2]的构造问题转化为利用式（8.4）形式的单快拍数据，构造式（8.15）形式的伪协方差矩阵。矩阵 $\boldsymbol{R}_z$ 的元素可以表示为

$$\boldsymbol{R}_z(k_1,k_2)=\sum_{q=1}^{Q}B(k_1,q)\mathrm{e}^{-\mathrm{j}(k_2-1)\Delta\varphi_q},\quad k_1=1,2,\cdots,L_1,k_2=1,2,\cdots,L_2 \tag{8.18}$$

式中：$B(k_1,q)$ 为矩阵 $\boldsymbol{B}$ 的元素。

比较式（8.4）与式（8.18）可知，$B(k_1,q)$ 应包含 s_q 项，调整式（8.18）中求和项的相位，即 $B(k_1,q)$ 可以表示为

$$B(k_1,q)=\sum_{f}T_{k_1qf}\mathrm{e}^{\mathrm{j}f\Delta\varphi_q}s_q \tag{8.19}$$

式中：T_{k_1qf} 为加权稀疏；f 为整数，其取值满足 $0\leqslant f-k_2+1\leqslant M-1$。

将式（8.19）代入式（8.18）可得

$$\boldsymbol{R}_z(k_1,k_2)=\sum_{f}\sum_{q=1}^{Q}T_{k_1qf}\mathrm{e}^{\mathrm{j}(f-k_2+1)\Delta\varphi_q}s_q,\quad k_1=1,2,\cdots,L_1,k_2=1,2,\cdots,L_2 \tag{8.20}$$

为利用式（8.4）形式的单快拍数据构造 $\boldsymbol{R}_z$，令式（8.20）中 T_{k_1qf} 与变量 q 无关，即式（8.20）可以表示为

$$\boldsymbol{R}_z(k_1,k_2)=\sum_{f}T_{k_1f}\sum_{q=1}^{Q}\mathrm{e}^{\mathrm{j}(f-k_2+1)\Delta\varphi_q}s_q,\quad k_1=1,2,\cdots,L_1,k_2=1,2,\cdots,L_2 \tag{8.21}$$

式中：f 及 k_2 为连续变化的整数。因此随着 f 及 k_2 的变化，$\sum_{q=1}^{Q}\mathrm{e}^{\mathrm{j}(f-k_2+1)\Delta\varphi_q}s_q$ 部分矩阵的形式可以表示为

$$\begin{bmatrix} x_{L_2} & x_{L_2-1} & \cdots & x_1 \\ x_{L_2+1} & x_{L_2} & \cdots & x_2 \\ \vdots & \vdots & \ddots & \vdots \\ x_M & x_{M-1} & \cdots & x_{M-L_2+1} \end{bmatrix} \tag{8.22}$$

矩阵 $\boldsymbol{R}_z$ 的第 k_1 行可以表示为

$$\boldsymbol{R}_{zk_1} = [T_{k_11} \quad T_{k_12} \quad \cdots \quad T_{k_1M-L_2+1}] \begin{bmatrix} x_{L_2} & x_{L_2-1} & \cdots & x_1 \\ x_{L_2+1} & x_{L_2} & \cdots & x_2 \\ \vdots & \vdots & \ddots & \vdots \\ x_M & x_{M-1} & \cdots & x_{M-L_2+1} \end{bmatrix} \tag{8.23}$$

则矩阵 $\boldsymbol{R}_z$ 可以表示为

$$\boldsymbol{R}_z = \begin{bmatrix} T_{11} & T_{12} & \cdots & T_{1M-L_2+1} \\ T_{21} & T_{22} & \cdots & T_{2M-L_2+1} \\ \vdots & \vdots & \ddots & \vdots \\ T_{L_11} & T_{L_12} & \cdots & T_{L_1M-L_2+1} \end{bmatrix} \begin{bmatrix} x_{L_2} & x_{L_2-1} & \cdots & x_1 \\ x_{L_2+1} & x_{L_2} & \cdots & x_2 \\ \vdots & \vdots & \ddots & \vdots \\ x_M & x_{M-1} & \cdots & x_{M-L_2+1} \end{bmatrix} \stackrel{\text{def}}{=} \boldsymbol{T}\hat{\boldsymbol{R}}_z \tag{8.24}$$

式中：$\boldsymbol{T}$ 为加权系数矩阵。$\hat{\boldsymbol{R}}_z$ 为 $(M-L_2+1)\times L_2$ 维矩阵，其元素可表示为

$$\hat{\boldsymbol{R}}_z(k_1,k_2) = x_{L_2+k_1-k_2} = \begin{bmatrix} \mathrm{e}^{-\mathrm{j}(L_2+k_1-2)\Delta\varphi_1} \\ \mathrm{e}^{-\mathrm{j}(L_2+k_1-2)\Delta\varphi_2} \\ \vdots \\ \mathrm{e}^{-\mathrm{j}(L_2+k_1-2)\Delta\varphi_q} \end{bmatrix}^{\mathrm{H}} \begin{bmatrix} s_1 & & & \\ & s_2 & & \\ & & \ddots & \\ & & & s_q \end{bmatrix} \begin{bmatrix} \mathrm{e}^{-\mathrm{j}(k_2-1)\Delta\varphi_1} \\ \mathrm{e}^{-\mathrm{j}(k_2-1)\Delta\varphi_2} \\ \vdots \\ \mathrm{e}^{-\mathrm{j}(k_2-1)\Delta\varphi_q} \end{bmatrix} \tag{8.25}$$

由式（8.25）可知，矩阵$\hat{\boldsymbol{R}}_z$ 可以写为

$$\hat{\boldsymbol{R}}_z = \boldsymbol{A}_1 \boldsymbol{\Sigma}_s \boldsymbol{A}_2^{\mathrm{H}} \tag{8.26}$$

式中：$\boldsymbol{A}_1$ 为 $M\times Q$ 维阵列流型矩阵的后 $M-L_2+1$ 行；$\boldsymbol{A}_2$ 为阵列流形矩阵的前 L_2 行。

由于 $L_2>Q$，故只需要 $M-L_2+1\geqslant Q$，此时得矩阵$\hat{\boldsymbol{R}}_z$ 的秩为 Q。故矩阵 $\boldsymbol{R}_z$ 的秩由 $\boldsymbol{T}$ 决定。

矩阵 $\boldsymbol{T}$ 的维度为 $L_1\times(M-L_2+1)$。当 $L_1\geqslant(M-L_2+1)$ 时，为使矩阵 $\boldsymbol{R}_z$ 的秩为 Q，则应约束矩阵 $\boldsymbol{T}$ 为满秩矩阵，即矩阵 $\boldsymbol{T}$ 的秩为 $M-L_2+1$。

由矩阵秩的性质可知

$$\begin{aligned} &\mathrm{rank}(\boldsymbol{R}_z) \leqslant \min(\mathrm{rank}(\boldsymbol{T}),\mathrm{Q}) \\ &\mathrm{rank}(\boldsymbol{R}_z) \geqslant \mathrm{rank}(\boldsymbol{T}) + \mathrm{Q} - (M-L_2+1) \end{aligned} \tag{8.27}$$

由式（8.27）可知，当矩阵 $\boldsymbol{T}$ 为列满秩矩阵时，矩阵 $\boldsymbol{R}_z$ 的秩为 Q。当 $L_1<(M-L_2+1)$ 时，$\boldsymbol{R}_z=\boldsymbol{T}\hat{\boldsymbol{R}}_z=\boldsymbol{T}\boldsymbol{A}_1\boldsymbol{\Sigma}_s\boldsymbol{A}_2^{\mathrm{H}}$，由于 $\boldsymbol{\Sigma}_s\boldsymbol{A}_2^{\mathrm{H}}$ 行满秩，故只需 $\boldsymbol{T}\boldsymbol{A}_1$ 秩为 N，则矩阵 $\boldsymbol{R}_z$ 秩为 Q。

综上所述，矩阵 $\boldsymbol{T}$ 秩的约束条件为

$$\begin{cases}\mathrm{rank}(\boldsymbol{T})=M-L_2+1, & L_2\geqslant(M-L_2+1)\\ \mathrm{rank}(\boldsymbol{T}\boldsymbol{A}_1)=N, & L_2<(M-L_2+1)\end{cases}\tag{8.28}$$

基于上述分析可知，基于奇异值分解的伪协方差矩阵构造方法，本质是利用式（8.4）形式的单快拍数据，构造（8.24）形式的伪协方差矩阵。该方法只需要满足（8.28）约束条件，就可采用奇异值分解得到噪声子空间。

8.2　基于 A&M-Relax 算法的目标 DOA 估计

8.2.1　A&M-Relax 算法

A&M 插值算法[3]是采用 A&M-Relax[4]算法求解目标波达方向的基础。传统 FFT 方法求解目标角度是利用 FFT 方法得到频谱图，并根据其频谱图的峰值点位置求解目标的角度。但是，这种方法估计得到的目标角度精度依赖于天线数量，在天线数量较少时估计得到的角度与实际值有较大差别。对此，A&M 插值算法是利用 FFT 粗估计结果，通过插值迭代实现对角度的精确估计。

对于间隔为 d 的一个均匀线阵，当目标入射角度为 θ 时，则此时接收信号的阵列流行矢量为

$$\boldsymbol{A}(\theta)=\begin{bmatrix}1 & \mathrm{e}^{-\mathrm{j}2\pi\frac{d}{\lambda}\sin\theta} & \cdots & \mathrm{e}^{-\mathrm{j}2\pi\frac{d}{\lambda}(M-1)\sin\theta}\end{bmatrix}^{\mathrm{T}}\tag{8.29}$$

接收信号可以表示为

$$\boldsymbol{y}(t)=\boldsymbol{A}s(t)+n(t)\tag{8.30}$$

令 $f=dM\sin\theta/\lambda$，$f_s=M$，则第 m 个天线的接收信号 y_m 可以表示为 $y_m(t)=\mathrm{e}^{\mathrm{j}\left(2\pi m\frac{f}{f_s}\right)}+n(t)$，则对目标角度 θ 的估计可以转化为对频率 f 的估计。

假设接收信号 FFT 的峰值点为 $\hat{m}_q$，由于 FFT 算法分辨率的限制，实际中目标的峰值点位置应该位于 $m_q=\hat{m}_q+\delta_q$，其中 $\delta_q\in[-0.5,0.5]$ 为量化误差，对应的目标信号真实角度频率为

$$f=\frac{\hat{m}_q+\delta_q}{M}f_s\tag{8.31}$$

因此核心问题在于求解量化误差 δ_q，而求解的关键在于找出误差迭代关系，即

$$\hat{\delta}_i=\hat{\delta}_{i-1}+h(\hat{\delta}_{i-1}) \tag{8.32}$$

考虑接收信号的 DFT 系数为

$$W_p=\sum_{m=0}^{M-1}\boldsymbol{y}(m)\mathrm{e}^{-\mathrm{j}2\pi m\frac{m_q+p}{M}},\quad p=\pm 0.5 \tag{8.33}$$

当信号幅值为 1 时，将 t 时刻接收信号 $y_m(t)=\mathrm{e}^{\mathrm{j}\left(2\pi m\frac{f}{f_s}\right)}+n(t)$ 代入式（8.33），可得

$$W_p=\frac{1+\mathrm{e}^{\mathrm{j}2\pi(\delta-p)}}{1-\mathrm{e}^{\mathrm{j}2\pi\frac{\delta-p}{M}}}+N_p \tag{8.34}$$

式中：N_p 为噪声的傅里叶变换系数。当 $\delta-p\ll N$ 时，则式（8.34）简化为

$$W_p=b\frac{\delta}{\delta-p}+N \tag{8.35}$$

$$b=-M\frac{1+\mathrm{e}^{\mathrm{j}2\pi(\delta-p)}}{\mathrm{j}2\pi\delta}$$

由式（8.35）可得

$$\beta=\frac{b\dfrac{\delta}{\delta-0.5}+b\dfrac{\delta}{\delta+0.5}}{b\dfrac{\delta}{\delta-0.5}-b\dfrac{\delta}{\delta+0.5}}=2\delta \tag{8.36}$$

$$\delta=\frac{\beta}{2}=\frac{W_{0.5}+W_{-0.5}}{W_{0.5}-W_{-0.5}} \tag{8.37}$$

通过式（8.37）可以发现，δ 可以通过 W_p 求解。文献［3］给出了两种误差迭代公式，误差求解的迭代关系式为

$$h(\hat{\delta}_{i-1})=\frac{1}{2}\mathrm{Re}\left\{\frac{W_{0.5}+W_{-0.5}}{W_{0.5}-W_{-0.5}}\right\} \tag{8.38}$$

$$h(\hat{\delta}_{i-1})=\frac{1}{2}\frac{|W_{0.5}|-|W_{-0.5}|}{|W_{0.5}|+|W_{-0.5}|} \tag{8.39}$$

综上所述，A&M 插值算法的流程如下。

步骤 1：对接收数据做 FFT，得到$\widetilde{\boldsymbol{Y}}$。

步骤 2：计算初始频率，即

$$\hat{m}=\underset{m}{\mathrm{argmax}}\{(\widetilde{\boldsymbol{Y}}(m))\} \tag{8.40}$$

步骤 3：初始化 $\delta_0=0$，$i=0$。

步骤 4：令 $i=i+1$，计算傅里叶系数，即

$$W_p=\sum_{r=0}^{M-1}\boldsymbol{y}(r)\mathrm{e}^{-\mathrm{j}2\pi r\frac{\hat{m}+\hat{\delta}_{i-1}+p}{M}},\quad p=\pm 0.5 \tag{8.41}$$

步骤 5：通过式（8.38）或式（8.39）计算误差 $h(\hat{\delta}_{i-1})$。

步骤 6：迭代$\hat{\delta}_i=\hat{\delta}_{i-1}+h(\hat{\delta}_{i-1})$，判断$\hat{\delta}$是否收敛，收敛执行下一步，未收敛，返回步骤 4。

步骤 7：通过$f=\dfrac{\hat{m}_q+\delta_q}{M}f_s$ 得到目标频率。

当同一个距离-多普勒单元出现的目标个数大于 1 时，由于两个目标互相影响，此时 A&M 算法将不再适用。针对此问题，结合 Relax 算法实现对多目标的角度估计。在对多源信号中某一个信号源角度估计时，将其他的信号源当作噪声处理。在估计其中一个目标信号的频率点时，减去其余目标在该点的分量（称此分量为泄漏分量），再采用 A&M 算法估计，通过相互迭代提升估计的精度，得到目标的估计结果。

设第 q 个目标对第 l 个目标的泄漏分量为 $\alpha_q Y_q[\mu_l+p]$，其中 α_q 表示傅里叶系数，μ_l 为 DFT 后第 l 个目标在频谱中的位置。减去其余目标对第 l 个目标点的泄漏后，可得

$$\widetilde{W}_l[\mu_l+p]=W_l[\mu_l+p]-\sum_{q=1,q\neq l}^{Q}\alpha_l Y_q[\mu_l+p] \tag{8.42}$$

$$Y_q[\mu_l+p]=\sum_{k=0}^{M-1}y_i(k)\mathrm{e}^{-\mathrm{j}2\pi k\frac{\mu_l+p}{M}}=\frac{1+\mathrm{e}^{\mathrm{j}2\pi(\mu_q-\mu_l)}}{1+\mathrm{e}^{\mathrm{j}\frac{2\pi}{M}(\mu_q-\mu_l+p)}} \tag{8.43}$$

将得到的$\widetilde{W}_l[\mu_l+p]$作为 A&M 算法的输入进行后续计算。综上所述，本节基于 A&M-Relax 算法的外辐射源雷达 DOA 估计方法步骤如下。

步骤 1：确定目标数量，目标数目为 1，采用 A&M 算法处理，目标数量大于 1，进行下一步计算。

步骤 2：对接收到的数据进行 FFT 处理，得到$\widetilde{\boldsymbol{Y}}$。设置迭代变量 $k=1,\cdots,K$。

步骤 3：初始化$\mu_q=0$，$\alpha_q=0$，$q=1,2,\cdots,Q$。

步骤 4：通过式（8.42）计算$\widetilde{W}_l[\mu_l+p]$，$p=\pm 0.5$。

步骤 5：利用式（8.38）或式（8.39）计算 h_k。

步骤 6：更新 h_k，此处引入 sinc 函数以提高估计精度，即

$$\mu_k^l=\mu_{k-1}^l+\frac{\sin(\pi/\hat{M})}{\pi/\hat{M}}h_k^l \tag{8.44}$$

步骤 7：更新幅值，即

$$\alpha_k^l=\frac{1}{\hat{M}}\left\{\sum_{r=0}^{M-1}\overline{\boldsymbol{Y}}(r)\mathrm{e}^{-\mathrm{j}2\pi\frac{\mu_k^l}{M}}-\sum_{q=1,q\neq l}^{Q}\alpha_q Y_q[\mu_k^l]\right\} \tag{8.45}$$

步骤 8：判断 μ_l 是否收敛，达到收敛条件结束，若未收敛则返回步骤 4。

8.2.2 仿真实验

设置均匀线阵的阵元数目为 21，阵元间距为 0.5λ。目标 SNR 为-15dB，目标角度在每个实验中分别给出。假设每个阵元接收信号中的直达波与多径杂波已经采用对消算法抑制，通过距离-多普勒二维相关处理已经获得了目标的距离和速度信息。

实验 1：本实验验证算法的收敛特性。目标对应的频率通过阵元数目与阵元间距来计算。计算表达式为

$$f=\frac{dM\sin(\theta)}{\lambda} \tag{8.46}$$

单个目标时，设置目标角度为 18.7°，通过式（8.46）计算得到对应的频率值为 3.37Hz。设置迭代次数为 40 次，算法收敛情况如图 8.1 所示。设置两个目标角度分别为 26.6°与 3.7°，通过式（8.46）计算得到对应的频率值分别为 4.7Hz 与 0.68Hz。迭代次数设置 100 次，算法收敛情况如图 8.2 所示。

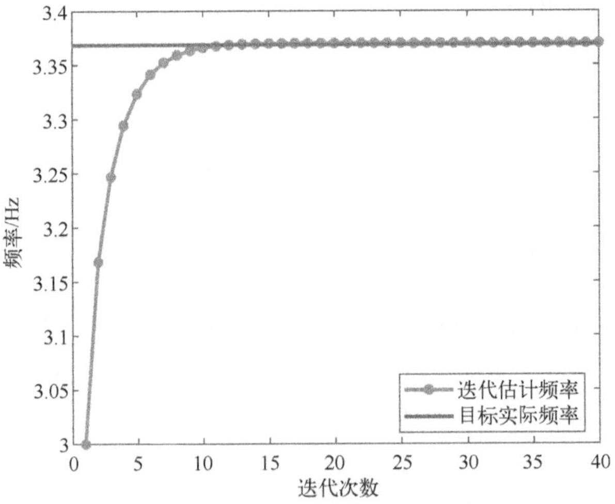

图 8.1　单个目标时 A&M 算法收敛情况

从图 8.1 可以看出，仿真大约在第 12 次开始收敛，收敛的结果与目标实际的频率基本一致，故能有效地对目标的角度进行估计。从图 8.2 可以看出，收敛的结果与目标实际对应的频率基本一致，能够有效地对两个目标的角度进行分辨与估计。

由于 A&M-Relax 算法的分辨性能受到傅里叶分辨力的限制，但若已知两

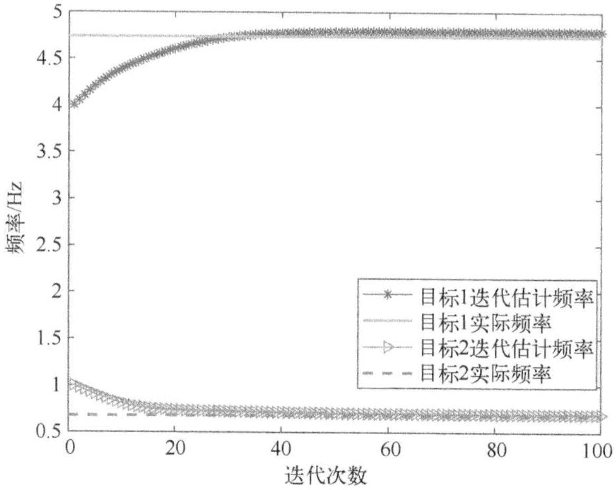

图 8.2　两个目标时 A&M-Relax 算法收敛情况

个目标中的一个目标角度，此时算法的分辨力将显著提高。图 8.3 为两目标角度相差 5°的情况下，已知其中一个目标的角度，将其作为迭代的初始值，得到的最终迭代结果。可以看出，在已知其中一个目标的角度情况下，算法的分辨力将显著提升，最终迭代结果会与目标实际频率基本一致。这是由于已经知道了其中一个目标的具体角度，此时可以消除掉该角度的泄漏分量，从而能够正确估计另一个目标的角度参数。

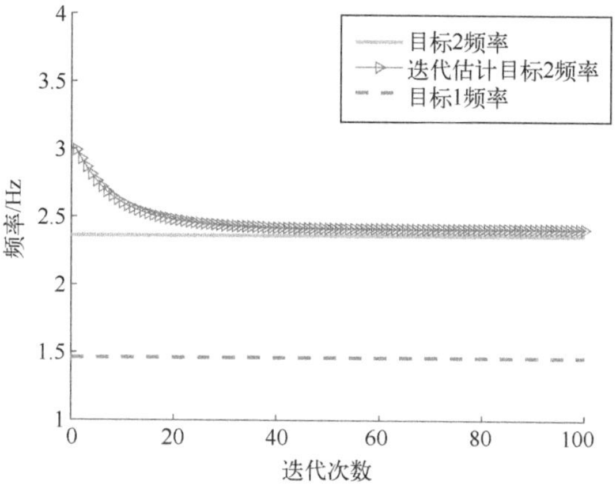

图 8.3　一个目标角度已知情况下估计结果

8.3 基于稀疏算法的目标 DOA 估计

近年来，基于稀疏思想的目标 DOA 估计方法逐渐变为研究热点。一方面，基于压缩感知理论在外辐射源雷达 DOA 估计中[5-7]，只需二维相干积累后的信息，可在单快拍、相干源的条件下实现超分辨测角。然而，这种方法需要构造过完备原子字典矩阵，而字典矩阵的分割精度直接影响着 DOA 估计的精度，并且存在着网格失配的可能。另一方面，传统的均匀阵列由于阵元间距较近存在着阵元互耦效应，在实际运用中会降低目标 DOA 估计精度，而稀疏阵列为解决这一问题提供了一个很好的方向。

压缩感知理论指出，当信号在某个变化域下是可压缩或者稀疏的，则可以在极少的采样次数下实现对原始信号的精确重建或实现对信号参数的精确估计。假设信号 $\boldsymbol{y}\in\mathbb{C}^{M\times1}$ 为一组可由正交基向量 $\boldsymbol{S}=[\boldsymbol{s}_1\quad\boldsymbol{s}_2\quad\cdots\quad\boldsymbol{s}_M]$ 展开，即

$$\boldsymbol{y}=\boldsymbol{S}\boldsymbol{x}\tag{8.47}$$

式中：$\boldsymbol{S}$ 为正交基字典矩阵，且有 $\boldsymbol{S}\boldsymbol{S}^{\mathrm{H}}=\boldsymbol{S}^{\mathrm{H}}\boldsymbol{S}=\boldsymbol{I}_M$，$(\cdot)^{\mathrm{H}}$ 表示共轭转置。若 $\|\boldsymbol{x}\|_0=p<<l$，$\|\cdot\|_0$ 和 $\|\cdot\|_2$ 分别表示向量的 l_0-范数和 Euclidean 范数（l_2-范数），则信号 $\boldsymbol{y}$ 为 p 稀疏。矩阵 $\boldsymbol{S}$ 为稀疏基矩阵，$\boldsymbol{x}$ 为稀疏信息矢量。

压缩感知理论指出，N 维原始信号 $\boldsymbol{x}$ 可以由 M 维的测量值 $\boldsymbol{y}$，通过求解最优 l_0-范数问题对 $\boldsymbol{x}$ 进行重构，可表示为

$$\min\|\boldsymbol{x}\|_0\quad \text{s.t.}\ \ \boldsymbol{y}=\boldsymbol{S}\boldsymbol{x}\tag{8.48}$$

由于实际环境中的各种信号在时域中不满足稀疏条件，因此一般情况下，压缩感知算法无法在自然信号上直接运用。因此，此处需要对信号进行某个变化 $\boldsymbol{\Phi}$，即

$$\boldsymbol{y}=\boldsymbol{S}\boldsymbol{\Phi}\boldsymbol{x}=\boldsymbol{\Lambda}x\tag{8.49}$$

式中：$\boldsymbol{\Lambda}$ 为 $M\times N$ 维感知矩阵，通过欠定方程式（8.48）求解，但其求解是一个 NP-hard 问题，计算复杂度很大。文献［8］提出了一种基于贪婪迭代追踪的稀疏重建算法解决 l_0-范数最优化问题。该算法将其转化为求解

$$\begin{cases}\min\limits_{x}\|\boldsymbol{x}\|_0\\ \text{s.t.}\ \ \|\boldsymbol{\Lambda}\boldsymbol{x}-\boldsymbol{y}\|_2^2<\varepsilon\end{cases}\tag{8.50}$$

式中：ε 为一个极小常量。阵列信号模型中蕴含着信号传播的空间稀疏性，因此基于压缩感知理论的算法可以实现对多目标的超分辨测角。当获得二维相干积累后目标信号后，便可以对目标所在的距离-多普勒单元进行方位向稀疏重构，以进行目标 DOA 估计。单快拍接收信号 $\boldsymbol{Y}$ 可以线性表示为

$$Y=Ap+\varepsilon \tag{8.51}$$

式中：$\boldsymbol{A}$ 为原子矩阵；$\boldsymbol{\beta}$ 为稀疏向量；$\boldsymbol{\varepsilon}$ 为误差向量。由上节可知，压缩感知的稀疏向重构实际上是一个求解最优化问题，通过设计最优化准则求解得到稀疏向量 $\boldsymbol{\beta}$，即可得到目标 DOA 的估计值。

OMP 算法在求解稀疏向量时，采用的原子选择方法是一种离散的选择过程。其通过初始选择某一个最匹配的原子，根据选择标准依次添加原子的个数，直至选择标准函数值不再发生变化。这种方法在选择原子过程中抗干扰能力差，且选择过程与参数估计过程相互独立[9]。为了避免该问题，采用基于线性回归模型中岭回归设计正则化模型，其最小化模型的目标函数可表示为

$$J(p)=\frac{1}{2}\|Y-Ap\|_2^2+\lambda\|p\|_2 \tag{8.52}$$

式中：ℓ_2 范数为最小平方代价函数；λ 为常数，用于平衡估计中非零点最小平方误差的惩罚参数，实现对模式空间的限制避免过拟合。式（8.52）对应的闭式解的形式为

$$p=(A^{\mathrm{T}}A+\lambda I)^{-1}A^{\mathrm{T}}Y \tag{8.53}$$

由于岭回归不具有稀疏解的能力，为了解决这一问题通过引入 ℓ_1 范数，构造目标函数为

$$\frac{1}{2}\|Y-Ap\|_2^2+\lambda\|p\|_1 \tag{8.54}$$

通过最小化式（8.54）求解 $\boldsymbol{p}$，即

$$\hat{p}=\arg\min_{p}\left[\frac{1}{2}\|Y-Ap\|_2^2+\lambda\|p\|_1\right] \tag{8.55}$$

该优化准则也被称为 LASSO 算法。假设原子搜索网格为 $\hat{\boldsymbol{\theta}}=\{\tilde{\theta}_i,i=1,2,\cdots,P\}$，根据式（8.55）设计 DOA 估计优化准则，可表示为

$$\min_{\hat{p}}\|\hat{p}\|_1 \quad \text{s.t.} \quad \|Y-A_0(\hat{\theta})\hat{p}\|_2^2<\eta \tag{8.56}$$

式中：η 为正则化参数。

采用 LASSO 方法可得目标函数为

$$\min_{\hat{p}}\left(\frac{1}{2}\|z\|_2^2+\xi\|\hat{p}\|_1\right) \quad \text{s.t.} \quad z=Y-A_0(\hat{\theta})\hat{p} \tag{8.57}$$

根据式（8.57）利用线性优化技术实现 DOA 估计。其中，参数 ξ 为常数，其值与回波信号模型相关。对于给定的外辐射源雷达信号模型，可以通过穷举法进行搜索确定最优选值，如 $\xi=0.1,0.2,\cdots,1$。

8.4 多径效应下低空目标仰角估计方法

在外辐射源雷达系统中，目标的仰角估计是求解目标高度的重要步骤。由于信号频率较低，波束宽度较宽，在俯仰方向尤其明显。这造成了监测天线接收信号中不仅包含了目标回波的直达波信号，还包含了经地面反射的多径信号，这两路信号往往都位于天线的主瓣范围之内[10-12]。直达波信号与多径反射信号之间存在着由地面反射带来的复反射系数以及与时延有关的相位差，该相位差随着目标仰角的变化而发生变化，造成两信号之间随着仰角的变化而发生增强或抵消，形成了波瓣分裂现象。此外，由于地面反射系数往往接近于1，目标回波信号和反射信号功率相当，具有强相关性，且往往这两路信号的距离差小于最小距离分辨率，导致无法直接在距离维度进行区分。

当地面起伏高度 $\Delta h \leqslant (\lambda/8\sin\varepsilon)$ 时，ε 为入射波擦地角，可以认为反射地面较为平坦，可将反射面等效为镜面反射，此时漫反射分量可以忽略或等效为噪声分量。此时只考虑天线接收信号包含目标直达波和经平坦地面反射的目标回波，建立接收信号几何模型如图 8.4 所示。设目标高度为 h_t，目标入射直达波与地面反射多径杂波俯仰角分别为 θ_d 与 θ_s，R_d 为直达波路径，R_s 为反射波路径。在不考虑发射塔的直达波以及多径杂波情况下，M 个天线接收信号表示为

$$\boldsymbol{X}(t)=(\boldsymbol{A}_d(\theta)+\boldsymbol{\Gamma}_0 \odot \boldsymbol{A}_i(\theta))\boldsymbol{S}_t(t)+\boldsymbol{N}(t) \tag{8.58}$$

$$\boldsymbol{A}_d(\theta)=\mathrm{e}^{-\mathrm{j}2\pi R_d(1)/\lambda}\begin{bmatrix}1 & \mathrm{e}^{-\mathrm{j}2\pi\sin\theta_d d_1/\lambda} & \cdots & \mathrm{e}^{-\mathrm{j}2\pi\sin\theta_d d_m/\lambda}\end{bmatrix}^{\mathrm{T}} \tag{8.59}$$

$$\boldsymbol{A}_i(\theta)=\mathrm{e}^{-\mathrm{j}2\pi R_i(1)/\lambda}\begin{bmatrix}1 & \mathrm{e}^{-\mathrm{j}2\pi\sin\theta_i d_1/\lambda} & \cdots & \mathrm{e}^{-\mathrm{j}2\pi\sin\theta_i d_m/\lambda}\end{bmatrix}^{\mathrm{T}} \tag{8.60}$$

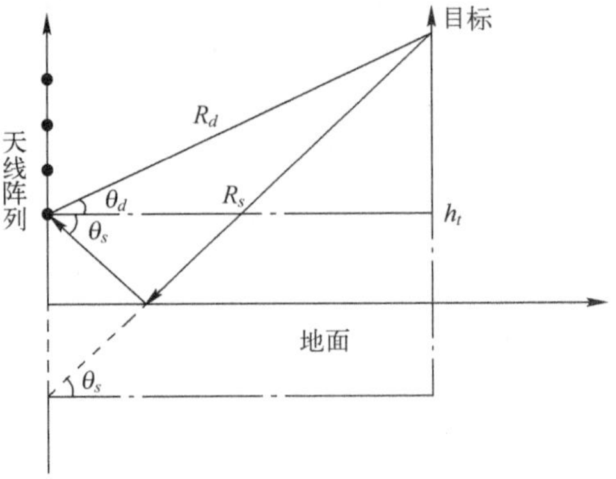

图 8.4　多径信号几何模型

式中：$\boldsymbol{\Gamma}_0$ 为地面反射系数矩阵；$\boldsymbol{S}_t(t)$ 为回波信号；$\boldsymbol{N}(t)$ 为噪声矢量；$\boldsymbol{A}_d(\theta)$ 和 $\boldsymbol{A}_i(\theta)$ 分别表示直达波和多径反射波的导向矢量；$R_d(1)$ 和 $R_i(1)$ 分别为对应目标回波和反射波到第一根天线的距离；d_m 为第 m 根天线到第一根天线的距离；λ 为信号波长。

8.4.1　广义 MUSIC 算法

多径效应下的外辐射源目标仰角估计问题，本质上是在特定约束条件下的相干目标角度估计问题。广义 MUSIC 算法是在经典 MUSIC 算法上的一种改进算法，其考虑了多径效应对仰角估计的影响，适用于相干信源目标角度估计问题。接收信号重构得到的协方差矩阵可以表示为

$$\boldsymbol{R}_{\mathrm{YY}}=\boldsymbol{Y}\boldsymbol{Y}^{\mathrm{H}} \tag{8.61}$$

对 $\boldsymbol{R}_{\mathrm{YY}}$ 进行特征分解可得

$$\boldsymbol{R}_{\mathrm{YY}}=\boldsymbol{A}\boldsymbol{T}\boldsymbol{S}\boldsymbol{S}^{\mathrm{H}}\boldsymbol{T}^{\mathrm{H}}\boldsymbol{A}^{\mathrm{H}}=\boldsymbol{U}_{\mathrm{S}}\boldsymbol{\Lambda}_{\mathrm{S}}\boldsymbol{U}_{\mathrm{S}}^{\mathrm{H}}+\boldsymbol{U}_{\mathrm{N}}\boldsymbol{\Lambda}_{\mathrm{N}}\boldsymbol{U}_{\mathrm{N}}^{\mathrm{H}} \tag{8.62}$$

式中：$\boldsymbol{U}_{\mathrm{S}}$ 为信号子空间；$\boldsymbol{U}_{\mathrm{N}}$ 为噪声子空间。令 $\boldsymbol{A}\boldsymbol{T}=\boldsymbol{A}(\theta_t)+\boldsymbol{\Gamma}\odot\boldsymbol{A}(\theta_f)$，将其作为阵列流行矩阵。此时协方差矩阵的秩为 1，则根据阵列流行矩阵与噪声子空间的正交性可以表示为

$$\boldsymbol{T}^{\mathrm{H}}\boldsymbol{A}^{\mathrm{H}}\boldsymbol{U}_{\mathrm{N}}\boldsymbol{U}_{\mathrm{N}}^{\mathrm{H}}\boldsymbol{A}\boldsymbol{T}=[1\quad \boldsymbol{\Gamma}^{\mathrm{H}}]\begin{bmatrix}\boldsymbol{A}^{\mathrm{H}}(\theta_t)\\ \boldsymbol{A}^{\mathrm{H}}(\theta_f)\end{bmatrix}\boldsymbol{U}_{\mathrm{N}}\boldsymbol{U}_{\mathrm{N}}^{\mathrm{H}}[\boldsymbol{A}(\theta_t)\quad \boldsymbol{A}(\theta_f)]\begin{bmatrix}1\\ \boldsymbol{\Gamma}^{\mathrm{H}}\end{bmatrix} \tag{8.63}$$

对应的谱峰搜索公式为

$$P=\left[\frac{\boldsymbol{T}^{\mathrm{H}}\boldsymbol{A}^{\mathrm{H}}\boldsymbol{U}_{\mathrm{N}}\boldsymbol{U}_{\mathrm{N}}^{\mathrm{H}}\boldsymbol{A}\boldsymbol{T}}{\boldsymbol{T}^{\mathrm{H}}\boldsymbol{A}^{\mathrm{H}}\boldsymbol{A}\boldsymbol{T}}\right]^{-1} \tag{8.64}$$

在正确的目标角度及多径反射系数处，式（8.64）括号内为 0，此时将形成谱峰。利用式（8.64）进行谱峰搜索是会涉及 θ_t，θ_f 及 $\boldsymbol{\Gamma}$ 三个参数，此时计算量较大，并且 $\boldsymbol{\Gamma}$ 与阵地参数有关，难以获取准确的参数值。

对于已经确定的 θ_t，θ_f，使得括号内取得最小值的 $\boldsymbol{T}$ 才最有可能是正确的 $\boldsymbol{T}$，进而使得

$$P=\left[\min_{T}\frac{\boldsymbol{T}^{\mathrm{H}}\boldsymbol{A}^{\mathrm{H}}\boldsymbol{U}_{\mathrm{N}}\boldsymbol{U}_{\mathrm{N}}^{\mathrm{H}}\boldsymbol{A}\boldsymbol{T}}{\boldsymbol{T}^{\mathrm{H}}\boldsymbol{A}^{\mathrm{H}}\boldsymbol{A}\boldsymbol{T}}\right]^{-1} \tag{8.65}$$

根据广义 Rayleigh 商的性质，式（8.65）中括号内的最小值是矩阵束，即 $(\boldsymbol{A}^{\mathrm{H}}\boldsymbol{U}_{\mathrm{N}}\boldsymbol{U}_{\mathrm{N}}^{\mathrm{H}}\boldsymbol{A},\boldsymbol{A}^{\mathrm{H}}\boldsymbol{A})$ 的最小广义值，$\boldsymbol{T}$ 为最小广义值对应的广义特征向量，即

$$P_1=[\min_{\varepsilon}\{\det\{\boldsymbol{A}^{\mathrm{H}}\boldsymbol{U}_{\mathrm{N}}\boldsymbol{U}_{\mathrm{N}}^{\mathrm{H}}\boldsymbol{A}-\varepsilon\boldsymbol{A}^{\mathrm{H}}\boldsymbol{A}\}=0\}]^{-1} \tag{8.66}$$

式中：$\det\{\cdot\}$ 为行列式操作；ε 为矩阵束的广义特征值。

采用式（8.66）进行谱峰搜索，将三维搜索变为二维搜索。利用广义特

征值分解还可以得到多径反射系数的估计。根据阵列流行矩阵与噪声子空间的正交性可知，在理想的情况下，式（8.66）括号内的最小值为0，即当θ_t与θ_f在目标角度位置时，$\lambda=0$是$\boldsymbol{A}^{\mathrm{H}}\boldsymbol{U}_{\mathrm{N}}\boldsymbol{U}_{\mathrm{N}}^{\mathrm{H}}\boldsymbol{A}$奇异的充分必要条件，因此广义MUSIC算法的本质是利用$\boldsymbol{A}^{\mathrm{H}}\boldsymbol{U}_{\mathrm{N}}\boldsymbol{U}_{\mathrm{N}}^{\mathrm{H}}\boldsymbol{A}$在取目标角度位置时的奇异性进行DOA估计。

由于采用式（8.66）进行搜索是一个二维搜索，计算量较大，对此文献[10]提出了一种广义MUSIC的改进算法。在获取的得到目标的距离信息的情况下，可以直接利用多径信号与直达波信号之间的几何关系可得

$$\theta_f\approx-\arcsin\left(\sin\theta_t+\frac{2h_t}{R_d}\right) \tag{8.67}$$

采用式（8.67）的方法可以得到多径信号与目标信号之间的关系，进而将广义MUSIC算法中二维参数搜索降低为单参数搜索，再采用$\boldsymbol{A}^{\mathrm{H}}\boldsymbol{U}_N\boldsymbol{U}_N^H\boldsymbol{A}$在取目标角度位置时的奇异性构建谱峰搜索公式，即

$$P_2=\frac{\det(\boldsymbol{A}^{\mathrm{H}}\boldsymbol{A})}{\det(\boldsymbol{A}^{\mathrm{H}}\boldsymbol{U}_{\mathrm{N}}\boldsymbol{U}_{\mathrm{N}}^{\mathrm{H}}\boldsymbol{A})} \tag{8.68}$$

此外，由于矢量$\boldsymbol{T}$是矩阵束$\boldsymbol{A}^{\mathrm{H}}\boldsymbol{U}_N\boldsymbol{U}_N^H\boldsymbol{A}$和$\boldsymbol{A}^{\mathrm{H}}\boldsymbol{A}$的广义特征向量，对此文献[12]提出了多径衰减估计方法，即

$$\boldsymbol{T}=\frac{[\boldsymbol{A}^{\mathrm{H}}\boldsymbol{U}_{\mathrm{N}}\boldsymbol{U}_{\mathrm{N}}^{\mathrm{H}}\boldsymbol{A}]^{-1}\boldsymbol{w}}{\boldsymbol{w}^{\mathrm{H}}[\boldsymbol{A}^{\mathrm{H}}\boldsymbol{U}_{\mathrm{N}}\boldsymbol{U}_{\mathrm{N}}^{\mathrm{H}}\boldsymbol{A}]^{-1}\boldsymbol{w}} \tag{8.69}$$

文献[13]结合式（8.69），提出了一种广义MSUIC改进算法，即

$$P_3=\frac{\boldsymbol{T}^{\mathrm{H}}\boldsymbol{A}^{\mathrm{H}}\boldsymbol{A}\boldsymbol{T}}{\boldsymbol{T}^{\mathrm{H}}\boldsymbol{A}^{\mathrm{H}}\boldsymbol{U}_{\mathrm{N}}\boldsymbol{U}_{\mathrm{N}}^{\mathrm{H}}\boldsymbol{A}\boldsymbol{T}} \tag{8.70}$$

8.4.2 基于地形匹配的合成导向矢量仰角估计算法

一般情况下，当地面起伏高度$\Delta h\geqslant(\lambda/8\sin\varepsilon)$，其中$\varepsilon$为入射波擦地角，则可以认为反射面不再平坦，此时各阵元之间多径反射波的相位差不再成线性关系，式（8.60）不再适用，基于广义MUSIC的仰角估计算法不能满足需求[14]。本节考虑反射地面为非平坦地面及地球曲率影响，建立精确的地面反射模型并介绍基于地形匹配的目标仰角估计算法。

考虑地球实际地面为曲面，构建外辐射源雷达球面反射模型[15,16]如图8.5所示。监测天线为一倾斜放置M个各向同性阵元组成的非均匀线阵，入射信号为窄带球面波。以第一根天线为参考天线（为了画图清晰，未画出外辐射源雷达参考天线与信号源的多径信号，此处假设的参考天线与监测天线的第一根天线海拔相同），建立以下曲面坐标系。

如图 8.5 所示，参考天线在海平面投影为坐标原点 O，沿地球表面为 x 轴，垂直于地球表面为 y 轴。天线阵面倾斜角为 θ_a，第一根天线到海平面高度为 h_r，第 m 个阵元到第一个阵元的间距为 d_m，A 点为第 m 个阵元，则其水平左边和垂直坐标分别为

$$h_{rx}(m) = -d_m \sin\theta_a \tag{8.71}$$

$$h_{ry}(m) = h_r + d_m \cos\theta_a \tag{8.72}$$

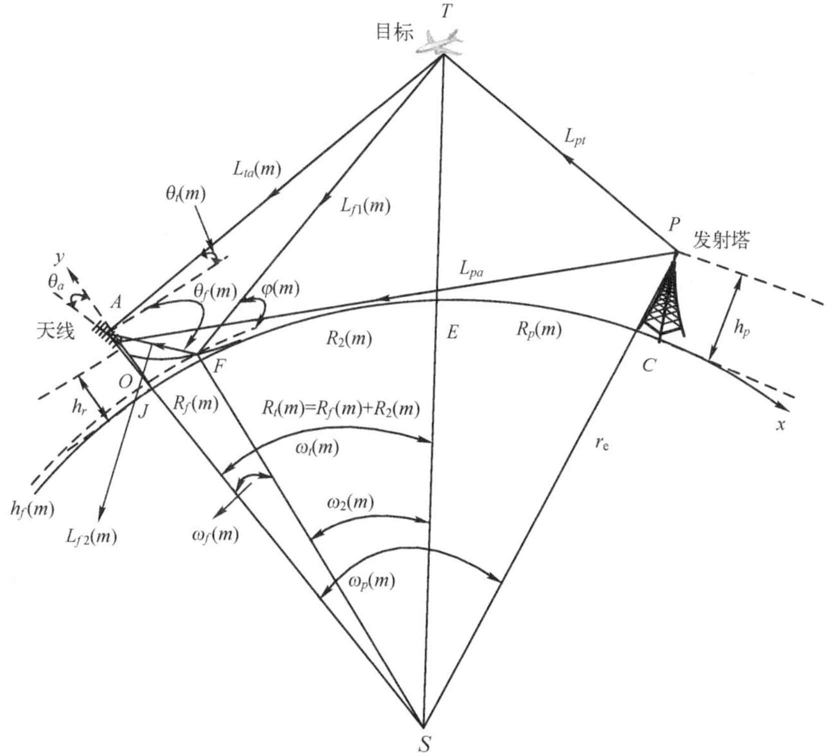

图 8.5　外辐射源雷达球面反射模型

图 8.5 中，J 点为第 m 个阵元的地面投影点；P 点为信号发射源位置；C 点为发射塔在地球表面投影点；T 点为目标位置，其水平坐标和垂直坐标为 h_{tx} 和 h_{ty}。E 点为目标在地球表面的投影点；F 点为第 m 个阵元的地面反射中心，其海拔高度为 $h_f(m)$。r_e 为地球半径；弧长 $R_t(m)$，$R_f(m)$ 分别表示第 m 个阵元的地面投影点与目标在地球表面投影点的曲线长及其与反射点的曲线长；$\omega_t(m)$ 与 $\omega_f(m)$ 分别表示相对应的地心夹角。弧长 R_2 表示反射点与目标分别在地球表面投影点之间的曲线长；ω_2 表示其对应的地心夹角。弧长 R_p 表

示参考天线与信号发射源在地球表面投影点的曲线长；ω_p 表示其对应的地心夹角。L_{pa}，L_{pt} 分别表示信号源到参考天线的直达波波程和到目标的波程。$L_{ta}(m)$ 和 $L_{fa}(m)$ 表示第 m 个天线的目标直达波波程和地面反射波波程，且有 $L_{fa}(m)=L_{f1}(m)+L_{f2}(m)$；$L_{f1}(m)$ 和 $L_{f2}(m)$ 分别表示 T 点和 F 点之间以及 F 点和 A 点之间的距离。$\theta_t(m)$，$\theta_f(m)$ 和 $\varphi(m)$ 分别表示第 m 个阵元所对应的直达波入射角、反射波入射角和擦地角。

考虑监测天线包含了目标回波信号、直达波信号、多径杂波信号、目标回波地面反射信号以及噪声，第 m 个监测通道接收信号近似可以表示为

$$s_{\text{Ech}}^{m}(t)=a_t\mathrm{e}^{-\mathrm{j}\frac{2\pi}{\lambda}L_{ta}(m)}s_d(t-\tau_t(m))\mathrm{e}^{\mathrm{j}2\pi f_t t}+\boldsymbol{\Gamma}(m)a_t\mathrm{e}^{-\mathrm{j}\frac{2\pi}{\lambda}L_{fa}(m)}s_d(t-\tau_f(m))\mathrm{e}^{\mathrm{j}2\pi f_t t}+\sum_i b_i a_m(\theta_i)s_d(t-\tau_i)+a_m(\theta_d)s_d(t)+n_m(t) \tag{8.73}$$

式中：$t=1,2,\cdots,T$ 为数据的长度；s_d 为直达波信号复幅度；$n_m(t)$ 为天线接收到的噪声信号；a_t，$\tau_t(m)$，f_t 分别为目标回波信号的复幅度、延时和多普勒频率；$\boldsymbol{\Gamma}(m)$ 为粗糙球面反射系数；$\tau_f(m)$ 为地面反射回波的时延，由于信号的距离分辨率影响，因此 $\tau_f(m)=\tau_t(m)$；b_i，τ_i 分别为监测天线接收到的直达波的多径杂波的复幅度和延时；i 为多径杂波条数。

由于目标回波信号能量远小于直达波和多径杂波的能量，需要通过时域对消处理，抑制直达波信号和多径杂波信号。因此，各阵元的接收信号经过时域对消后可以表示为

$$\tilde{s}_{\text{Ech}}^{m}(t)=a_t\mathrm{e}^{-\mathrm{j}\frac{2\pi}{\lambda}L_{ta}(m)}s_d(t-\tau_t(t))\mathrm{e}^{\mathrm{j}2\pi f_t t}+\boldsymbol{\Gamma}(m)A_t\mathrm{e}^{-\mathrm{j}\frac{2\pi}{\lambda}L_{fa}(m)}s_d(t-\tau_f(m))\mathrm{e}^{\mathrm{j}2\pi f_t t}+n_m(t) \tag{8.74}$$

接收信号模型可以写成矢量形式，即

$$\boldsymbol{X}(t)=(\boldsymbol{A}_t(\theta)+\boldsymbol{\Gamma}\odot\boldsymbol{A}_f(\theta))\boldsymbol{S}_d(t-\tau_t)+\boldsymbol{N}(t) \tag{8.75}$$

式中：$\boldsymbol{X}(t)$ 为各阵元接收数据；$\boldsymbol{A}_t(\theta)$ 与 $\boldsymbol{A}_f(\theta)$ 分别为目标直达波和地面反射回波的导向矢量；$\boldsymbol{\Gamma}=[\Gamma(1)\quad\Gamma(2)\quad\cdots\quad\Gamma(m)]^{\mathrm{T}}$ 为地面反射系数矢量；$\boldsymbol{N}(t)$ 为噪声矢量。

已知发射塔地面投影点到参考天线地面投影点距离 L_p，根据图 8.5 中几何关系，在 ΔPSA 中利用余弦定理，发射源到参考天线的实际距离 L_{pa} 为

$$L_{pa}=\sqrt{(r_{\mathrm{e}}+h_p)^2+(r_{\mathrm{e}}+h_r)^2-2(r_{\mathrm{e}}+h_p)(r_{\mathrm{e}}+h_r)\cos\omega_p} \tag{8.76}$$

$$\omega_p=R_p/r_{\mathrm{e}}$$

之后利用距离-多普勒二维相关处理，得到目标的距离与速度信息。目标回波信号和参考信号的互相关函数可以表示为

$$\boldsymbol{\Pi}(l,k)=\sum_{t=0}^{T-1}s_d(t)\,\tilde{s}_{\text{Ech}}^{m}(t+l)\mathrm{e}^{\mathrm{j}2\pi\frac{nk}{N}} \tag{8.77}$$

式中：$s_d(t)$为监测通道提纯后的直达波信号；$l=0,1,\cdots,L$ 及 $k=-K,\cdots,K$ 分别为时延和多普勒频率离散化表示，其中 L 和 K 为离散化时延和多普勒频率范围。

假设目标在$[l_g,k_g]$距离-多普勒单元内，目标的回波信号可以表示为

$$\boldsymbol{Y}=(\boldsymbol{A}_t(\theta)+\boldsymbol{\Gamma}\odot\boldsymbol{A}_f(\theta))\boldsymbol{\Pi}(l_g,k_g)+\boldsymbol{N}(t) \tag{8.78}$$

式中：$\boldsymbol{\Pi}(l_g,k_g)$为目标在$[l_g,k_g]$距离-多普勒单元的复包络；接收信号 $\boldsymbol{Y}$ 为 $M\times1$ 维矩阵。

假设距离-多普勒二维相关后已经获得了目标到参考天线的直达距离 $L_{ta}(1)$，导向矢量中 $L_{ta}(m)$和 $L_{fa}(m)$均为直达波入射角 θ_t 的函数，推导如下。

根据图 8.5 中几何关系，在 ΔTSA 中，根据余弦定理，利用直达波入射角 θ_t 可得目标垂直坐标为

$$h_{ty}=\sqrt{(r_e+h_r)^2+L_{ta}(q)^2-2(r_e+h_r)L_{ta}(1)\cos(\theta_t+\pi/2)}-r_e \tag{8.79}$$

目标水平坐标为

$$h_{tx}=r_e\omega_t(1)=r_e\arccos\left[\frac{(h_{ty}+r_e)^2+(h_r+r_e)^2-L_{ta}(1)^2}{2(h_{ty}+r_e)(h_r+r_e)}\right] \tag{8.80}$$

则各阵元到目标地面投影点距离 $R_t(m)$和地心夹角 $\omega_t(m)$为

$$R_t(m)=h_{tx}-h_{rx}(m) \tag{8.81}$$

$$\omega_t(m)=R_t(m)/r_e \tag{8.82}$$

根据 $\omega_t(m)$，在 ΔTSA 中，利用余弦定理，可以求得目标到各阵元的直达距离为

$$L_{ta}(m)=\sqrt{(r_e+h_{ty})^2+(r_e+h_{ry}(m))^2-2(r_e+h_{ty})(r_e+h_{ry}(m))\cos\omega_t(m)} \tag{8.83}$$

目标直达角 θ_t 为

$$\theta_t(m)=\theta_{\angle TAS}-\frac{\pi}{2} \tag{8.84}$$

$$\theta_{\angle TAS}=\arccos\left[\frac{L_{ta}(m)^2+(r_e+h_{ry}(m))^2-(r_e+h_{ty})^2}{2(r_e+h_{ry}(m))L_{ta}(m)}\right] \tag{8.85}$$

设回波在地面反射点 F 处的高度为 $h_f(m)$，此时地球半径$\tilde{r}_e=r_e+h_f(m)\cong r_e$，阵元高度$\tilde{h}_{ry}(m)=h_{ry}(m)-h_f(m)$，目标高度$\tilde{h}_{ty}(\theta_t)=h_{ty}(\theta_t)-h_f(m)$。因此，各阵元地面投影点到目标地面投影点的曲线距离 $R_f(m)=\tilde{r}_e\omega_f(m)$。

为了求得反射波程，求解 $L_f(m)$三次方程，即

$$2L_f^3(m)-3L_f^2(m)L_t(m)+[L_t^2(m)-2\tilde{r}_e(\tilde{h}_{ry}(m)+\tilde{h}_{ty})]L_f(m)+2\tilde{r}_e\tilde{h}_{ry}(m)L_t(m)=0 \tag{8.86}$$

该方程解为

$$L_f(m)=\frac{L_t(m)}{2}-\vartheta\sin\xi \tag{8.87}$$

$$\vartheta=\frac{2}{\sqrt{3}}\sqrt{\tilde{r}_e(\tilde{h}_{ry}(m)+\tilde{h}_{ty})+(L_t(m)/2)^2} \tag{8.88}$$

$$\xi=\arcsin\frac{2\tilde{r}_e L_t(m)(\tilde{h}_{ty}-\tilde{h}_{ry}(m))}{\vartheta^3} \tag{8.89}$$

根据几何关系，计算可得其余参数

$$\omega_f(m)=L_f(m)/\tilde{r}_e \tag{8.90}$$

$$\omega_2(m)=(L_t(m)-L_f(m))/\tilde{r}_e=L_2(m)/\tilde{r}_e \tag{8.91}$$

在 ΔTSF 及 ΔASF 中，根据余弦定理可得

$$L_{f1}(m)=\sqrt{\tilde{r}_e^2+(\tilde{r}_e+\tilde{h}_{ry}(m))^2-2\tilde{r}_e(\tilde{r}_e+\tilde{h}_{ry}(m))\cos\omega_f(m)} \tag{8.92}$$

$$L_{f2}(m)=\sqrt{\tilde{r}_e^2+(\tilde{r}_e+\tilde{h}_{ty}(m))^2-2\tilde{r}_e(\tilde{r}_e+\tilde{h}_{ty}(m))\cos\omega_2(m)} \tag{8.93}$$

则反射波波程 $L_{fa}(m)=L_{f1}(m)+L_{f2}(m)$，在 ΔTAF 中，根据余弦定理可得 $\theta_f(m)$ 为

$$\theta_f(m)=-\left\{\arccos\left[\frac{L_{f1}(m)^2+L_{ta}(m)^2-L_{f2}(m)^2}{2L_{f1}(m)L_{ta}(m)}\right]-\theta_t(m)\right\} \tag{8.94}$$

反射波擦地角 $\varphi(m)$ 为

$$\varphi(m)=\left\{\pi-\arccos\left[\frac{L_{f1}(m)^2+L_{f2}(m)^2-L_{ta}(m)^2}{2L_{f1}(m)L_{f2}(m)}\right]\right\}/2 \tag{8.95}$$

以上分析可以看出 $L_{fa}(m)$ 与地形中反射点的高度 $h_f(m)$ 有关，但实际中地形的曲线很难用表达式写出，因此采用地形分层与曲线拟合来近似求解，如图 8.6 所示。

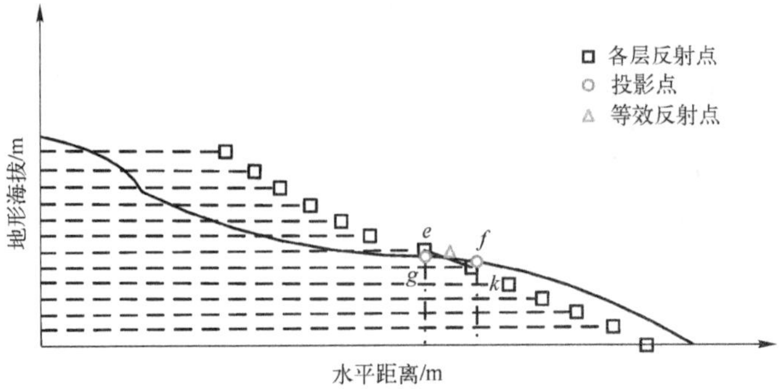

图 8.6　地形匹配示意图

根据反射区地面按照地形起伏分层，搜索仰角，计算第 m 个阵元在第 n 层的反射点的坐标。查找雷达阵地地形图上下两侧最近的反射点，记为 e 和 f。将点 e 和点 f 垂直投影到雷达阵地地形图，得到投影点 g 和 k，利用点 g 和点 k 之间的阵地海拔数据作曲线拟合，得到曲线 gk；直线 ef 和曲线 gk 的交点近似为阵元在起伏地面上的反射点。

在水平距离上，不同的信号源对应的分辨率有较大的差别，现有的几种外辐射源照射源的距离分辨率最小的在几十米左右，最大的可达上百米。因此，在实际地形中，需要匹配建模的水平距离也取决于所采用的照射源、目标的距离以及天线的高度。

8.4.3 非参数幅相估计算法

考虑目标快拍数目降为 1 且存在多径反射信号，传统的超分辨算法不再适用，本节针对外辐射源雷达仰角估计问题，介绍了基于合成导向矢量的非参数幅相估计算法（Iterative Adaptive Approach - Amplitude and Phase Estimation，IAA-APES）[17]算法。

设 P_q 为能量对角矩阵，则有

$$P_q = |s_q|^2, q=1,\cdots,Q \tag{8.96}$$

式中：Q 为字典选取的角度数量，相当于 MUSIC 算法中字典空间的划分。对于角度 θ_q，干扰为

$$\boldsymbol{V}(\theta_q)=\boldsymbol{R}-P_q\boldsymbol{a}(\theta_q)\boldsymbol{a}^{\mathrm{H}}(\theta_q) \tag{8.97}$$

$$\boldsymbol{a}(\theta_q)=\boldsymbol{a}_t(\theta_q)+\boldsymbol{\Gamma}\odot\boldsymbol{a}_f(\theta_q) \tag{8.98}$$

$$\boldsymbol{R}=\boldsymbol{A}(\theta)\boldsymbol{P}\boldsymbol{A}^{\mathrm{H}}(\theta) \tag{8.99}$$

$$\boldsymbol{A}(\theta)=\boldsymbol{A}_t(\theta)+\boldsymbol{\Gamma}\odot\boldsymbol{A}_f(\theta) \tag{8.100}$$

式中：$\boldsymbol{A}(\theta)$为由 Q 个导向矢量 $\boldsymbol{a}(\theta_q)$ 构成的导向矩阵；$\boldsymbol{P}$ 为能量对角矩阵。加权最小二乘法的代价函数为

$$\|\boldsymbol{\Omega}-s_q\boldsymbol{a}(\theta_q)\|^2_{\boldsymbol{V}^{-1}(\theta_q)} \tag{8.101}$$

此处定义 $\|\boldsymbol{J}\|^2_{\boldsymbol{V}^{-1}(\theta_k)}=\boldsymbol{J}^{\mathrm{H}}\boldsymbol{V}^{-1}(\theta_k)\boldsymbol{J}$。为了式（8.101）最小化，求解得

$$\hat{s}_q=\frac{\boldsymbol{a}^{\mathrm{H}}(\theta_q)\boldsymbol{V}^{-1}(\theta_q)\boldsymbol{Y}}{\boldsymbol{a}^{\mathrm{H}}(\theta_q)\boldsymbol{V}^{-1}(\theta_q)\boldsymbol{a}(\theta_q)} \tag{8.102}$$

式（8.102）中，由于 $\boldsymbol{V}^{-1}(\theta_q)$涉及矩阵求逆，且对每一个的 θ_q，都需要求逆操作，导致计算量变大，因此式（8.102）可以写作

$$\hat{s}_q=\frac{\boldsymbol{a}^{\mathrm{H}}(\theta_q)\boldsymbol{R}^{-1}\boldsymbol{Y}}{\boldsymbol{a}^{\mathrm{H}}(\theta_q)\boldsymbol{R}^{-1}\boldsymbol{a}(\theta_q)} \tag{8.103}$$

在实际环境中，合成导向矢量 $\boldsymbol{A}(\theta)$ 中直达波分量只与目标的俯仰角有关，但反射波分量与阵地地形、极化方式、信号频率等多种因素有关。若匹配的地形与实际地形不符，会对角度估计结果产生较大影响。在实际应用中，地形参数、反射系数等参数需要根据雷达阵地，通过大量的实验来进行修正。

综上所述，基于合成导向矢量的IAA-APES算法流程如下。

步骤1：初始迭代系数 $i=0$，初始化能量对角矩阵，即

$$\boldsymbol{P}=\frac{1}{(\boldsymbol{a}^{\mathrm{H}}(\theta_q)\boldsymbol{a}(\theta_q))^2}|\boldsymbol{a}^{\mathrm{H}}(\theta_q)\boldsymbol{Y}|^2,\quad q=1,\cdots,Q \tag{8.104}$$

步骤2：$i=i+1$，根据 $\boldsymbol{P}$，求得

$$\boldsymbol{R}=\boldsymbol{A}(\theta)\boldsymbol{P}\boldsymbol{A}^{\mathrm{H}}(\theta) \tag{8.105}$$

步骤3：对于每一个 θ_q 分别计算

$$\hat{s}_q=\frac{\boldsymbol{a}^{\mathrm{H}}(\theta_q)\boldsymbol{R}^{-1}\boldsymbol{Y}}{\boldsymbol{a}^{\mathrm{H}}(\theta_q)\boldsymbol{R}^{-1}\boldsymbol{a}(\theta_q)} \tag{8.106}$$

$$\widehat{P}_q=|\hat{s}_q|^2,\quad q=1,\cdots,Q \tag{8.107}$$

步骤4：判断 $\widehat{P}$ 是否收敛，若未收敛则返回步骤2，否则算法结束。

参考文献

[1] 蒋柏峰. 无源相干定位雷达DOA检测关键问题及算法研究 [D]. 北京：中国科学院大学，2014.

[2] 蒋柏峰，吴琨，吕晓德. 基于奇异值分解的单快拍DOA估计方法 [J]. 中国电子科学研究院学报，2017，12（01）：60-66.

[3] ABOUTANIOS E, MULGREW B. Iterative frequency estimation by interpolation on Fourier coefficients [J]. IEEE Transactions on Signal Processing, 2005, 53 (4): 1237-1242.

[4] ABOUTANIOS E, HASSANIEN A, AMIN M G, et al. Fast iterative interpolated beamforming for high fidelity single snapshot DOA estimation [C]. 2016 IEEE Radar Conference (RadarConf16), IEEE, 2016.

[5] 王海涛，王俊. 基于压缩感知的无源雷达超分辨DOA估计 [J]. 电子与信息学报，2013，35（4）：877-881.

[6] 窦慧晶，梁霄，张文倩. 基于压缩感知理论的二维DOA估计 [J]. 北京工业大学学报，2021，47（03）：231-238.

[7] 蒋莹，冯明月，徐起，等. 高精度宽带欠定信号快速DOA估计方法 [J]. 西安电子科技大学学报，2020，47（02）：91-97.

[8] FIGUEIREDO M A T, NOWAK R D, WRIGHT S J. Gradient projection for sparse reconstruction: application to compressed sensing and other inverse problems [J]. IEEE Journal of

Selected Topics in Signal Process, 2007, 1 (4): 586-597.

[9] 刘建伟, 崔立鹏, 刘泽宇, 等. 正则化稀疏模型 [J]. 计算机学报, 2015, 38 (07): 1307-1325.

[10] 张文俊, 赵永波, 张守宏. 广义 MUSIC 算法在米波雷达测高中的应用及其改进 [J]. 电子与信息学报, 2007, 29 (2): 387-390.

[11] 张子鑫, 胡国平, 周豪, 等. 基于互协方差稀疏重构的 MIMO 雷达低仰角估计算法 [J]. 系统工程与电子技术, 2021, 43 (05): 1218-1223.

[12] ZHANG Y F, YE Z F, LIU C. Estimation of fading coefficients in the presence of multipath propagation [J]. IEEE Transaction on Antennas and Propagation, 2009, 57 (7): 2220-2224.

[13] 刘俊, 刘铮, 刘韵佛. 米波雷达仰角和多径衰减系数联合估计算法 [J]. 电子与信息学报, 2011, 33 (1): 33-37.

[14] 朱伟, 陈伯孝. 基于多径分布源模型的米波雷达测高算法 [J]. 太赫兹科学与电子信息学报, 2016, 14 (02): 201-205.

[15] 朱伟. 米波数字阵列雷达低仰角测高方法研究 [D]. 西安电子科技大学, 2013.

[16] WEI Z, CHEN B X. Altitude Measurement Based on Terrain Matching in VHF Array Radar [J]. Circuits Systems and Signal Processing, 2013, 32 (2): 647-662.

[17] YARDIBI T, JIAN L, STOICA P, et al. Source Localization and Sensing: A Nonparametric Iterative Adaptive Approach Based on Weighted Least Squares [J]. Aerospace & Electronic Systems IEEE Transactions on, 2010, 46 (1): 425-443.

第 9 章　目标回波检测与跟踪技术

9.1　检测跟踪处理流程

在解决了长时间积累中出现的距离-多普勒二维峰扩散问题后，在距离-多普勒二维处理结果上存在众多可能目标以及背景杂波峰，雷达研究领域中一个很重要的研究方向就是如何准确地检测出目标，在此背景下，恒虚警（Constant False Alarm Rate，CFAR）技术也受到了重视，因为它是雷达信号处理中一个非常重要的环节，关系到整个雷达系统的好坏，它的恒虚警率特性满足了人们对信号检测精度的需求。以往的雷达恒虚警处理都是在距离维上进行处理，没有考虑到多普勒维的能量，但是事实上雷达接收到的回波信号数据在距离维和多普勒维上都会存在杂波和噪声。因此，对联合距离维和多普勒维的二维恒虚警算法进行研究是十分有必要的。

对通过了恒虚警检测的峰值（对应的距离-多普勒信息），将之视作存在的某个探测目标，在雷达连续工作探测的时间连续上，对每一次探测得到的可能存在的目标信息进行跟踪以昭示该目标的运动轨迹，通过运动轨迹（航迹）判断其可能的存在身份以及威胁性。整个检测跟踪处理流程如图 9.1 所示。

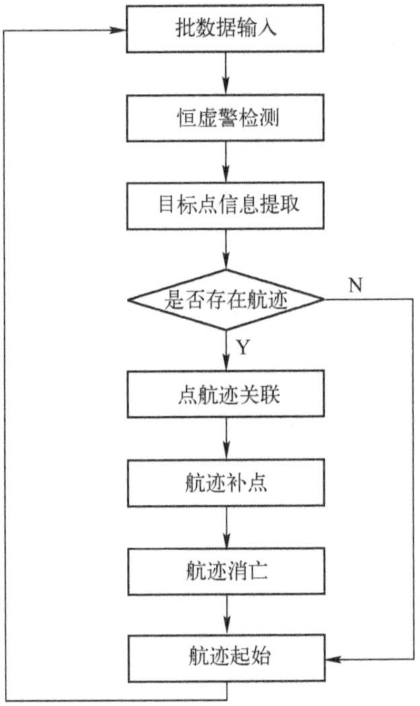

图 9.1　检测跟踪处理流程

9.2 恒虚警检测方法

恒虚警检测主要步骤为，对经过脉冲压缩和动目标检测之后的雷达回波数据进行恒虚警检测，运用恒虚警算法，产生自适应门限，与待检测单元的采样值进行比较，若采样值比门限值大则判断有目标，反之则判断没有目标。CFAR 检测算法有很多种，经典的有均值类 CFAR、有序统计类 CFAR 以及杂波图法等，在外辐射源雷达背景下本节考虑均值类 CFAR 中的单元平均恒虚警算法（CA-CFAR）以及有序统计恒虚警算法（OS-CFAR）[1-3]。

首先在瑞利载波背景下对均值类 CFAR 的模型做一个整体概述。假设 $D(v)$ 是由某个单元中得到的观测值所形成的一个检测统计量，对于使用平方率检波器时，$D(v)$ 表示为

$$D(v)=I^2(v)+Q^2(v) \tag{9.1}$$

式中：$I(v)$ 和 $Q(v)$ 分别为信号的同相分量和信号的正交分量。在均匀的瑞利杂波背景条件下，单元平均的方法就是利用检测单元周围（去除保护单元之后）与之相邻的一组独立同分布的参考单元的采样平均值来估计杂波功率水平。

如图 9.2 所示，假设检测器的参考单元长度为 $N=2n$，前后参考单元的长度均为 n，其中参考单元的前后参考窗的采样值对背景杂波功率的估计值分别由 X 与 Y 来表示，检测器的自适应判决准则为

$$D \underset{H_0}{\overset{H_1}{\gtrless}} TZ \tag{9.2}$$

式中：D 为检测单元中的检测统计量；H_0 假设表示只有杂波和噪声；H_1 假设表示有杂波、噪声和目标；Z 为参考滑窗中杂波功率水平的最大似然估计值；T 为标称化门限因子。当检测统计量大于门限值，认为此处存在目标；反之不存在目标。如图 9.2 所示，与检测单元 D 相邻的有若干个保护单元，这些不会被计算到背景杂波功率水平的估计值中，因为当目标的能量过大时，参考单元中可能包含部分目标的能量，造成检测器中目标所在单元的背景杂波强度不能被正确地估计，造成目标的“自遮蔽效应”。因此设置适当长度的保护单元，可以有效地避免这种情况。

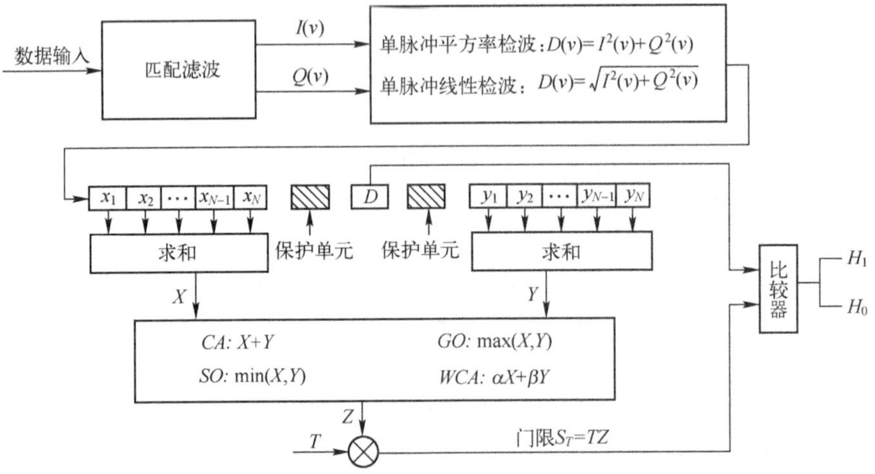

图 9.2　均值类 CFAR 检测器

当接收到的杂波服从高斯分布时，各参考单元的采样值的概率密度函数为

$$f_D(x)=\frac{1}{\lambda}\exp\left(-\frac{x}{\lambda}\right),\quad x\geqslant 0 \tag{9.3}$$

当假设 H_0 成立时，表示只含杂波和噪声，不含目标，λ 代表背景杂波加上热噪声的平均功率，用 μ 表示。当假设 H_1 成立，SNR 是目标信号的平均功率和噪声的平均功率的比值，即

$$\lambda=\begin{cases}\mu, & H_0\\ \mu(1+\mathrm{SNR}), & H_1\end{cases} \tag{9.4}$$

在均匀杂波背景中，采样值都是独立同分布的，而且它们的总功率水平都是 μ，检测门限是 S_T，因此可以将虚警率表示为

$$P_{fa}=\int_{S_T}^{\infty}\frac{1}{\lambda}\exp\left(-\frac{x}{\lambda}\right)\mathrm{d}x=\exp\left(-\frac{S_T}{\lambda}\right) \tag{9.5}$$

此时固定门限值由虚警率和杂波背景功率确定，可以表示为

$$S_T=-\lambda\ln(P_{fa}) \tag{9.6}$$

最优的检测概率表达式为

$$P_d=\int_{S_T}\frac{1}{\mu(1+\mathrm{SNR})}\exp\left(-\frac{x}{\mu(1+\mathrm{SNR})}\right)\mathrm{d}x=\exp\left(-\frac{S_T}{\mu(1+\mathrm{SNR})}\right) \tag{9.7}$$

将式 (9.6) 代入式 (9.7)，可得

$$P_d = P_{fa}^{1/(1+\mathrm{SNR})} \tag{9.8}$$

因而可知，恒虚警检测器的检测概率只跟虚警概率和信噪比 SNR 有关。

9.2.1 单元平均恒虚警算法

CA-CFAR 恒虚警二维检测算法，由于需要处理距离-多普勒二维的数据，故而在设计检波处理器时需要考虑到具有二维处理能力，如图 9.3 所示，这类检波器能保持恒定的虚警率。图中 x_i 表示当前待检测的单元，需要将该单元与由背景噪声功率电平决定的门限进行比较，如果此待检测单元中的采样值大于门限值，那么就会判定在对应的速度和距离单元内存在目标。然后继续滑窗，检测其他待检测单元，直至检测完所有感兴趣的待检测单元。

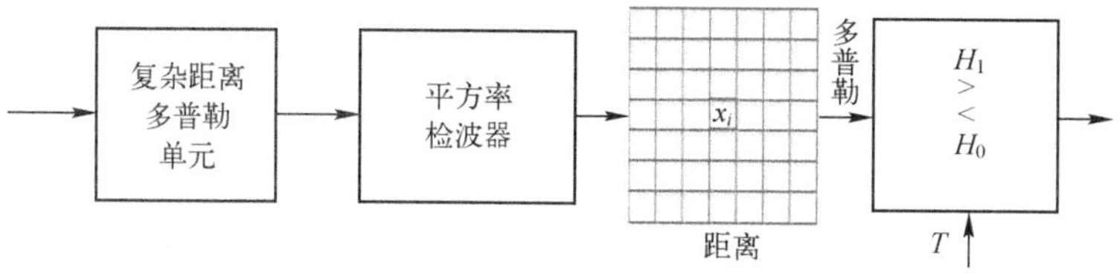

图 9.3　二维雷达检波处理器功能图

二维的 CA-CFAR 检测首先需要准确地估计系统噪声水平以及确定参考窗。这种情况下，未知的噪声水平估计依赖于二维参考窗内的所有的随机变量的平均值，可以表示为

$$Z = \frac{1}{M \times N}\sum_{m=1}^{M}\sum_{n=1}^{N} X_{m,n} \tag{9.9}$$

式中：$X_{m,n}$为检测单元附近的二维参考窗内的随机变量；m 为在距离维上的索引；n 为多普勒维上的索引。如果二维参考窗内所有的 $X_{m,n}$采样都是独立同分布的，那么得到的算术平均值的估计就会是最佳的结果。

如果待检测的目标占据了二维参考窗内的参考单元，出现如同一维情况的“自遮蔽效应”，估计结果就会大打折扣甚至失效。同理，需要在检测单元附近设计一个小于参考单元的保护单元，这些保护单元在估计算术平均值时将会被排除，二维参考滑窗设计如图 9.4 所示。

已知检测门限估计值由 S_T 由标称化门限因子 T_{ca} 和杂波功率水平估计值 Z 共同决定，则虚警率可以表示为

$$P_{fa}=P(Y_0 \geqslant S_T) \tag{9.10}$$

式中：Y_0 为虚假目标的功率值；标称化门限因子 T 只与虚警率 P_{fa} 和参考窗的参考单元的个数有关系。

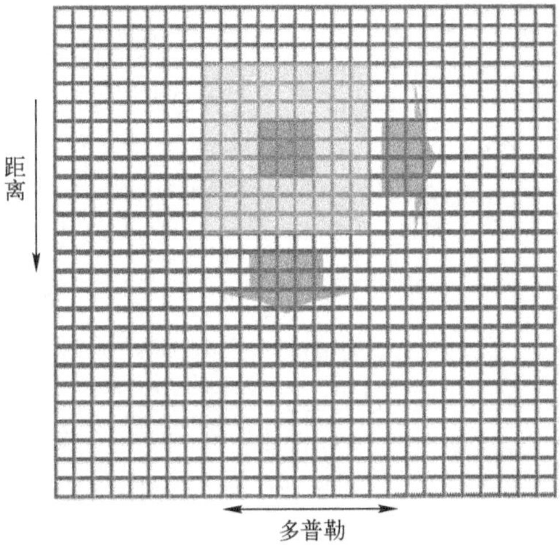

图 9.4 CA-CFAR 的二维参考滑窗设计

9.2.2 有序统计恒虚警算法

在多目标环境下，OS-CFAR 可以很好地避免目标的遮蔽效应，在二维恒虚警处理的时候也是如此[4]。在处理二维恒虚警参考窗的时候，需要将所有参考单元的功率水平按照大小进行排序，然后选出第 k 个大小的功率值 $X_{(k)}$，将其作为该待检测单元的背景噪声功率水平估计值。二维 OS-CFAR 检测器的虚警率为

$$P_{fa}=P(Y_0 \geqslant T_{OS}X_{(k)}) \tag{9.11}$$

式中：T_{OS} 为二维 OS-CFAR 检测器的标称化门限因子。二维 OS-CFAR 检测器也是具有恒虚警性质的，并且由于它对异常值具有强的鲁棒性，因此甚至可以不在参考窗中集成任何保护单元，这样可以降低计算复杂度。用于 OS-CFAR 方法的二维参考滑窗如图 9.5 所示。

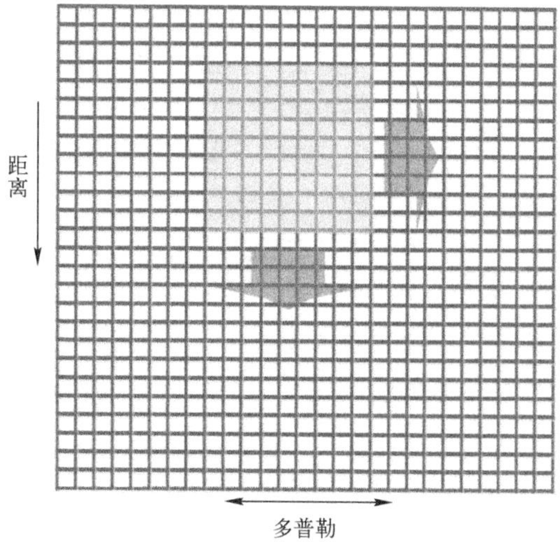

图 9.5　OS-CFAR 方法的二维参考滑窗

9.3　航迹起始方法

航迹起始方法根据适用环境的复杂性可以分为两类：顺序处理以及批处理方法[5-7]。在本节中介绍的逻辑起始法则是属于顺序处理方法，当雷达系统扫描获得的观测点迹按照时间顺序批次输入后，通过判断时间顺序批次数与这些批次数据中可起始的批次数间的比值逻辑来决定是否起始航迹。其逻辑起始法的原理示意图如图 9.6 所示。

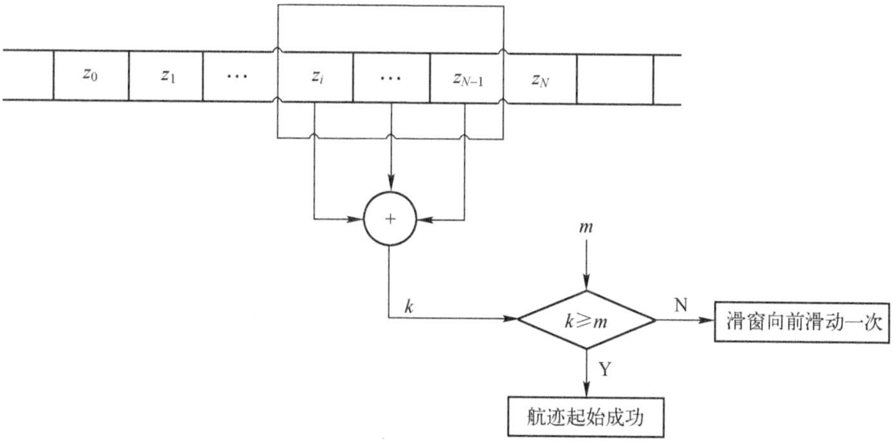

图 9.6　逻辑起始法原理示意图

图9.6中，z_i 表示雷达系统第 i 次扫描得到的观测点迹，经过雷达系统连续 n 次扫描后得到观测序列$(z_1,z_2,\cdots,z_i,\cdots,z_n)$。若第 i 次扫描的过程中，相关波门内有观测点落入，则将 z_i 的值赋为1；反之，相关波门内没有观测点落入，z_i 的值赋为0。当观测序列$(z_1,z_2,\cdots,z_i,\cdots,z_n)$中值为1的元素个数累计达到设定门限 m 时，则认为成功起始了航迹。若未达到设定门限 m，则需增大雷达扫描次数 n 直至航迹起始成功。航迹起始过程中的检测门限 m 和雷达持续扫描次数 n 构成了航迹起始逻辑。

对于 m 与 n 的选择，可参考表9.1，其给出了不同的 m/n 准则和不同检测概率 p 下成功起始航迹所需要的雷达平均扫描次数$\overline{N}$及标准差 δ_N。

表9.1 雷达平均扫描次数及其标准差

航迹起始逻辑 m/n	p	0.1	0.2	0.3	0.4	0.5	0.6	0.7	0.8	0.9
2/2	$\overline{N}$	>103.8	30.4	14.3	8.7	6.0	4.5	3.5	2.8	2.3
	δ_N	>96.1	28.4	13.0	7.5	4.6	3.1	2.1	1.4	0.8
2/3	$\overline{N}$	62.4	18.9	9.8	6.3	4.7	3.7	3.0	2.6	2.2
	δ_N	60.3	17.0	8.3	5.0	3.2	2.1	1.5	1.0	0.5
3/3	$\overline{N}$	>84.3	58.1	51.4	24.9	14.0	9.1	6.4	4.8	3.7
	δ_N	>141.2	59.4	49.1	24.2	11.0	6.8	4.4	2.7	1.5
3/4	$\overline{N}$	>141.1	56.0	25.7	13.6	8.7	6.4	4.9	4.0	3.4
	δ_N	>149.0	47.5	23.2	11.4	6.2	4.0	2.5	1.6	0.8

在实际工程应用中，为了保证航迹起始的成功率且尽可能地降低计算复杂程度，选择合适的 m/n 值是至关重要的。具体实现方法如下。

对经过预处理后的观测点迹的CPI序号进行判断，若CPI序号为1，则将观测点迹信息保存在暂存点迹中，等待下个CPI的观测数据以进行航迹起始。若CPI序号不为1，则先进行点迹航迹互联，没有与已存在的航迹关联上的点将与暂存点迹文件中的数据进行航迹起始，若满足起始波门所设定的门限，则起始成功，形成航迹；若没有满足波门门限，将其保存到暂存点迹文件中，用作后续的航迹起始。航迹起始过程贯穿目标跟踪与航迹管理的始终，其示意框图如图9.7所示。

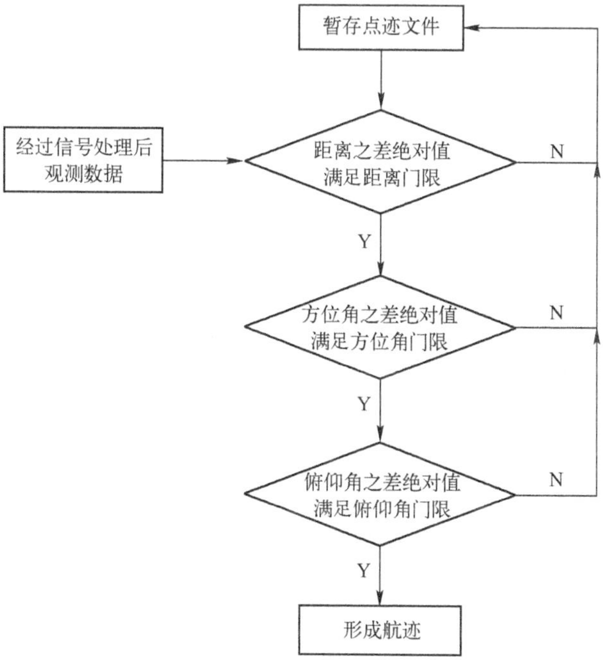

图 9.7　航迹起始流程示意框图

9.4　点航迹关联方法

点航迹关联的首要任务就是确保点迹信息与航迹的准确关联，点航迹关联通常与跟踪方法联合起来分析问题，概括来讲点航迹的方法可以分为极大似然类滤波算法和贝叶斯（Bayesian）类算法[8,9]。极大似然类滤波算法是以观测序列的似然比为基础，主要包括人工图标法、航迹分叉法、联合似然算法、0-1整数规划法、广义相关法等。而贝叶斯类滤波算法是以贝叶斯准则为基础，主要包括最近邻域法、概率数据互联算法、联合概率数据互联算法、最优贝叶斯算法、多假设方法等。本节对最近邻域法[10]进行介绍，该方法只对最新的确认量测集合进行研究，因而是一种次优的贝叶斯算法。

点航迹关联方法需要先根据现有航迹来对下一时刻目标可能出现的位置进行一步预测，设定以这个预测值为中心的一个搜索区域，对于落入该区域的点迹进行关联处理。在 $k-1$ 时刻已存在某航迹，设该航迹的第 k 时刻的预测值为 $\hat{X}(k \mid k-1)$，则 k 时刻的量测点迹数据为

$$Z(k)=H(k)X(k)+W(k) \tag{9.12}$$

式中：$H(k)$为量测矩阵；$W(k)$为协方差为$R(k)$的零均值高斯白噪声。假设$P(k|k-1)$为一步预测协方差。量测数据的残差向量为

$$D(k)=Z(k)-H(k)\hat{X}(k|k-1) \tag{9.13}$$

残差协方差矩阵为

$$S(k)=H(k)P(k|k-1)H^{\mathrm{T}}(k)+P(k) \tag{9.14}$$

残差向量的距离范数为

$$d(k)=D^{\mathrm{T}}(k)S^{-1}(k)D(k) \tag{9.15}$$

当量测点迹为目标真实点迹时，其残差范数满足自由度为m的χ^2分布，可利用次残差范数来判断此点迹是否落入此航迹的跟踪波门内。假设目标真实点迹落入航迹跟踪波门内的概率为P_G，则可以获取一个门限值γ，当某个量测所得目标点迹的残差向量的距离范数$d(k)<\gamma$时，则认为该量测点迹落入了目标航迹的相关跟踪波门内。根据$k-1$时刻的目标航迹记录预测第k时刻的估计值为$\hat{X}(k|k-1)$，则此时跟踪波门是以该预测值$\hat{X}(k|k-1)$为中心的椭球，其体积为

$$V_r=c_m\gamma^{m/2}\sqrt{|S(k)|} \tag{9.16}$$

$$c_m=\frac{\pi^{m/2}}{\Gamma\left(\frac{m}{2}+1\right)}=\begin{cases}\dfrac{\pi^{m/2}}{(m/2)!},m\text{ 为偶数}\\[2ex]\dfrac{2^{m+1}\left(\frac{m+1}{2}\right)!\ \pi^{\frac{m-1}{2}}}{(m+1)!},m\text{ 为奇数}\end{cases} \tag{9.17}$$

在实际场景中经常会出现多个量测点迹同时落入航迹相关搜索区域，情况就会变得复杂，还需要利用最近邻域法从多个量测点迹中找到真实目标的点迹。

最近邻域法所用到的最近邻域标准滤波器（NNSF）是由1973年Singer和Sea在他们以及前人的研究工作基础上提出的一种利用先验统计特性估计相关性能的滤波器，其通过设置跟踪波门，利用波门对所有数据进行初步筛选，得到候选回波（点迹）。此时若落入相关波门的量测只有1个，则直接用于航迹更新，即认为此点为真实点迹。若有1个以上的量测点迹落入波门，此时取统计距离最小的候选回波作为目标回波，也就是在NNSF中，使得新息加权范数达到极小的量测，用于航迹更新。新息加权范数可以表示为

$$d^2(z)=[Z-\hat{Z}(k+1|k)]'S^{-1}(k+1)[Z-\hat{Z}(k+1|k)] \tag{9.18}$$

最近邻域法的优点是计算简单，但其在复杂环境中容易出现误跟和丢失目标的情况。

9.5 跟踪滤波方法

9.5.1 卡尔曼滤波

跟踪滤波的问题其实就是一个估计的问题[11]，根据与未知参数有关的观测数据推算出未知参数的值，估计理论大体可分为参数估计和状态估计两个分支，其中参数估计属于静态估计，状态估计属于动态估计。在状态估计中，未知参数是个时间函数，因此在对观测数据进行处理时，未知参数和观测数据的时间演变都必须加以考虑。

离散时间系统的状态方程可以表示为

$$\boldsymbol{X}(k+1)=\boldsymbol{F}(k)B(k)+\boldsymbol{G}(k)u(k)+\boldsymbol{V}(k) \tag{9.19}$$

式中：$\boldsymbol{F}(k)$为状态转移矩阵；$\boldsymbol{X}(k)$为状态向量；$\boldsymbol{G}(k)$为输入控制项矩阵；$u(k)$为已知输入或控制信号；$\boldsymbol{V}(k)$时零均值高斯白噪声；$\boldsymbol{Q}(k)$为协方差。

离散时间系统的量测方程为

$$z(k+1)=\boldsymbol{H}(k+1)\boldsymbol{X}(k+1)+\boldsymbol{W}(k+1) \tag{9.20}$$

式中：$\boldsymbol{H}(k+1)$为量测矩阵；$\boldsymbol{W}(k+1)$为具有协方差$\boldsymbol{R}(k+1)$的零均值高斯白噪声。

根据式（9.19），状态误差协方差矩阵为

$$\begin{aligned}\boldsymbol{P}(k\mid k)&=E\{[\boldsymbol{X}(k)-\hat{\boldsymbol{X}}(k\mid k)][\boldsymbol{X}(k)-\hat{\boldsymbol{X}}(k\mid k)]'\mid \boldsymbol{Z}^k\}\\&=E\{\widetilde{\boldsymbol{X}}(k\mid k)\widetilde{\boldsymbol{X}}'(k\mid k)\mid \boldsymbol{Z}^k\}\end{aligned} \tag{9.21}$$

状态的一步预测为

$$\begin{aligned}\bar{x}\rightarrow\hat{\boldsymbol{X}}(k+1\mid k)&=\boldsymbol{E}[\boldsymbol{X}(k+1)\mid \boldsymbol{Z}^k]\\&=E[\boldsymbol{F}(k)\boldsymbol{X}(k)+\boldsymbol{G}(k)u(k)+\boldsymbol{V}(k)\mid \boldsymbol{Z}^k]\\&=\boldsymbol{F}(k)\hat{\boldsymbol{X}}(k\mid k)+\boldsymbol{G}(k)u(k)\end{aligned} \tag{9.22}$$

预测值的误差可以表示为

$$\widetilde{\boldsymbol{X}}(k+1\mid k)=\boldsymbol{X}(k+1)-\hat{\boldsymbol{X}}(k+1\mid k)=\boldsymbol{F}(k)\widetilde{\boldsymbol{X}}(k\mid k)+\boldsymbol{V}(k) \tag{9.23}$$

一步预测协方差为

$$\begin{aligned}\boldsymbol{P}_{xx}\rightarrow\boldsymbol{P}(k+1\mid k)&=E[\widetilde{\boldsymbol{X}}(k+1\mid k)\widetilde{\boldsymbol{X}}'(k+1\mid k)\mid \boldsymbol{Z}^k]\\&=E[(\boldsymbol{F}(k)\widetilde{\boldsymbol{X}}(k\mid k)+\boldsymbol{V}(k))(\widetilde{\boldsymbol{X}}'(k\mid k)\boldsymbol{F}'(k)+\boldsymbol{V}'(k))\mid Z^k]\\&=\boldsymbol{F}(k)\boldsymbol{P}(k\mid k)\boldsymbol{F}'(k)+\boldsymbol{Q}(k)\end{aligned} \tag{9.24}$$

量测的预测为

$$
\begin{aligned}
\bar{z}\rightarrow\hat{z}(k+1\mid k)&=E[z(k+1)\mid \boldsymbol{Z}^k]\\
&=E[(\boldsymbol{H}(k+1)\boldsymbol{X}(k+1)+\boldsymbol{W}(k+1))\mid \boldsymbol{Z}^k]\\
&=\boldsymbol{H}(k+1)\hat{\boldsymbol{X}}(k+1\mid k)
\end{aligned}\tag{9.25}
$$

进而，可以得到量测预测与量测之间的差值，其表示为

$$
\tilde{z}(k+1\mid k)=z(k+1)-\hat{z}(k+1\mid k)=\boldsymbol{H}(k+1)\widetilde{\boldsymbol{X}}(k+1\mid k)+\boldsymbol{W}(k+1)\tag{9.26}
$$

量测的预测协方差（新息协方差）为

$$
\begin{aligned}
P_{zz}\rightarrow\boldsymbol{S}(k+1)&=E[\tilde{z}(k+1\mid k)\tilde{z}'(k+1\mid k)\mid \boldsymbol{Z}^k]\\
&=E[(\boldsymbol{H}(k+1)\widetilde{\boldsymbol{X}}(k+1\mid k)+\boldsymbol{W}(k+1))(\widetilde{\boldsymbol{X}}'(k+1\mid k)\boldsymbol{H}'(k+1)+\boldsymbol{W}'(k+1))\mid \boldsymbol{Z}^k]\\
&=\boldsymbol{H}(k+1)\boldsymbol{P}(k+1\mid k)\boldsymbol{H}'(k+1)+\boldsymbol{R}(k+1)
\end{aligned}\tag{9.27}
$$

状态和量测之间的协方差为

$$
\begin{aligned}
\boldsymbol{P}_{xz}&\rightarrow E[\widetilde{\boldsymbol{X}}(k+1\mid k)\tilde{z}'(k+1\mid k)\mid \boldsymbol{Z}^k]\\
&=E[\widetilde{\boldsymbol{X}}(k+1\mid k)(\boldsymbol{H}(k+1)\widetilde{\boldsymbol{X}}(k+1\mid k)+\boldsymbol{W}(k+1))'\mid \boldsymbol{Z}^k]\\
&=\boldsymbol{P}(k+1\mid k)\boldsymbol{H}'(k+1)
\end{aligned}\tag{9.28}
$$

增益为

$$
\boldsymbol{P}_{xz}\boldsymbol{P}_{zz}^{-1}\rightarrow\boldsymbol{K}(k+1)=\boldsymbol{P}(k+1\mid k)\boldsymbol{H}'(k+1)\boldsymbol{S}^{-1}(k+1)\tag{9.29}
$$

进而，可以求得 $k+1$ 时刻的估计（状态更新方程）为

$$
\hat{\boldsymbol{X}}(k+1\mid k+1)=\hat{\boldsymbol{X}}(k+1\mid k)+\boldsymbol{K}(k+1)v(k+1)\tag{9.30}
$$

$$
v(k+1)=\tilde{z}(k+1\mid k)=z(k+1)-\hat{z}(k+1\mid k)\tag{9.31}
$$

式中：$v(k+1)$为新息或量测残差。

式（9.30）说明 $k+1$ 时刻的估计$\hat{\boldsymbol{X}}(k+1\mid k+1)$等于该时刻的预测值$\hat{\boldsymbol{X}}(k+1\mid k)$再加上一个修正项，而这个修正项与增益 $\boldsymbol{K}(k+1)$和新息有关。

协方差更新方程为

$$
\begin{aligned}
\boldsymbol{P}(k+1\mid k+1)&=\boldsymbol{P}(k+1\mid k)-\boldsymbol{P}(k+1\mid k)\boldsymbol{H}'(k+1)\boldsymbol{S}^{-1}(k+1)\boldsymbol{H}(k+1)\boldsymbol{P}(k+1\mid k)\\
&=[\boldsymbol{I}-\boldsymbol{K}(k+1)\boldsymbol{H}(k+1)]\boldsymbol{P}(k+1\mid k)\\
&=\boldsymbol{P}(k+1\mid k)-\boldsymbol{K}(k+1)\boldsymbol{S}(k+1)\boldsymbol{K}'(k+1)\\
&=[\boldsymbol{I}-\boldsymbol{K}(k+1)\boldsymbol{H}(k+1)]\boldsymbol{P}(k+1\mid k)[\boldsymbol{I}+\boldsymbol{K}(k+1)\boldsymbol{H}(k+1)]\\
&\quad-\boldsymbol{K}(k+1)\boldsymbol{R}(k+1)\boldsymbol{K}'(k+1)
\end{aligned}\tag{9.32}
$$

滤波增益为

$$
\begin{aligned}
\boldsymbol{K}(k+1)&=\boldsymbol{P}(k+1\mid k+1)\boldsymbol{H}'(k+1)\boldsymbol{R}^{-1}(k+1)\\
&=[\boldsymbol{P}(k+1\mid k)\boldsymbol{H}'(k+1)-\boldsymbol{P}(k+1\mid k)\boldsymbol{H}'(k+1)\boldsymbol{S}^{-1}(k+1)\\
&\quad\boldsymbol{H}(k+1)\boldsymbol{P}(k+1\mid k)\boldsymbol{H}'(k+1)]\boldsymbol{R}^{-1}(k+1)\\
&=\boldsymbol{P}(k+1\mid k)\boldsymbol{H}'(k+1)\boldsymbol{S}^{-1}(k+1)[\boldsymbol{S}(k+1)-\boldsymbol{H}(k+1)\\
&\quad\boldsymbol{P}(k+1\mid k)\boldsymbol{H}'(k+1)]\boldsymbol{R}^{-1}(k+1)
\end{aligned}\tag{9.33}
$$

综上所述，卡尔曼滤波算法[12,13]包含的方程及滤波流程如图 9.8 所示。

滤波的目的之一就是估计不同时刻的目标位置，某个时刻目标位置的更新值等于该时刻的预测值再加上一个与增益有关的修正项，而要计算增益 $K(k+1)$，就必须计算协方差的一步预测、新息协方差和更新协方差，因而在卡尔曼滤波中增益 $K(k+1)$ 的计算占了大部分的工作量。为了减少计算量，就必须改变增益矩阵的计算方法，为此人们提出了常增益滤波器，此时增益不在与协方差有关，因而滤波过程中可以离线计算，这样就大大减少了计算量，易于工程实现。

9.5.2　α-β 滤波器

α-β 滤波器是针对匀速运动目标模型的一种常增益滤波器，此时目标的状态向量中只包含位置和速度两项，是针对直角坐标系中某一坐标轴的解耦滤波。它与卡尔曼滤波器最大的不同点在于增益的计算，此时增益具有如下形式，即

$$\boldsymbol{K}(k+1)=\begin{bmatrix}\alpha\\ \beta/T\end{bmatrix} \tag{9.34}$$

式中：系数 α 和 β 为无量纲的量，分别为目标状态的位置和速度分量的常滤波增益。这两个系数一旦确定，增益 $\boldsymbol{K}(k+1)$ 就被确定。所以此时协方差和目标状态估计的计算不再通过增益使它们交织在一起，分别是两个独立的分支。在单目标情况下，不需要计算协方差的一步预测、新息协方差和更新协方差。但是在多目标情况下由于波门大小与新息协方差有关，而新息协方差又与一步预测协方差和更新协方差有关，所以此时协方差的计算不能忽略。因而，在单目标情况下 α-β 滤波器主要是由以下方程组成。

状态的一步预测为

$$\hat{\boldsymbol{X}}(k+1 \mid k)=\boldsymbol{F}(k)\hat{\boldsymbol{Y}}(k \mid k) \tag{9.35}$$

状态更新方程为

$$\hat{\boldsymbol{X}}(k+1 \mid k+1)=\hat{\boldsymbol{X}}(k+1 \mid k)+\boldsymbol{K}(k+1)\boldsymbol{v}(k+1) \tag{9.36}$$

$$\boldsymbol{v}(k+1)=z(k+1)-\boldsymbol{H}(k+1)\hat{\boldsymbol{X}}(k+1 \mid k) \tag{9.37}$$

在多目标情况下，α-β 滤波器需要再增加如下方程。

协方差的一步预测为

$$\boldsymbol{P}(k+1 \mid k)=\boldsymbol{F}(k)\boldsymbol{P}(k \mid k)\boldsymbol{F}'(k)+\boldsymbol{Q}(k) \tag{9.38}$$

新息协方差为

$$\boldsymbol{S}(k+1)=\boldsymbol{H}(k+1)\boldsymbol{P}(k+1 \mid k)\boldsymbol{H}'(k+1)+\boldsymbol{R}(k+1) \tag{9.39}$$

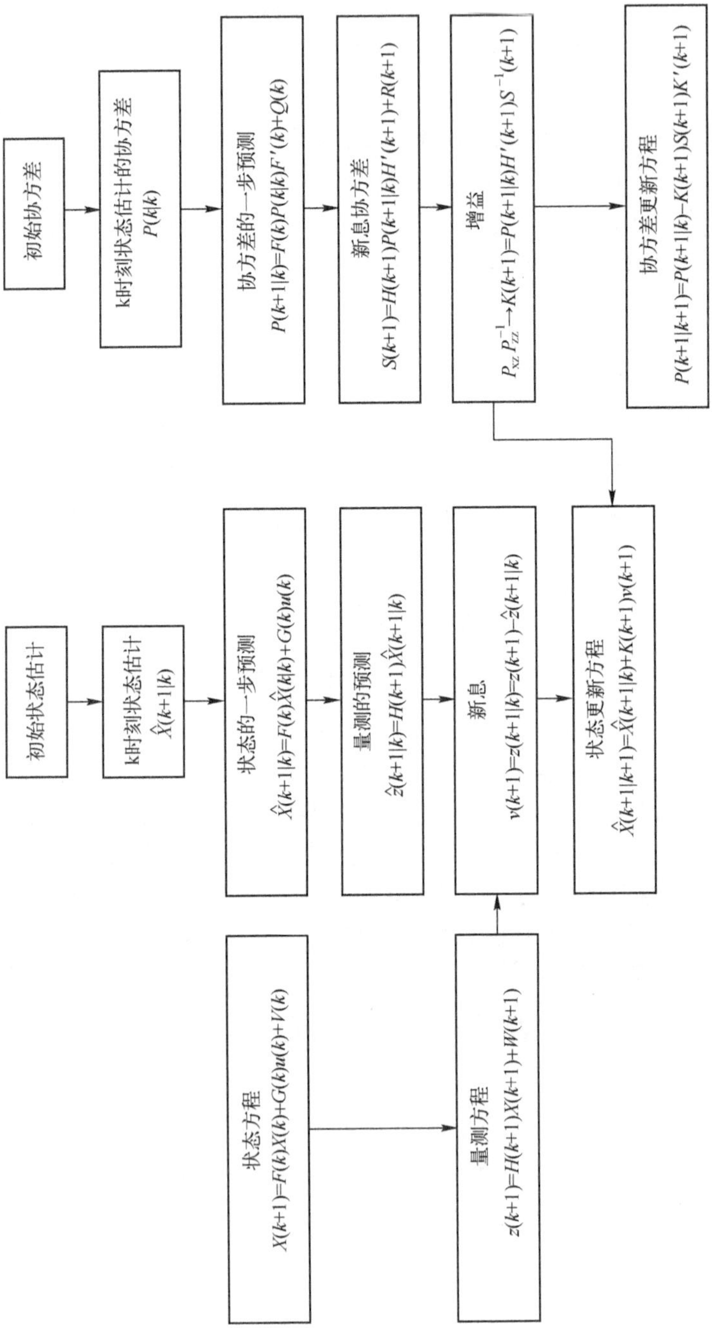

图 9.8 卡尔曼滤波算法包含的方法及滤波流程

协方差更新方程为

$$\boldsymbol{P}(k+1 \mid k+1)=[\boldsymbol{I}-\boldsymbol{K}(k+1)\boldsymbol{H}(k+1)]\boldsymbol{P}(k+1 \mid k)[\boldsymbol{I}+\boldsymbol{K}(k+1)\boldsymbol{H}(k+1)]'-\boldsymbol{K}(k+1)\boldsymbol{R}(k+1)\boldsymbol{K}'(k+1) \tag{9.40}$$

a-β 滤波器的关键是系数 α 和 β 的确定问题，由于采样间隔相对于目标跟踪的时间一般来说很小，因而在每一个采样周期内过程噪声 $\boldsymbol{V}(k)$ 可以近似看成是常数。若假设过程噪声在各采样周期之间是独立的，则该模型就是分段常数白色过程噪声模型。下面给出此种情况下的 α 和 β 的值，为了描述问题的方便，定义机动指标 λ，其表达式为

$$\lambda=\frac{T^2\sigma_v}{\sigma_w} \tag{9.41}$$

式中：T 为采样间隔；δ_v 和 δ_w 分别为过程噪声和量测噪声协方差的标准差。

位置和速度分量的常滤波增益分别为

$$\begin{cases}\alpha=-\dfrac{\lambda^2+8\lambda-(\lambda+4)\sqrt{\lambda^2+8\lambda}}{8}\\ \beta=\dfrac{\lambda^2+4\lambda-\lambda\sqrt{\lambda^2+8\lambda}}{4}\end{cases} \tag{9.42}$$

由式（9.42）可以看出，位置、速度分量的增益 α 和 β 是机动指标 λ 的函数，而机动指标 λ 又与采样间隔 T、过程噪声的标准偏差 δ_v 和量测噪声标准偏差 δ_w 有关，只有当过程噪声标准偏差和量测噪声标准偏差均为已知，才能求得目标的机动指标，进而求得增益。若机动指标已知，则 α 和 β 为常值。通常情况下量测噪声标准偏差 δ_w 是已知的，而过程噪声标准偏差 δ_v 则较难获得，且误差较大时，滤波器不可用。此时工程上常采用与采样时刻 k 有关的确定方法，即

$$\begin{cases}\alpha=\dfrac{2(2k-1)}{k(k+1)}\\ \beta=\dfrac{6}{k(k+1)}\end{cases} \tag{9.43}$$

对 α 来说，k 从 1 开始计算；对 β 来说，k 从 2 开始计算。但滤波器从 $k=3$ 开始工作，而且随着 k 的增加，α,β 都是减小的，所以对于特殊应用可以实现规定减小到某一值时保持不变，实际上，这时 a-β 滤波器已经退化成修正的最小二乘滤波。

9.6 航迹补点方法

在点航迹管理中，点航迹关联处理在每一批雷达扫描数据被输送进处理系统后都会进行，但由于实际探测环境的复杂性以及目标运动的不确定性，某一时刻雷达扫描数据中有可能不包含目标信息，在此种情况下不存在与现有航迹可以关联的点迹。但是由于某些短时间内未有足够信息判定该目标是抛出探测范围或是消失，因而对于现有航迹应当给予一定处理，未关联上点迹的航迹应当适用于跟踪滤波方法中的外推预测点迹作为较为可靠的关联点迹，以作对某一时刻跟踪不到等情况的容错性考虑。需要注意的是，航迹补点应当是有一定限制的，即不可对某一航迹进行无限补点，每一次补点意味着失去所有量测信息，所以补点超过一定次数就应当对该航迹作进一步处理。

9.7 航迹消亡方法

在多目标跟踪领域中，正在被跟踪的目标随时都有可能逃离监视区域的可能性，一旦目标超出了传感器的探测范围，跟踪器就必须做出相应的决策以消除多余的航迹，确定跟踪终结，即在给予一定容错性考虑的前提下，及时删除已终结航迹对实时跟踪对其他目标的跟踪准确性和设备资源的使用都是具有重大意义的。

本节对序列概率比检验算法进行介绍。定义参数 a_1, a_2，即

$$\begin{cases} a_1 = \ln \dfrac{P_D/(1-P_D)}{P_F/(1-P_F)} \\ a_2 = \ln \dfrac{1-P_F}{1-P_D} \end{cases} \tag{9.44}$$

式中：P_D，P_F 分别为航迹检测概率和虚警概率。定义检验统计变量，即

$$\mathrm{ST}(k) = ma_1 \tag{9.45}$$

式中：m 为检测数。定义 k 时刻航迹撤销门限为

$$T_c(k) = \ln c_1 + ka_2 \tag{9.46}$$

$$c_1 = \frac{\beta}{1-\alpha} \tag{9.47}$$

式中：α,β 为预先给定的允许误差概率，α 为漏撤（航迹应当撤销二判决航迹不撤销）概率，β 为误撤（当存在真是航迹却被判为航迹撤销）概率。

跟踪终结决策逻辑可表示为：若 $\mathrm{ST}(k) < T_c(k)$，则航迹撤销；若 $\mathrm{ST}(k) \geqslant$

$T_c(k)$，则航迹维持。在 k 时刻，某航迹的波门内落入点迹，则统计量 ST(k) 增加 a_1，若航迹的波门内无任何点迹，则保持不变，而航迹撤销门限增加 a_2。同样，在工程应用中也可将其统计量替换为常量，点迹未关联则增加，超越撤销门限则终结该航迹。

参考文献

[1] 邹成晓，张海霞，程玉堃．雷达恒虚警率检测算法综述［J］．雷达与对抗，2021，41（02）：29-35.

[2] 王皓，衣同胜．基于神经网络 CA/OS-CFAR 检测方法［J］．兵工自动化，2018，37（02）：15-18.

[3] 郝凯利，易伟，董天发，等．未知杂波背景下恒虚警检测门限获取方法［J］．雷达科学与技术，2015，13（02）：183-189.

[4] 柳向，李东生，刘庆林．基于 OS-CFAR 的 LFM 脉压雷达多假目标干扰分析［J］．系统工程与电子技术，2017，39（07）：1486-1492.

[5] 檀绪，顾仁财．修正逻辑法在多传感器信息多目标航迹起始中的应用［J］．舰船电子对抗，2014，37（02）：47-52.

[6] 孙立炜，王杰贵．一种有源无源联合定位系统的航迹起始方法［J］．现代防御技术，2011，39（05）：113-118，124.

[7] 胡新梅，张世仓．外辐射源无源定位目标航迹批处理算法［J］．电光与控制，2018，25（06）：7-10，51.

[8] 赵艳丽，林辉，赵锋，等．多目标跟踪中的数据关联和航迹管理［J］．现代雷达，2007，（03）：28-31.

[9] 张全都，刘慧霞，潘广林，等．天波超视距雷达的 PMHT 跟踪算法仿真研究［J］．中国电子科学研究院学报，2006，（02）：123-129+136.

[10] 李恒璐，陈伯孝，丁一，等．基于信息熵权的最近邻域数据关联算法［J］．系统工程与电子技术，2020，42（04）：806-812.

[11] 李红伟，王俊，刘玉春．粒子滤波和多站 TOA 的外辐射源雷达跟踪方法［J］．系统工程与电子技术，2010，32（11）：2263-2267.

[12] 李琳，张修社，韩春雷，等．基于卡尔曼滤波和 DDQN 算法的无人机机动目标跟踪［J］．战术导弹技术，2022，（02）：98-104.

[13] 曲志昱，王超然，孙萌．基于改进迭代扩展卡尔曼滤波的 3 星时频差测向融合动目标跟踪方法［J］．电子与信息学报，2021，43（10）：2871-2877.